U0297745

定量分析化学

梁信源　文辉忠　主编

科学出版社

北　京

内 容 简 介

本书着重阐述化学定量分析的基本原理和典型应用，选择性介绍一些在实际工作中已广泛应用的仪器分析方法。全书包括绪论、定量分析误差、滴定分析概述、酸碱滴定法、配位滴定法、沉淀滴定法、重量分析法、氧化还原滴定法、电位分析法、吸光光度法、定量分析中常用的分离方法和现代仪器分析方法简介。

本书可作为高等学校农学、植物保护、园艺、农业资源与环境、海洋科学、生物工程、生物技术、动物科学、动物医学、水产养殖、林学和生态学等专业本科生的分析化学课程教材，也可供其他相关专业师生和科技人员参考。

图书在版编目（CIP）数据

定量分析化学 / 梁信源，文辉忠主编．—北京：科学出版社，2018.1
ISBN 978-7-03-055947-0

Ⅰ. ①定…　Ⅱ. ①梁…②文…　Ⅲ. ①定量分析　Ⅳ. ①O655

中国版本图书馆 CIP 数据核字（2017）第 315560 号

责任编辑：赵晓霞 / 责任校对：何艳萍
责任印制：吴兆东 / 封面设计：迷底书装

科学出版社出版
北京东黄城根北街 16 号
邮政编码：100717
http://www.sciencep.com

北京虎彩文化传播有限公司印刷

科学出版社发行　各地新华书店经销

*

2018 年 1 月第 一 版　开本：720×1000　1/16
2019 年 6 月第三次印刷　印张：14
字数：306 000

定价：49.00 元

（如有印装质量问题，我社负责调换）

前　言

本书根据高等农林院校化学教学的基本要求和编者多年的教学经验编写，其中部分内容已在广西大学农学院、动物科学与技术学院、生命科学与技术学院、林学院等专业的分析化学课程教学中进行多年验证，效果令人满意。

本书编写时既坚持理论联系实际，又“与时俱进”，充分考虑了分析化学的学科进展和国内高等院校分析化学教材建设的情况。作为基础课程教材，其内容以化学分析法为主，兼顾仪器分析法。化学分析法中，着重阐述滴定分析法的基本原理和典型应用；仪器分析法中，单独介绍电位分析法和吸光光度法，选择性简要介绍原子吸收光谱分析法、原子发射光谱分析法和色谱分析法等在实际工作中已广泛应用的现代仪器分析方法。本书内容具有系统性和适用性，并体现以下特点：

(1)每章以“学习目标”作为开篇，明确课程教与学的目标。

(2)除知识应用的实例较多以外，还引入“课堂活动”内容，可增加课堂教学的互动，拓展知识应用，激发学生学习热情，达到更好的学习效果。

(3)练习题中不仅包括为便于学生复习巩固分析化学基本原理或进一步学习的内容，还精选了一些为拓展学生知识面、培养和提高其解决实际问题的能力的内容。

本书适合理论课 30～60 课时的农科类(农学、植保和园艺)、农业资源与环境、生物类(生物工程和生物技术)、动物类(动物科学和动物医学)、水产养殖、林学和生态学、海洋科学等专业使用，使用者可根据不同专业的课时情况选讲其需要的内容。

本书由梁信源和文辉忠担任主编，王益林和兰宇卫担任副主编。参编人员分工情况如下(排名不分先后)：文辉忠编写绪论和第一章，梁信源、兰宇卫、舒馨、杨梅、王静、马丽、杜良伟、黄富嵘、苏苑编写第二至七章和第十章，蔡卓编写第八章，王益林编写第九章，曹家兴编写第十一章。全书由梁信源统稿、定稿，兰宇卫参与修校。

本书是广西大学规划立项教材，也是广西高等教育本科教学改革工程项目“基于分析化学课程教学，培养学生创新能力的探索与实践”的研究成果之一。本书的编写得到了广西大学教务处、化学化工学院和分析化学教学团队各位老师的大力支持与帮助，谢天俊老师提供了大量宝贵资料，为本书的编写打下良好的基础，谨在此向他们致以衷心的感谢！

在本书的编写过程中，参考了许多有关教材与其他文献，在此向这些文献的原著者深表谢意！

限于编者的知识能力，书中疏漏和欠妥之处在所难免，敬请同行专家和读者批评指正。

编　者

2017 年 10 月

目　录

绪　论

【学习目标】

(1) 明确分析化学的目的，了解分析化学的任务和作用、分析方法的分类和特点。

(2) 了解待测组分的化学表示形式，掌握待测组分含量的表示方法及换算方法。

一、分析化学的任务和作用

分析化学(analytical chemistry)是研发和应用各种方法获取物质的化学组成、结构和组分含量信息的一门科学。分析化学的内容包括物质的分离、鉴定、测定以及与之相关的原理方法、仪器设备、技能技巧等，其任务分定性分析(qualitative analysis)和定量分析(quantitative analysis)两部分。定性分析主要研究确定物质由哪些成分(元素、离子、基团或化合物)组成和结构问题，定量分析则是研究如何测定各组分的含量问题。

分析化学不仅对化学各学科和其他科学的发展起着重要的作用，而且对工农业生产、国防建设和科学研究都有很大的实际意义。例如，在工业生产中，对原材料、中间产物和产品应该不断进行定性和定量分析，以控制生产流程，改进生产技术，提高产品质量。在农业生产和农业科学研究中，如土壤肥力的测定，肥料、农药、饲料、农产品品质的评定，水源、空气、土壤污染状况的监测，作物生长过程中营养成分或有毒物质在生物体内及土壤中的迁移、转化、积累情况的探讨，以及家禽、家畜的科学管理和临床诊断等，都要借助分析化学。在生态环境的保护等工作中，对资源的探测与开发、进行“三废”的处理和对环境质量的监测也离不开分析化学。在尖端科学和国防建设中，如导弹和卫星的制造、原子能材料、半导体材料、超纯物质中微量杂质的分析都要用到分析化学。地质勘探、冶金、医疗卫生也都离不开分析化学。因此，人们常将分析化学比喻为生产、科研的“眼睛”。

要分析一种未知物质，首先必须了解它的化学组成，然后选择一种切实可行的定量分析方法，测定各组分的相对含量。也就是先定性分析，后定量分析。但在实际工作中，由于许多试样的基本组成是已知的，仅需测出各组分的相对含量，故本书主要介绍定量分析。

分析化学是高等学校农业科学、食品科学和生物技术等专业的一门重要基础课。许多专业基础课，如植物生理学、土壤学、肥料科学、动物生理生化、饲料分析、果蔬和林产品的加工储藏、植物保护以及植物免疫等，都要用到许多定量分析的原理和方法。在专业科学研究中分析化学也是不可缺少的手段。因此，必须重视定量分析的学习，为以后的专业工作和科学研究打下良好的基础。

学习定量分析化学，首先要掌握定量分析的基本原理，掌握必要的计算技巧，了解各种测定方法及其应用范围。其次，注意理论联系实际，重视定量分析实验课。通过实验课，学会各种定量分析的基本操作技能，树立准确的“量”的概念；培养细心观察、独立思维、严肃认真的作风和实事求是的科学道德，提高动手能力以及分析问题和解决问题的能力。

二、定量分析方法的分类及发展方向

根据试样用量、被测物含量及测定原理等的不同，定量分析有不同的分类方法。

1. 常量分析、半微量分析和微量分析

根据试样用量的不同，定量分析可分为常量(macro)、半微量(semimicro)、微量(micro)和超微量(ultramicro)分析，其差别如表 0-1 所示。

表 0-1 各分析方法试样用量的比较

分析方法	常量分析	半微量分析	微量分析	超微量分析
固体用量 m /mg	>100	10~100	0.1~10	<0.1
液体用量 V /mL	>10	1~10	0.01~1	<0.01

这几种方法的区分并不十分严格，无机定量分析通常采用常量的操作方法。

此外，根据被测成分在试样中的相对含量(质量分数)不同，定量分析法还可分为常量成分(macroconstituent，>1%)、微量成分(microconstituent，0.01%~1%)和痕量成分(trace constituent，<0.01%)分析。

2. 化学分析法和仪器分析法

根据测定原理和使用仪器的不同，定量分析又可分为化学分析法(chemical analysis)和仪器分析法(instrumental analysis)两大类。

1)化学分析法

定量化学分析法是以化学反应和化学计量关系为基础，利用测量得到的质量和体积确定试样中组分含量的分析方法。化学分析法包括重量分析法和滴定分析法等。

化学分析法所用仪器设备相对简单、费用低，用于常量成分测定的准确度高(分析结果的相对误差为千分之几或更小)，但其灵敏度较低，需试样量较大，故一般用于常量成分的测定。其中滴定分析法操作简单，省时快速，目前还具有很高的实用价值和广泛的应用；重量分析法一般操作繁琐、耗时较多，因而应用相对较少。

2)仪器分析法

仪器分析法是以物质的物理或物理化学性质(电流、电位、电导、吸光度或光谱强度等)为基础，利用专用仪器来测量这些性质参数而确定试样中被测组分含量的分析方

法。仪器分析法包括光学分析法(主要有吸光光度法、原子吸收光谱法、原子发射光谱法、荧光分析法、分子发光光谱法和核磁共振波谱法)、电化学分析法(主要有电位分析法、电解分析法、库仑分析法、极谱-伏安法、电导分析法)、色谱分析法(主要有气相色谱法和液相色谱法)和质谱法等。

仪器分析法具有灵敏准确、操作简便、自动连续和快速多效的优点，适用于微量或痕量组分及量少试样的分析，但用于常量成分测定时，其结果的相对误差大多较大(相对误差为百分之几)，且所用仪器设备及使用维护成本大多较高。农业上很多项目的分析可采用仪器分析方法。

3. *分析方法的发展方向*

分析化学从一门技术发展为一门科学，从经典分析化学再发展成为一门多学科综合的现代分析科学，其中经历了三次大变革：19 世纪末至 20 世纪初，溶液平衡理论的研究，使分析化学从一门技术发展为一门科学(第一次变革，建立经典化学分析法)；第二次世界大战前后至 20 世纪 60 年代，战争、生产和科研复杂问题解决的需要以及物理学、电子技术等的发展和应用，促进了各种仪器分析方法的建立和发展(第二次变革)，改变了分析化学以经典化学分析为主的局面；之后，计算机技术的应用以及生命科学、材料科学等的发展，促使分析化学进入第三次变革时期。可见，分析化学的发展与现代科学技术的发展密切相关。现代科学技术的发展要求分析化学提供更多关于物质组成和结构等的信息，而科学技术的高速发展为分析化学不断提供新的理论、方法和手段，促进了分析化学的发展。现代分析化学不仅要作成分分析，而且要作形态、价态、结构、微粒、微区、薄层、能态、在线、动态、实时、无损、活体等分析。目前，仪器分析越来越成为分析工作的重要手段，分析技术也正朝着微型化、自动化、智能化、芯片化、信息化、更加灵敏准确和简便多效的纵深方向发展。

要注意的是，化学分析法和仪器分析法各有优点，也各有局限性，两者是互为补充的，而且前者是后者的基础。进行分析测定应该遵循一个重要原则：所选定的分析方法不论是仪器分析方法还是化学分析方法，都应该能很好地为所要解决的问题服务。一个缺乏化学分析基础理论和基本知识的分析工作者，不可能仅仅依靠现代化的分析仪器就能解决日益复杂的分析课题。

化学分析法是基础方法，目前仍在广泛使用和发展，而仪器分析的前处理，如溶解试样、改变被测物的存在状态、除去过量试剂、调节 pH、掩蔽或除去干扰物、沉淀、浓缩等都离不开化学处理和溶液平衡理论的应用。因此，分析化学作为一门基础课，必须从化学分析学起。本书主要讨论化学分析法，简要介绍一些仪器分析法。

三、定量分析的过程

定量分析一般包括采集试样、调制试样、分解试样、消除干扰、分析测定、计算结果等过程。但随分析对象和分析项目的不同，分析程序各有差异。

1. 采集试样

从大量分析对象(母体)中抽取一小部分作为送检样或原始试样(gross sample)的过程称为采样(sampling)，送检样(原始试样)通常需作适当处理以成为用于分析测试的最终试样(分析试样或实验室试样)。送检样和分析试样都必须具有高度的代表性，必须能代表全部分析对象。采样是分析过程中很重要的一环，采样不正确，分析得再准确也是徒劳无功，甚至可能因结论错误而导致严重的后果。

采样的具体方法依分析对象的性质、均匀程度、数量的多少以及分析项目的不同而异，但总的原则是一致的，即不同地区、不同部位、不同大小的试样，首先多点采样，所需的量根据原物料总量、均匀程度和区域大小而定。各类物料采样的具体操作方法可参阅有关国家标准或行业标准，农业试样的具体采样方法会在其专业分析中介绍。

2. 调制试样

得到的送检样，有的可直接进行分析。但多数送检样的量往往很大，且其均匀性差，因此分析前需进行调制。例如，固体送检样通常需进行风干或烘干、粉碎、过筛、混匀、缩分等调制处理，这样可减少其量和增加其均匀性，所得分析试样能代表原始试样。

缩减固体送检样常采用四分法(quartering)：将原始样(粉碎和过筛后)混匀，堆成圆锥形，再压成圆饼形，然后分割为十字形四等份，弃去对角线两部分，缩分为二分之一。剩余样混匀后，可继续进行缩分(缩分次数应根据实验室留存和分析所需量确定)。

3. 分解试样

定量分析一般采用湿法分析，即将试样分解后制成溶液，然后进行测定。根据试样的不同，采用不同的分解方法。分解时常采用酸溶法，也可采用碱溶法或熔融法。

4. 消除干扰

复杂的试样中常含有多种组分，在测定某组分时其他组分可能会产生干扰，应当设法消除。掩蔽法是一种简单、有效的消除干扰的方法。所谓掩蔽法，就是在试液中加入某种试剂(掩蔽剂)与干扰组分反应，使干扰组分变成一种不干扰的存在形式或除去。如果没有合适的掩蔽方法，则需分离除去干扰组分以消除干扰。

5. 分析测定

根据被测组分的性质、含量和对分析结果准确度的要求，选择合适的分析方法进行测定。各种分析方法在准确度、灵敏度、选择性和适用范围等方面有很大差别，所以要熟悉各种分析方法的特点，以便于根据需要正确选择分析方法。本书主要介绍各种常见的、典型的分析方法，为正确选择分析方法提供知识保证。

6. 计算结果

根据测量所得的数据(信号、质量或体积)和分析过程有关反应的计量关系，计算试样中被测组分的含量或浓度。

四、定量分析结果的表示

定量分析的结果是以被测组分的某种化学形式(称为“基本单元”)的含量表示的。被测组分的化学形式通常是被测组分的实际存在形式(单质、化合物或离子)，也可以不是其实际存在形式(元素、氧化物或离子)。实际工作中，一般根据需要来选用组分的化学形式。例如，某磷肥中磷的测定，分析结果常以组分 P_2O_5、P 等形式的含量表示；某硫酸铵试样组分的测定，分析结果可用组分$(NH_4)_2SO_4$、N 或 NH_4^+的含量表示。

1. 组分含量的表示方法

被测组分的含量常用质量分数和质量浓度等表示。

(1) 质量分数 w_X——被测组分 X 的质量 m_X 与试样质量 m_S 的比值，即

$$w_X = \frac{m_X}{m_S}$$

式中，m_X 与 m_S 的单位应相同，质量分数的量纲为 1。实际工作中，质量分数常用质量百分数表示。例如，某饲料中蛋白质的质量分数 $w = 0.4012$，常表示为 $w = 40.12\%$ (符号“%”相当于“$\times 10^{-2}$”)，即 100 g 饲料含有蛋白质 40.12 g。

(2) 质量浓度 ρ_X——被测组分 X 的质量 m_X 与试液或气样体积 V_S 的比值，即

$$\rho_X = \frac{m_X}{V_S}$$

质量浓度的单位为 $g \cdot L^{-1}$ ($mg \cdot mL^{-1}$) 或 $\mu g \cdot L^{-1}$ (微克每升)、$ng \cdot mL^{-1}$ (纳克每毫升) 等。

此外，固体样中痕量成分的含量常以 $\mu g \cdot g^{-1}$ (微克每克)、$ng \cdot g^{-1}$ (纳克每克) 等为单位表示，液体和气体试样中被测组分的含量常用物质的量浓度 c_X (被测组分的物质的量 n_X 除以试样体积)、体积分数(被测组分体积除以试样体积)等表示。

2. 组分含量的换算

定量分析中，被测元素 X 以不同的化学形式表示时，其含量之间可通过换算因数 F(化学计量因数，stoichiometric factor)进行换算。将组分的化学形式 X_iL 改用化学形式 X_jL 表示时，其含量的换算因数为

$$F = \frac{M_{X_jL}}{M_{X_iL}} \times \frac{i}{j}$$

式中，M 为组分的化学式量；分子、分母分别乘以 i、j 是为了使被测元素 X 的原子数目相等。例如，将 K_2CO_3 的质量分数换算为 K_2O 和 K 的质量分数的关系式分别为

$$w_{K_2O} = \frac{M_{K_2O}}{M_{K_2CO_3}} \times w_{K_2CO_3} = \frac{94.20}{138.2} \times w_{K_2CO_3} = 0.6816 w_{K_2CO_3}$$

$$w_{K} = \frac{2M_{K}}{M_{K_2CO_3}} \times w_{K_2CO_3} = \frac{2 \times 39.10}{138.2} \times w_{K_2CO_3} = 0.5658 w_{K_2CO_3}$$

五、定量分析中常用的量及其单位

为了便于学习，写定量分析中几种常用的量及其单位列于表 0-2 中。

表 0-2 定量分析中常用的量及其单位

物理量	符号	单位	说明
质量	m	g(克)，mg(毫克)	
体积	V	L(升)，mL(毫升)	
质量分数	w		常以百分数表示
质量浓度	ρ	$g \cdot L^{-1}$(克每升)	
摩尔质量	M	$g \cdot mol^{-1}$(克每摩尔)	须指出基本单元
物质的量	n	mol(摩尔)，mmol(毫摩)	须指出基本单元
物质的量浓度	c	$mol \cdot L^{-1}$(摩尔每升)	须指出基本单元

练 习 题

1. 化学分析法和仪器分析法有何区别和联系？
2. 试列出五项分析化学在本专业的应用，每项应用会用到哪种分析方法？
3. 某样品，要测定其中某组分的含量，如何着手对它进行分析？
4. 计算下列换算中的换算因数 F：

(1) 由 Na_2CO_3 的质量分数换算成 Na_2O 的质量分数；

(2) 由 K_2O 的质量分数换算成 K 和 KCl 的质量分数；

(3) 由 Fe_2O_3 的质量换算成 FeO 和 Fe_3O_4 的质量；

(4) 由 P_2O_5 的质量换算成 P 和 $Na_2HPO_4 \cdot 12H_2O$ 的质量。

第一章　定量分析误差

【学习目标】

(1) 理解定量分析误差的来源、分类及其减免方法。

(2) 理解准确度和精密度的含义及其关系，掌握其量化表示方法及有关计算。

(3) 了解偶然误差的分布规律，掌握可疑值的取舍方法。

(4) 掌握有效数字的有关规则。

定量分析的任务是测定试样中待测组分的含量，其分析结果必须准确，否则不能满足生产和科学研究等的需要。显然，不准确的分析结果会导致资源的浪费、生产的损失以及科学上的错误结论，甚至引起人身伤害或其他灾难。然而，对任何一个物理量的测定，都会受到分析者所用分析方法、仪器、试剂（包括用水）和所处环境条件以及分析者的技能技巧等因素的限制，因此该物理量的分析结果（测定值）与其本身客观存在的真实值（true value，*T*）之间必然存在差异。测定值与真实值间的合理差异就是所谓的误差（error）。即使由一个经验丰富、技术非常熟练的分析专家采用同一最可靠的方法，在同一最佳的实验条件下对同一试样进行多次重复测定（平行测定），其平行测定值也不可能完全一样，而是在一定范围内波动。这表明测定误差是客观存在，不可能完全避免或消除。可见，试样的真实值是不可能通过测量的方法得到的，“真实值”是一个理论上的概念。实际工作中，定量分析结果只要达到一定程度的准确度就可以满足生产和科学研究等的需要。因此，分析工作者应当了解误差的有关理论，了解误差的来源及其特点，根据分析目的的要求选择合适的分析手段，使误差减小到一定程度，以获得符合要求的分析结果；同时也应当了解对分析结果的评价方法，以判断结果的可靠程度。

[课堂活动]

分析工作中，人们常把理论值、约定值或标准值当作真实值以检验分析结果的准确度。这些“真实值”是指哪些物理量值？试举例说明。

第一节　误差的来源、分类及其减免方法

定量分析结果是经过许多测量和一系列操作步骤获得的，其误差必然是各个操作步骤和测量过程误差的总和。为了提高分析结果的准确性，必须对误差产生的原因有

所了解，才能更好地设法减小误差，获得符合要求的分析结果。

根据误差的来源及性质的不同，可分为两大类：系统误差(systematic error)和偶然误差(accidental error)。

一、系统误差

系统误差是指由某些确定的、经常性的因素引起的误差。其性质特点是单向性、重现性和可测性即系统误差的影响比较恒定，同一条件下进行重复测定时，测定结果一般都会系统偏高或偏低，且重复出现。由于系统误差的影响比较恒定，若能找出误差产生的原因并设法测定其大小，则可通过校正减免误差，因此系统误差又称可测误差(determinate error)。

1. 系统误差的来源

1)方法误差

由测量方法不够完善引起的误差称为方法误差。对于某一项目的分析，可以采用多种分析方法。各种分析方法及涉及的各种操作过程都可能有某些缺陷，如沉淀的溶解和共沉淀的影响，加热时物质的挥发或分解，滴定反应不够完全，指示剂的变色点与计量点不完全相符，存在副反应等。只要使用了某种方法，该方法的缺陷就不可避免地会引起方法误差。

2)仪器误差

由仪器不够准确引起的误差称为仪器误差。例如，分析天平灵敏度不够，滴定管刻度不均匀，容量瓶、移液管、滴定管未校正等引起的误差。

3)试剂误差

由试剂不够纯净引起的误差称为试剂误差。例如，所用试剂含有杂质，所用的蒸馏水或所用的仪器引入干扰离子等引起的误差。

4)操作误差

在正常操作情况下，由于测试者的操作技术水平与客观要求不相符引起的误差称为操作误差。例如，沉淀洗涤过度或不足、对终点颜色的敏锐程度不同、调节溶液的pH偏高或偏低、加热的温度偏高或偏低、试样混合不够均匀、各操作步骤中难以避免的被测组分的损失或杂质的引入等所造成的误差，都属于操作误差。

2. 系统误差的检验和减免

从系统误差的产生原因可知，系统误差的出现是有规律的，是可掌握的。分析工作者应能预见各种系统误差的来源和大小，并应尽量设法减免。否则，将会影响测定结果的准确度。系统误差可以通过下列方法进行检验和减免。

1)对照试验

其他条件相同的情况下，以标准物或加入标准物的试样(或标准方法等)代替试样

(或测定方法)等进行同样的试验称为对照试验(contrast test)。对照试验是检验系统误差最有效的方法。

(1)用标准样作对照试验：以测定试样所用分析方法对含量已知、组成相近的标准试样或模拟试样进行测定，然后将其测定值与标准值对照，根据误差的大小判断该方法的准确性。如果测定标准试样或模拟试样的结果符合要求，则说明该分析方法是可行的，此时可通过计算校正系数以校正试样分析结果，减免方法误差。

$$校正系数=\frac{标准试样的标准值(T_B)}{标准试样的测定值(\overline{x}_B)}$$

试样被测组分的含量=试样的测定值×校正系数

(2)用标准方法作对照试验：对于一个项目的测定，可能有多种分析方法。例如，国家标准方法、部颁标准方法、经典和公认分析方法等。以所选用的分析方法与可靠的标准方法或经典方法对同一试样进行测定，比较两种方法的测定结果，如果误差不大(符合要求)，则可认为所选分析方法是可信的、准确的。否则应重新选定更好的分析方法。

(3)"内检"和"外检"：同一方法、同一试样由多个操作者进行测定，对照其测定结果，用以检查操作者的系统误差，称为"内检"。同一方法、同一试样在不同实验室进行测定，对照其测定结果，用以检查实验室的系统误差，称为"外检"。

(4)回收率试验：取两组试样，其中一组加入含被测组分 X 的量为 T_B 的标准物质 B，然后在相同条件下用所选定的分析方法对这两组试样进行测定，并分别求出两组测定结果的平均值 $\overline{x}_{X+B}$ (加标准物质组)和 $\overline{x}_X$，计算回收率(recovery)。加入标准物质的回收率为

$$回收率=\frac{\overline{x}_{X+B}-\overline{x}_X}{T_B}\times 100\%$$

回收率试验是一种检验系统误差的常用方法。回收率越接近 100%，所用分析方法的准确度就越高，试样中其他组分干扰所引起的误差也越小。

2)空白试验

用测定试样所用的分析方法和测定条件，以蒸馏水代替试样溶液进行的试验称为空白试验(blank test)。从试样分析的测定值中减去空白试验的测定值(称空白值)，可以得到比较准确的结果。

空白试验可以检验和校正试剂(包括溶剂水)不纯或由仪器带入杂质所引起的误差。作空白试验时，空白值不应过大，否则扣除空白值后可能会引起更大的误差。若空白值过大，应该把所用的试剂或溶剂提纯，或选用不会带入杂质的仪器来减小空白值。

3)校准仪器

进行精密测量时，必须对所用仪器进行校正。例如，移液管、容量瓶、滴定管等的真实容积与其标示值不完全吻合，须对它们的容积进行校正并使用校正值；天平的

砝码质量与其标示质量不完全相符，须对其相对质量进行校正并使用校正值。通过校准仪器，可减免这些仪器不准所造成的误差(仪器误差)。但作一般分析测定时，只要使用合格的商品仪器，因厂方已作过检验，可不必进行校正。

二、偶然误差

即使消除了系统误差，但在相同条件下对同一试样进行重复测定时，仍然未能获得一致的测量结果，这是偶然误差所致。

偶然误差又称随机误差(random error)，是指由某些难以控制的、无法避免的偶然因素引起的误差。例如，仪器性能的微小变化、测定过程中温度、湿度、压力等环境条件的波动等因素造成的误差。从每次测定结果看，偶然误差的正负、大小都是可变的，似乎没有什么规律性，但是从无限多次重复测定的结果看，偶然误差服从正态分布规律(图 1-1)：小误差出现的机会比大误差多(单峰性)，特大误差出现的机会极少(有界性)；绝对值相等的正误差和负误差出现的机会相等(对称性)，偶然误差之和为零(抵偿性)。

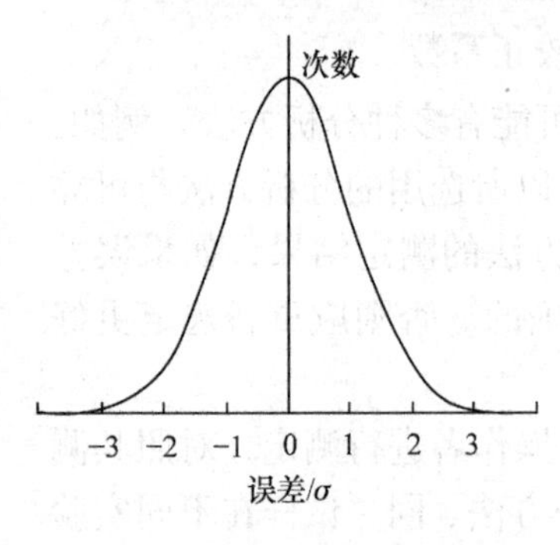

图 1-1　误差的正态分布曲线

从偶然误差所显示的规律性可知，当平行测定的次数逐渐增多时，偶然误差之和逐渐减小并最终趋近于零。因此，只要进行多次平行测定，取平均值，就可以减免偶然误差。一般认为，当测定次数 $n>10$ 时，偶然误差已小到可忽略的程度。如果消除了系统误差，则平均值将非常接近真实值。所以，平行测定次数不必很多，一般 4~6 次，最多不超过 10 次。

另外，偶然误差比较小，在误差要求比较粗放的测定过程中，往往不易看出。例如，用台秤对同一物体进行多次重复称量，每次称量都可能得到同样的结果。这并不是没有偶然误差，只是方法粗糙掩盖了偶然误差。

应该注意，系统误差和偶然误差都是指在正常操作情况下产生的误差，这些误差的产生在一定意义上都具有必然性。至于因操作不细心，如用错仪器、加错试剂、使试剂受污染、溅失试液、读数错误、计算错误等引起测定结果有较大的差异，则不属于误差范畴，应叫“错误”。明确知道错误的测量值，应立即舍弃。在一组平行测定结果中出现相差较大的测量值时，应认真查找原因，以确定其是否是由过失引起的错误。

第二节　误差的表示方法

定量分析中，为了获得可靠的分析结果，通常需要进行多次平行测定或重复测定，取平均值作为分析结果。其中，有限次平行测定所得测定值 x_i 的算术平均值称为样本平均值(sample mean，$\bar{x}$)，无限次平行测定所得测定值的算术平均值称为总体平均值

(population mean，μ)，其表达式为

$$\overline{x}=\frac{1}{n}(x_1+x_2+\cdots+x_n)=\frac{1}{n}\sum_{i=1}^{n}x_i \tag{1-1}$$

$$\mu=\lim_{i\to\infty}\frac{1}{n}\sum x_i \tag{1-2}$$

样本平均值 $\overline{x}$ 是总体平均值 μ 的最佳估计值。若消除了系统误差，则 μ 就是真实值，因此总体平均值是真实值的最佳估计值。

一、准确度与误差

定量分析结果的准确度(accuracy)是指测定值与真实值的接近程度，用绝对误差(absolute error，E)和相对误差(relative error，E_r)量化评价。分析结果越接近真实值，其误差越小，准确度越高。绝对误差是指测定值(x)与真实值(T)之差，而相对误差是指绝对误差在真值中所占的相对比例(百分数)，即

$$E=x-T \tag{1-3a}$$

$$E_r=\frac{E}{T}\times100\% \tag{1-3b}$$

$x>T$ 时存在正误差(测定值偏高)，$x<T$ 时存在负误差(测定值偏低)；用相对误差定量表示准确度的高低更具有实际意义。

例 1-1　用同一分析天平称量 A、B 两物，得 A 的质量为 1.7542 g，B 的质量为 0.1754 g。若 A、B 两物的真实质量分别为 1.7543 g 和 0.1755 g，则称量结果中哪个准确度高?

解　两物的绝对误差、相对误差各分别为

$$E_A=1.7542-1.7543=-0.0001\ \text{(g)}$$

$$E_B=0.1754-0.1755=-0.0001\ \text{(g)}$$

$$E_{r(A)}=\frac{E_A}{T_A}\times100\%=\frac{-0.0001}{1.7543}\times100\%=-0.006\%$$

$$E_{r(B)}=\frac{E_B}{T_B}\times100\%=\frac{-0.0001}{0.1755}\times100\%=-0.06\%$$

计算表明，两物称量结果的绝对误差相同，无法比较其准确度的高低。若用相对误差表示，则可指明 A 的准确度是 B 的 10 倍。由此可见，用相对误差表示分析结果的准确度更有意义。

上述计算还表明，当绝对误差一定时，可以通过增大测量值来减小相对误差。对于一组测定结果的准确度，应当用其平均值的误差来评价。

例 1-2　有 A、B 两个分析人员分别测定某铵盐样的含氮量，A 的平行测定结果(质量分数)为 19.95%、19.90%、19.85%，B 为 20.03%、20.08%、20.10%。已知该铵盐样

中氮的质量分数为20.00%，试比较两人测定的准确度。

解 两人测定的平均值为

$$\overline{x}_{\mathrm{A}}=\frac{19.95\%+19.90\%+19.85\%}{3}=19.90\%$$

$$\overline{x}_{\mathrm{B}}=\frac{20.03\%+20.08\%+20.10\%}{3}=20.07\%$$

两人测定的绝对误差为

$$E_{\mathrm{A}}=\overline{x}_{\mathrm{A}}-T=19.90\%-20.00\%=-0.10\%$$

$$E_{\mathrm{B}}=\overline{x}_{\mathrm{B}}-T=20.07\%-20.00\%=+0.07\%$$

显然，B的测定结果比A的准确。

实际工作中，由于试样的真实值不知道，无法求得分析结果的准确度，常用平行测定结果的平均值代替真实值，用精密度衡量分析结果的优劣。

二、精密度与偏差

精密度(precision)是指多次平行测定结果相互接近的程度。平行测定结果(数据)越接近，其精密度越高；数据越分散，精密度越低。精密度取决于偶然误差，用偏差(deviation)量化评价，偏差有以下几种表示方式。

1)绝对偏差和相对偏差

绝对偏差(absolute deviation，d)是指单次测定值与平均值之差，相对偏差(relative deviation，d_{r})是指绝对偏差所占平均值的百分数：

$$d_i=x_i-\overline{x} \tag{1-4a}$$

$$d_{\mathrm{r}}=\frac{d_i}{\overline{x}}\times100\% \tag{1-4b}$$

绝对偏差和相对偏差只能反映各个测定值偏离平均值的程度，不能衡量整组测定值的精密度。

2)平均偏差和相对平均偏差

对于一组测定值($n\geqslant3$)而言，其精密度常用平均偏差(average deviation，$\overline{d}$)和相对平均偏差($\overline{d}_{\mathrm{r}}$)表示：

$$\overline{d}=\frac{1}{n}\left(|d_1|+|d_2|+\cdots+|d_n|\right)=\frac{1}{n}\sum_{i=1}^{n}|d_i| \tag{1-5a}$$

$$\overline{d}_{\mathrm{r}}=\frac{\overline{d}}{\overline{x}}\times100\% \tag{1-5b}$$

偏差有正负，其代数和为零，不能反映数据的分散性，因此计算平均偏差时须取绝对值以避免正负偏差相互抵消。平均偏差能代表一组数据中任何一个数据的偏差，但不能反映大偏差的存在情况。

3) 标准偏差和相对标准偏差

对于要求较高的平行测定（$n<20$），其精密度常用标准偏差(standard deviation，S)和相对标准偏差（S_r 或 RSD)来表示：

$$S=\sqrt{\frac{d_1^2+d_2^2+\cdots+d_n^2}{n-1}}=\sqrt{\frac{\sum(x_i-\overline{x})^2}{n-1}} \tag{1-6a}$$

$$S_r=\frac{S}{\overline{x}}\times 100\% \tag{1-6b}$$

无限次平行测定值的标准偏差称为总体标准偏差，其表达式为

$$\sigma=\sqrt{\frac{\sum(x_i-\mu)^2}{n}} \tag{1-7}$$

由于大偏差平方之后会更突出，标准偏差比平均偏差能更好地反映测定数据的分散程度。平行测定值之间越靠近，标准偏差越小，精密度越高；测定值之间越分散，标准偏差越大，精密度越低。

例 1-3　甲、乙二人在相同条件下测定某试样中一组分的质量分数，甲的数据为50.08%、50.06%、50.26%、50.07%、50.28%；乙的数据为 50.10%、50.39%、50.08%、50.12%、50.06%。试计算其平均偏差、相对平均偏差、标准偏差、相对标准偏差，并进行比较。

解　利用上述计算公式进行计算，结果如下所示。

	$\overline{x}$/%	d_i/%	$\overline{d}$/%	$\overline{d}_r$/%	S/%	S_r/%
甲	50.15	−0.07，−0.09，0.11，−0.08，0.13	0.10	0.19	0.11	0.22
乙	50.15	−0.05，0.24，−0.07，−0.03，−0.09	0.10	0.19	0.14	0.27

上例中两组数据的平均值、平均偏差都完全相同，但可以看出其分散程度明显不同，说明平均偏差不能反映这两组数据精密度的差别。乙组数据的标准偏差比甲组大，精密度低一些，是由于其中存在一个较大的偏差“0.24”，数据较分散。可见，标准偏差能更好地反映数据的分散程度。在要求比较严格的分析测定中，常用标准偏差来评价数据的精密度，平均偏差则比较少用。

4) 极差和相差

极差(range，R)是指一组测定数据中最大值与最小值之差，即

$$R=x_{\max}-x_{\min} \tag{1-8a}$$

$$R_r=\frac{R}{\overline{x}}\times 100\% \tag{1-8b}$$

极差越大，数据越分散。极差表示法多用于移液管法取样测定中，它简单直观，缺点是没有充分利用全部测定数据。

若只作两次平行测定，则此时用相差（$\varDelta$）和相对相差（$\varDelta_r$）表示测定的精密度：

$$\Delta = |x_1 - x_2| \tag{1-9a}$$

$$\Delta_r = \frac{\Delta}{\overline{x}} \times 100\% \tag{1-9b}$$

例 1-4　某人测定某海藻中钙的质量分数，两次平行结果为4.48%和4.55%，计算其相对相差。

解

$$\Delta = |x_1 - x_2| = 4.55\% - 4.48\% = 0.07\%$$

$$\overline{x} = \frac{4.55\% + 4.48\%}{2} = 4.52\%$$

$$\Delta_r = \frac{\Delta}{\overline{x}} \times 100\% = \frac{0.07\%}{4.52\%} \times 100\% = 1.6\%$$

三、准确度与精密度的关系

如何从精密度与准确度两方面来衡量分析结果的好坏？图1-2为甲、乙、丙、丁四人平行测定同一试样中铁的质量分数的分析结果示意图。由图可见，甲的结果准确度与精密度都好，结果可靠；乙的精密度虽高，但准确度低(系统误差大)；丙的准确度与精密度都很差(系统误差和偶然误差都大)；丁的精密度更差(偶然误差很大)，其平均值尽管接近真值，但这只是凑巧正负误差相互抵消而已，如果只作两次或三次测定，则其平均值与真值相差会很大，因此丁的结果是不可靠的。

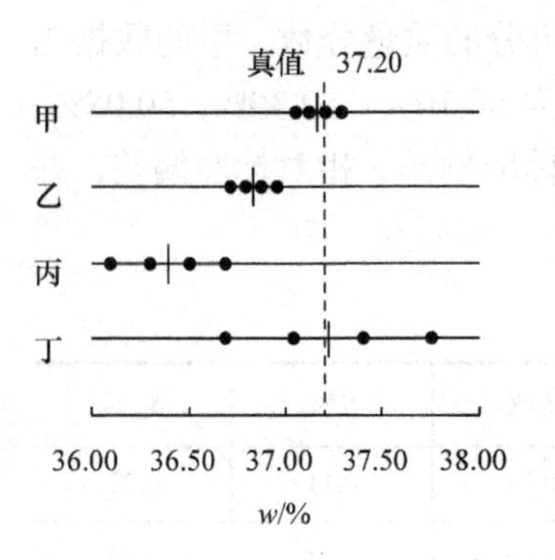

图 1-2　不同人测定同一样品的结果

(•表示平行测定值；｜表示平均值)

综上所述，可得到如下结论：①精密度是保证准确度的先决条件。精密度差，就失去衡量准确度的前提，所得结果不可靠。②高的精密度不一定能保证有高的准确度。只有消除了系统误差，精密度的高低才能反映准确度的高低。

在一般的分析工作中，分析测定结果报告除了有各次测定值外，还必须包括反映数据集中趋势的平均值和反映数据相互符合程度的精密度。

定量分析结果要达到一定的准确度和精密度，但其要求并非越高越好，一定要考虑多方面的因素。既要考虑分析任务对准确度的要求，也要考虑所用方法能达到的准确度和精密度以及分析试样的复杂程度。按被测组分含量不同，分析测定结果允许的相对误差如表1-1所示。

表 1-1　不同组分含量要求的相对误差

质量分数 w /%	10～100	1～10	0.1～1	0.01～0.1	< 0.01
相对误差 E_r /%	0.1～0.3	～1	1～2	～5	～10

第三节　有限实验数据的统计处理简介

一、可疑值的取舍

在一系列的平行测定中，即使消除了系统误差，测得数值之间也有一定的离散性，即相互之间存在一定差异，因为存在偶然误差，属于正常现象。但有时会出现个别数值偏离其他数值较远，会引起人们怀疑其可靠性。这些由不明原因引起的偏离其他数值较远的数值称为可疑值(doubtful value)或离群值。可疑值不能随意保留或舍弃，必须用统计学方法检验其是否存在过失，决定取舍。如果可疑值是过失值，则应舍弃，否则应予保留。明显存在过失的值(错误值或过失值)必须舍弃，否则会影响平均值的可靠性。下面介绍两种常用的检验方法。

1)四倍平均偏差法($4\bar{d}$ 法)

检验时，先假设可疑值 x_d 为过失值弃去，再求出其余数据的平均值 $\bar{x}$ 及平均偏差 $\bar{d}$，然后将可疑值与平均值比较，若绝对差值 $|x_d - \bar{x}| > 4\bar{d}$，则可疑值应舍弃，反之则保留。

$4\bar{d}$ 法的严密性较差，按其取舍可疑值存在较大的误差，但其简单，不用查表。

2)舍弃商值检验法(Q检验法)

检验时，先由小到大排列测定数据($x_1 < x_2 < \cdots < x_n$)和确定可疑值(可疑值为最大值 x_n 或最小值 x_1)，然后计算 Q 值并与一定置信度下相应测定次数的 $Q_{表}$ 值作比较。若 $Q_{计} > Q_{表}$，则可疑值应舍弃，反之应保留。$Q_{表}$ 值数据见表 1-2。

表 1-2　$Q_{表}$ 值

测定次数 n	3	4	5	6	7	8	9	10
$Q_{0.90}$	0.94	0.76	0.64	0.56	0.51	0.47	0.44	0.41
$Q_{0.95}$	0.97	0.84	0.73	0.64	0.59	0.54	0.51	0.49

当 x_n 可疑时，Q 值计算式为

$$Q_{计} = \frac{x_n - x_{n-1}}{x_n - x_1} \tag{1-10}$$

当 x_1 可疑时，Q 值计算式为

$$Q_{计} = \frac{x_2 - x_1}{x_n - x_1} \tag{1-11}$$

x_n 和 x_1 都可疑时，应先检验较差的可疑值。Q 检验法优于 $4\bar{d}$ 法，适用于 3~10 次测定结果中可疑值的检验。

例 1-5　某平行测定的 4 次结果分别为 30.34%、30.22%、30.42%、30.38%，其中

有无可疑值？若有可疑值，则检验是否应该舍弃。

解　30.22%为可疑值。

(1)用 $4\bar{d}$ 法检验：设 30.22%为过失值，则其余 3 次结果的平均值和平均偏差为

$$\bar{x}=\frac{1}{3}\times(30.34\%+30.42\%+30.38\%)=30.38\%$$

$$\bar{d}=\frac{1}{3}\sum|x_i-\bar{x}|=\frac{1}{3}\times(|-0.04\%|+0.04\%+0.00\%)=0.03\%$$

可疑值与平均值的绝对差值为

$$|x_{\text{d}}-\bar{x}|=|30.22\%-30.38\%|=0.16\%$$

由于 $|x_{\text{d}}-\bar{x}|>4\bar{d}=0.12\%$，因此可疑值 30.22%应舍弃。

(2)用 Q 检验法检验：测定数据的排序为 30.22%、30.34%、30.38%、30.42%，其 Q 值为

$$Q_{计}=\frac{30.34\%-30.22\%}{30.42\%-30.22\%}=0.60$$

查表知 $n=4$ 、置信度为 90%时，$Q_{0.90}=0.76>Q_{计}$ ，故可疑值 30.22%应保留。

从上例中的处理结果看，用不同方法检验同组数据中可疑值的结果可能不同。这是由于 $4\bar{d}$ 法把可疑值排除在外再进行检验，因此在统计学上不够严密，容易把本来有效的数据舍掉，而 Q 检验法符合统计学原理，可靠性较高。

二、平均值的置信区间

如前所述，只有作无限次平行测定和消除了系统误差，总体平均值 μ 才是真实值。而由少数测定值得到的平均值 $\bar{x}$ 总带有一定的不确定性，故只能在一定置信度下根据平均值对真实值可能存在的区间做出估计。

1. 偶然误差的 t 分布曲线

在定量分析中，反映无限次测定偶然误差大小的是总体标准偏差(σ)，偶然误差服从正态分布规律，但有限次测定的偶然误差不服从正态分布规律。用有限次测定的标准偏差 S 代替无限次测定的标准偏差 σ 必然引起误差。为了补偿这个误差，英国统计学家、化学家古塞特(Gosset)以笔名“Student”提出一个新的函数——t 分布，其定义为

$$t=\frac{\bar{x}-\mu}{S}\sqrt{n}\tag{1-12}$$

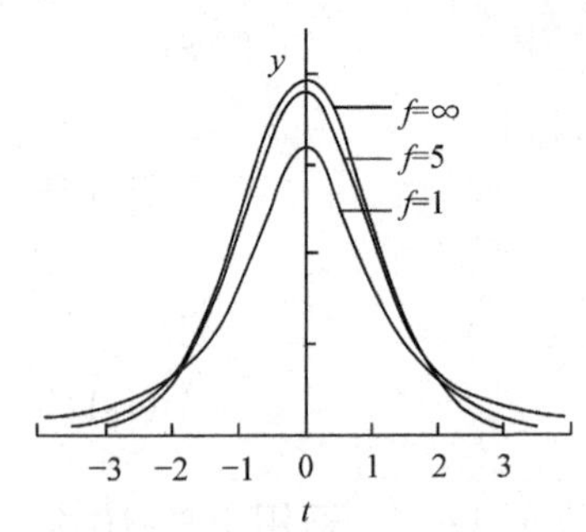

图 1-3　t 分布曲线

有限次测定的偶然误差服从 t 分布。t 分布曲线的纵坐标为概率密度，横坐标为统计量 t 值，如图 1-3 所示。

t 分布曲线随自由度 f 变化而变化，$n\to\infty$ 时 t 分

布曲线趋近于正态分布曲线。t 值与置信度和测定次数有关，其值可由表 1-3 中查得。表中 P 为置信度或置信水平(confidence level)，即在某一 t 值时测定值落在 $\mu \pm tS$ 区间内的概率。

表 1-3　t 值表

自由度 $f=n-1$	置信度 P		
	90%	95%	99%
1	6.31	12.71	63.66
2	2.92	4.30	9.92
3	2.35	3.18	5.84
4	2.13	2.78	4.60
5	2.02	2.57	4.03
6	1.94	2.45	3.71
7	1.90	2.37	3.50
8	1.86	2.31	3.36
9	1.83	2.26	3.25
10	1.81	2.23	3.17
20	1.72	2.09	2.84
∞	1.64	1.96	2.58

2. 平均值的置信区间

将 t 的定义式改写为

$$\mu = \bar{x} \pm t\frac{S}{\sqrt{n}} \tag{1-13}$$

表示在一定置信度下，以平均值 $\bar{x}$ 为中心，包括总体平均值 μ 的可靠性范围，即平均值的置信区间(confidence interval)。只要选定置信度 P，并根据 P 与 f 值，从 t 值表查出 t 值，由有限次测定测得的 $\bar{x}$、S、n 值就可求出相应的置信区间。

例 1-6　测定在被汞污染的水体中生长的鱼类体内含汞量，五次平行测定的结果为 2.05、1.95、2.13、2.04 和 1.93 $mg \cdot kg^{-1}$。试计算这组测定在置信度为 90%和 95%时的置信区间。

解　计算平均值和标准偏差

$$\bar{x} = \frac{1}{5} \times (2.05 + 1.95 + 2.13 + 2.04 + 1.93) = 2.02\ (mg \cdot kg^{-1})$$

$$S = \sqrt{\frac{(2.02-2.05)^2 + (2.02-1.95)^2 + (2.02-2.13)^2 + (2.02-2.04)^2 + (2.02-1.93)^2}{5-1}}$$

$$= 0.08(mg \cdot kg^{-1})$$

置信度 P 为 90%、$f = 5-1 = 4$ 时，$t = 2.13$，置信区间为

$$\mu = \overline{x} \pm t\frac{S}{\sqrt{n}} = 2.02 \pm 2.13 \times \frac{0.08}{\sqrt{5}} = 2.02 \pm 0.08\ (\mathrm{mg \cdot kg^{-1}})$$

表示有 90%的把握说总体平均值(真实值)落在$(2.02 \pm 0.08)\mathrm{mg \cdot kg^{-1}}$的区间内。

置信度 P 为 95%、$f = 5-1 = 4$ 时，$t = 2.78$，置信区间为

$$\mu = \overline{x} \pm t\frac{S}{\sqrt{n}} = 2.02 \pm 2.78 \times \frac{0.08}{\sqrt{5}} = 2.02 \pm 0.10\ (\mathrm{mg \cdot kg^{-1}})$$

表示有 95%的把握说总体平均值落在$(2.02 \pm 0.10)\mathrm{mg \cdot kg^{-1}}$的区间内。

三、测量结果的显著性检验

定量分析中常遇到两种情况：①样品的测定值 $\overline{x}$ 和标准值 μ 不一致；②两组测定数据的平均值 $\overline{x}_{\mathrm{A}}$、$\overline{x}_{\mathrm{B}}$ 不一致。如果两者差异显著，则说明测定值存在系统误差；如果差异不显著，则可认为是由偶然误差引起的正常差异。下面介绍两种显著性检验方法。

1. 平均值与标准值的比较

为了检查某一分析方法或某操作过程是否存在系统误差，可用标准试样进行几次平行测定，然后用 t 检验法检验测定结果的平均值 $\overline{x}$ 与标准试样的标准值 μ 是否存在显著性差异。有显著性差异时，则该测定方法存在系统误差。

检验时，首先按式(1-12)计算 t 值，然后根据 t 值表查出相应置信度 P 和自由度 f 下的 $t_{表}$ 值。若 $t_{计} < t_{表}$，则无显著性差异，反之则有显著性差异。

例 1-7　为检验某测定 CaO 的方法是否有系统误差，用该法测定 CaO 标准样(标准值 $\mu = 30.43\%$)。测定结果为 $\overline{x} = 30.54\%$、$S = 0.05\%$、$n = 6$ 时，该测定方法有无系统误差？(置信度为 95%)

解

$$t_{计} = \frac{|\overline{x} - \mu|}{S}\sqrt{n} = \frac{|30.54\% - 30.43\%|}{0.05\%} \times \sqrt{6} = 5.39$$

查表 1-3 知，$f = 6-1 = 5$、置信度为 95%时，$t_{表} = 2.57$。$t_{计} > t_{表}$，故平均值与标准值之间有显著性差异，即所用测定方法存在系统误差。

2. 两组平均值之间的比较

由不同分析人员或同一分析人员用不同方法对同一试样进行测定时，所得的结果一般不同。要判断两组测定数据间是否有显著性差异，通常需要先检验两组测定数据的标准偏差有无显著性差异，标准偏差无显著性差异时再进一步检验其平均值间有无显著性差异。

1)用 F 检验法检验两组测定数据的标准偏差有无显著性差异

先计算 F 值，然后将其与查表得到的 $F_{表}$ 比较。若 $F_{计} > F_{表}$，则两组测定的标准偏差有显著性差异(进一步处理较复杂，这里不作讨论)；若 $F_{计} < F_{表}$，则其标准偏差无显著性差异(其差异仅由偶然误差引起，进一步作 t 检验)。$F_{表}$ 值见表 1-4。

F 值的计算式为

$$F_{计} = \frac{S_{大}^2}{S_{小}^2} \tag{1-14}$$

2)用 t 检验法检验两组平均值间有无显著性差异

先计算 t 值，再与由 t 值表查出相应置信度和自由度下的 $t_{表}$ 值比较。若 $t_{计} > t_{表}$，则两组平均值间有显著性差异。t 值的计算式为

$$t_{计} = \frac{|\bar{x}_A - \bar{x}_B|}{S_{合}}\sqrt{\frac{n_A n_B}{n_A + n_B}} \tag{1-15}$$

$$S_{合} = \sqrt{\frac{\sum d_{i(A)}^2 + \sum d_{j(B)}^2}{f_A + f_B}} = \sqrt{\frac{(n_A - 1)S_A^2 + (n_B - 1)S_B^2}{n_A + n_B - 2}} \tag{1-16}$$

表 1-4　置信度为 95%时的 $F_{表}$ 值

$f_{小}$ \ $f_{大}$	2	3	4	5	6	7	8	9	10	∞
2	19.00	19.16	19.25	19.30	19.33	19.36	19.37	19.38	19.39	19.50
3	9.55	9.28	9.12	9.01	8.94	8.88	8.84	8.81	8.78	8.53
4	6.94	6.59	6.39	6.26	6.16	6.09	6.04	6.00	5.96	5.63
5	5.79	5.41	5.19	5.05	4.95	4.88	4.83	4.78	4.74	4.36
6	5.14	4.76	4.53	4.39	4.28	4.21	4.15	4.10	4.06	3.67
7	4.74	4.35	4.12	3.97	3.87	3.79	3.73	3.68	3.63	3.23
8	4.46	4.07	3.84	3.69	3.58	3.50	3.44	3.39	3.34	2.93
9	4.26	3.86	3.63	3.48	3.37	3.29	3.23	3.18	3.13	2.71
10	4.10	3.71	3.48	3.33	3.22	3.14	3.07	3.02	2.97	2.54
∞	3.00	2.60	2.37	2.21	2.10	2.01	1.94	1.88	1.83	1.00

注：$f_{大}$ 表示大标准偏差的自由度；$f_{小}$ 表示小标准偏差的自由度。

例 1-8　A、B 两个分析工作者对某 Na_2CO_3 试样进行测定，所得的两组结果为

$$\bar{x}_A = 43.34\%，S_A = 0.10\%，n_A = 5；\bar{x}_B = 42.44\%，S_B = 0.12\%，n_B = 4$$

试比较置信度为 95%时两人的测定结果有无显著性差异。

解　先用 F 检验法检验其标准偏差有无显著性差异

$$F_{计} = \frac{S_{大}^2}{S_{小}^2} = \frac{(0.12\%)^2}{(0.10\%)^2} = 1.44$$

查表 1-4 知，$f_{大} = 4 - 1 = 3$、$f_{小} = 5 - 1 = 4$ 时，$F_{表} = 6.59$。$F_{计} < F_{表}$，故两人测定的标准偏差不存在显著性差异。此时，还需用 t 检验法检验两平均值之间有无显著性差异。

$$S_{合}=\sqrt{\frac{(n_A-1)S_A^2+(n_B-1)S_B^2}{n_A+n_B-2}}=\sqrt{\frac{(5-1)\times(0.10\%)^2+(4-1)\times(0.12\%)^2}{5+4-2}}=0.11\%$$

$$t_{计}=\frac{|\overline{x}_A-\overline{x}_B|}{S_{合}}\sqrt{\frac{n_An_B}{n_A+n_B}}=\frac{|43.34\%-42.44\%|}{0.11\%}\times\sqrt{\frac{5\times4}{5+4}}=12.2$$

查表 1-3 知，$f=n_A+n_B-2=5+4-2=7$、置信度为 95%时，$t_{表}=2.37$。$t_{计}>t_{表}$，故两人测定的平均值 $\overline{x}_A$、$\overline{x}_B$ 之间有显著性差异(其差异由系统误差引起)。

第四节　测定方法的选择和提高测定准确度的措施

各种定量分析方法的准确度和灵敏度及适用性各不相同，如重量分析法和滴定分析法准确度高但灵敏度低，适合常量组分的测定；仪器分析测定的灵敏度高但准确度低，适合微量组分的测定。因此，为了使测定结果达到一定的准确度，以满足实际工作的需要，首先要选择合适的分析方法。例如，含铁量为 40%的试样中铁的测定，应采用重量分析法或者滴定分析法，这样可得到符合要求的测定结果。若采用光度分析法，则其相对误差可能达 5%，测定值的范围为 $38\%\sim42\%$，显然这样的准确度太低。如果是含铁量为 0.02%的试样，采用光度分析法测定，尽管相对误差较大，但因其含量低，其绝对误差较小，测定值的范围为 $0.018\%\sim0.022\%$，这样的结果可满足实际工作的要求。对如此微量的铁，用重量法和滴定法测定是无法满足要求的。此外，还必须根据试样的组成来选择合适的分析方法。例如，用沉淀重量法测定常量铁时，若共存离子干扰，则应选用滴定分析法。而用滴定分析法测定常量铁时，重铬酸钾(氧化还原滴定)法所受干扰又比 EDTA 配位滴定法少。

测定方法选定之后，可以用下列方法减小误差，提高测定结果的准确度。

1. 减小测量误差

为了保证分析结果的准确度，必须尽量减小测量误差。而要减小测量误差，就必须控制测量值的大小，最直接的办法是控制质量 m 和体积 V 的大小。要减小称量误差，除了使用符合要求的天平外，还应减小天平的灵敏度限制所引起的误差。例如，称取一份试样，必须称量(读数)两次，而分析天平(万分之一天平)每称一次产生 ±0.0001 g 的误差，所以每份试样的最大称量误差(绝对误差)为 $\pm0.0001\times2$ g。为了使称量的相对误差不大于 $\pm0.1\%$，试样的质量就不能太小。相对误差为 $\pm0.1\%$ 时，应称取试样质量为

$$m_S=\frac{称量的绝对误差}{称量的相对误差}=\frac{\pm0.0001\times2}{\pm0.1\%}=0.2\ (\text{g})$$

即试样的质量至少 0.2 g，才能保证称量误差不大于 0.1%。

又如，用滴定管量取溶液时，每量取一份溶液，需要读数两次，而滴定管的分度

值限制也会引起体积测量误差。滴定管每次读数至少有±0.01 mL的误差，其体积测量的绝对误差为±0.01×2 mL。若要使测量体积的相对误差不大于±0.1%，则溶液的体积

$$V_{\mathrm{s}}=\frac{\text{测量体积的绝对误差}}{\text{测量体积的相对误差}}=\frac{\pm 0.01\times 2}{\pm 0.1\%}=20\ (\mathrm{mL})$$

即量取溶液的体积至少20 mL。

不同分析方法的准确度不同，要求的测量误差也不同。例如，用光度法测定微量组分，方法误差为±2%左右，若称量试样0.5 g，则称量的绝对误差为±0.5×2%=±0.01 g。如果强调要称准至±0.0001 g，那说明操作者并未掌握相对误差的概念。

2. 减小偶然误差

如前所述，增加平行测定次数可以减小偶然误差，一般测定最少平行测定两次。要求严格的可测定4～6次，此时偶然误差已经降低到很小的程度。再增加测定次数，对降低偶然误差的意义不大。

3. 消除测定过程中的系统误差

选用了某种分析方法，就要了解其可能引起的方法误差，并运用其他方法加以校正；采用相应等级的试剂和纯水，减小试剂误差，或者做空白试验，扣除空白值以校正结果。使用同一台天平称量标准物质和试样、用同一套容量仪器量取溶液，以减小仪器误差。要求严格的测定还要对分析天平、移液管、容量瓶和滴定管进行校准。分析人员应勤学苦练操作技术，克服不良的操作习惯，减小个人操作误差。

第五节　有 效 数 字

一、有效数字的意义和位数

在定量分析中，为了得到正确的测定结果，必须准确地测量，正确地记录和处理测量数据。表示测量结果的数字，应该不仅能反映测量值的大小，而且能反映测量的准确度。例如，量取7 mL液体，用粗糙的100 mL量筒量取时其误差(不确定度)可能达到±1 mL，量得液体的实际体积为6～8 mL的某一值；若要取得准确的体积，可以换用10 mL小量筒，量取液体的误差为±0.1 mL，量得液体的体积为6.9～7.1 mL；如果用吸量管量取，则其误差可降至±0.01 mL，量得液体的体积为6.99～7.01 mL。用上述三种量器量取液体所得的体积可分别记录为(7±1)mL、(7.0±0.1)mL和(7.00±0.01)mL，可以分别简化记录为7 mL、7.0 mL和7.00 mL，这些数字都是有效的。

用来表示测量结果，同时反映测量仪器和方法准确度的数字称为有效数字(significant figure)，或者称有效数字是指能正确反映分析对象量值大小的数字。有效数字由确定的数字和一位欠准数字(末位数字)构成，其中直接测量所得量值的欠准数字与测量仪器的最小分度有关，能反映测量仪器的精确程度，通常有一个单位的误差。要正确表示一个测量结果，必须采用有效数字。例如，用示值变动性为±0.0001 g 的半自动电光分析天平称量，可读到小数点后第五位，如 12.21363 g，但实际上“6”已是欠准数字，故只能记录为 12.2136 g，即精确到小数点后第四位。

有效数字所包括的位数称为有效位数。确定有效数字位数时，应注意以下几点：

(1)一般的有效数字，其位数为从非零数字最左一位向右数得到的位数。其中非零数字左边起定位作用的“0”不是有效数字；非零数字之间的“0”都是有效数字；非零数字后的“0”一般为有效数字。例如，0.02030 有四位有效数字，数字“2”前的两个“0”不是有效数字。

(2)指数和对数中的有效位数仅指小数点后数字的位数(尾数)，而会随单位的改变而改变的整数部分不是有效数字，如$10^{0.07}$、$10^{5.00}$、pH = 4.74 都有两位有效数字。

(3)用不同的形式表示测定结果时，有效数字的位数应一致。例如，某组分测定的结果 $w = 0.2432 = 24.32\%$，有四位有效数字；$K = 10^{6.00} = 1.0\times10^{6}$，有两位有效数字。

(4)倍数、分数和常数 π、R 等非测量所得数字属于准确数字，其有效数字可看作无限多位。

二、有效数字的修约和运算

定量分析结果通常需通过计算间接得到，结果的准确度会受到各环节的测量准确度限制。因此，应按一定的规则进行计算和合理保留结果的有效数字，使测定结果与测量的准确度相适应。

1. 有效数字修约规则

定量分析中，通常需要对某些测量数据和计算结果进行数字修约，舍弃其中多余的尾数。

进行有效数字修约时，应遵循国家标准中的“四舍六入五留双”规则，并且一次修约到位。修约规则的含义：若拟舍弃尾数的首位小于 5，则直接舍弃该尾数；若尾数首位大于 5，或尾数首位为 5 但其后有非零数字，则舍时进 1；若尾数为 5 或其后数字都是 0，则修约后的有效数字末位要为偶数(留双)，即 5 的前一位为奇数时舍 5 进 1，为偶数时直接舍去 5。

例 1-9 将 0.246849、0.57216、12.49501、12.495、101.250 修约为四位有效数字。

解 修约的方法和结果如下所示。

原有数字	0.2468~~49~~	0.5721~~6~~	12.49~~501~~	12.49~~5~~	101.2~~50~~
修约方法	直接舍 49	舍 6 进 1	舍 501 进 1	舍 5 进 1 留双	舍 50 留双
修约结果	0.2468	0.5722	12.50	12.50	101.2

2. 有效数字的运算

定量分析结果需要经过不同的测量环节和一定的计算得到，各步测量的误差都会传递到测定结果，因此应根据有效数字运算规则进行计算，合理保留测定结果的有效数字，正确表示测定结果。有效数字运算的规则如下：

(1) 加减运算结果以算式中绝对误差最大(小数点后位数最少)的数据为依据保留有效数字，即结果应保留与算式中小数位数最少的数据相同的小数位数。

(2) 乘除运算结果以算式中相对误差最大(有效数字位数最少)的数据为依据保留有效数字，即结果应保留与算式中有效位数最少的数据相同的有效数字位数。

例 1-10　某人在杯中放入咖啡 10.21 g、糖 8.2 g 和水 246 g，求这杯咖啡溶液的质量。

解　该咖啡溶液的质量为

$$m = 10.21 + 8.2 + 246 = 10 + 8 + 246 = 264\ (\mathrm{g})$$

由于测量水的质量的绝对误差最大(±1 g)，通过计算得到的咖啡溶液的质量不可能比测量水的质量更准确,即各质量直接相加所得数字中整数部分最后一位(小数点前一位)已是欠准数字，小数点后数字为多余数字，所以咖啡溶液的质量是 264 g，绝对误差与测量水的质量的一致。

例 1-11　某学生为了测定水的密度，用量筒取水样 25 mL，放到分析天平上称得质量为 25.6240 g。该学生应报告水的密度为多少？

解　该学生应报告水的密度为

$$\rho = \frac{m}{V} = \frac{25.6240}{25} = 1.0\ (\mathrm{g \cdot mL^{-1}})$$

结果(1.0)保留两位有效数字，与水样体积(25)的有效数字位数一致。由于水样体积的测量不够准确，称量时不必使用分析天平，用台秤称量得到的结果也是一样的。

例 1-12　根据有效数字运算规则计算

(1) $0.85 \times 1.050 \times (45.38 - 8.3)$；(2) $\sqrt{10^{-4.75} \times 0.200}$；(3) $\dfrac{0.2940 \times 1000}{246.5 \times 120.24}$

解　(1) $0.85 \times 1.050 \times (45.38 - 8.3) = 0.85 \times 1.050 \times 37.1 = 33.1$

(2) $\sqrt{10^{-4.75} \times 0.200} = \sqrt{1.8 \times 10^{-5} \times 0.200} = \sqrt{3.6 \times 10^{-6}} = 1.9 \times 10^{-3}$

(3) $\dfrac{0.2940 \times 1000}{246.5 \times 120.24} = 0.00992$

本例(1)中 0.85 看作三位有效数字；(2)中 $10^{-4.75}$ 的有效数字位数为两位；(3)中

0.00992 看作四位有效数字。

例 1-13　土壤中氮的质量分数为 0.2% 左右，要求测定结果的相对误差不大于 2.5%，若试样质量不超过 0.5 g，用 0.2000 mol · L^{-1} HCl 溶液滴定，则试样质量和盐酸体积的测量应精确至几位有效数字？

解　由氮含量及其相对误差的要求可求得测定结果的绝对误差

$$E = E_r \times w_N = 2.5\% \times 0.2\% = 0.005\%$$

所以测定结果为 $0.2\% \pm 0.005\%$，应有三位有效数字。而氮的质量分数的计算公式为

$$w_N = \frac{c_{HCl}V_{HCl}M_N}{m_S \times 1000}$$

根据有效数字乘除运算规则，为保证结果有三位有效数字，试样质量和盐酸体积的测量值都应达到三位有效数字。

实际工作中，为了避免因多步修约数字而产生误差积累，提高计算结果的可靠性，通常在计算过程中多保留一位数字（安全数字），或只在最后进行数字修约。但无论是先修约后计算，还是最后再修约，都应根据规则正确保留计算结果数字的位数（小数位数或有效数字位数）。

例 1-14　计算 $1.00794 \times 2 + 32.06 + 15.9994 \times 4$。

解　计算后修约（1）、修约后计算（2）及采用安全数字法计算（3）时的结果分别为

（1）原式 $= 2.01588 + \underline{32.06} + 63.9976 = \underline{98.07}348 = 98.07$

（2）原式 $= 1.01 \times 2 + \underline{32.06} + 16.00 \times 4 = 2.02 + 32.06 + 64.00 = 98.08$

（3）原式 $= 1.008 \times 2 + \underline{32.06} + 15.999 \times 4 = \underline{98.07}4 = 98.07$

可见先进行数字修约时，若不多保留一位“安全数字”，则得到的计算结果（98.08）存在数字修约带入的误差。

首位数字大于或等于 8 的有效数字，其有效位数常多算一位，计算结果也是如此。例如，8.86 可看作四位有效数字，是因为其相对误差约为 0.1%，接近四位有效数字 10.00 的相对误差。

此外，分析化学中的精密度或准确度的有效数字一般为一位，最多保留两位。

练　习　题

1. 系统误差和偶然误差的性质表现有何规律？
2. 下列情况引起的误差属于系统误差还是偶然误差，如何减免？

（1）滴定管未经校正；
（2）空气的湿度增大；
（3）分析天平的零点有微小变动；
（4）去离子水中含有微量干扰离子；
（5）试剂中含有微量的被测组分；
（6）试样未充分混合均匀；
（7）摇动锥形瓶时不慎使试液溅出瓶外；

(8)酸碱滴定法中，指示剂消耗标准溶液；

(9)容量瓶与移液管不配套；

(10)过滤时沉淀穿过滤纸。

3. 试述准确度与精密度的定义。如何理解“测定结果的精密度高，准确度不一定高”这句话？

4. 定量分析中，为什么要进行平行测定和以平均值为测定结果？

5. 用氧化还原滴定法平行测定纯 $FeSO_4 \cdot 7H_2O$ 中铁的质量分数，结果为 20.10%、20.03%、20.04%、20.05%。计算测定结果的平均值、绝对误差和相对误差。

6. 甲乙两人测定同一试样某组分的质量分数，分析结果分别为

甲：40.15%，40.15%，40.14%，40.16%

乙：40.25%，40.01%，40.01%，40.26%

两组结果中，哪一组可靠，为什么？

7. 某溶液的浓度经6次平行测定，结果为0.5050、0.5042、0.5086、0.5063、0.5051、0.5064 $mol \cdot L^{-1}$。请用 Q 检验法检验和取舍可疑值，然后求其平均值、平均偏差、相对平均偏差、标准偏差、相对标准偏差。(置信度为90%)

8. 平行测定某试样含氯量四次，其质量分数为 30.34%、30.15%、30.42%、30.38%。试用四倍平均偏差法检验和取舍可疑值，然后求平均值、平均偏差、相对平均偏差、标准偏差和相对标准偏差。

9. 某人测定一溶液的浓度，平行测定结果为0.2038、0.2042、0.2052、0.2039 $mol \cdot L^{-1}$。用 Q 检验法检验时，0.2052 是否应舍弃？如果多测定一次，结果为 0.2041，这时 0.2052 是否应舍弃？(置信度为90%)

10. 用称量误差为±0.1 g 的台秤称样时，若使测定的相对误差不大于 1%，则应称试样至少多少克？

11. 某滴定管各段的刻度不完全相同，其中 0~10 mL 段的实际体积为 10.08 mL，10~20 mL 段为 9.88 mL，20~30 mL 段为 10.30 mL，30~40 mL 段为 10.40 mL，40~50 mL 段为 10.50 mL。设这些误差均匀分配到各刻度中，滴定时消耗溶液的体积分别为 15.00、25.00、35.00、40.00 mL 时，各测量体积的绝对误差是多少？

12. 某资料记载地球的极半径为 6356.8 km，这个数字所包含的测量准确度是多少？如果测量的误差为±10 km，则极半径数据应如何表示？

13. 某溶液的体积为 2.0 L，用“mL”作单位时如何表示这个体积？

14. 某溶液中含溶质 33 μg，用“kg”为单位如何表示溶质的质量？

15. 下列数字有几位有效数字？

(1) 1.022；(2) 0.056；(3) 1.00×10^{-14}；(4) $10^{-4.75}$；(5) $pK_a = 5.005$；(6) π

16. 用 25 mL 移液管移取溶液时，溶液的体积应记为多少？

17. 用滴定管滴定至终点时正好消耗 20 mL 滴定剂，消耗滴定剂的体积应记为多少？

18. 根据有效数字运算规则计算

(1) $5.8\times10^{-5}\times\dfrac{0.1000-2\times10^{-4}}{0.1044+2\times10^{-4}}$

(2) $\dfrac{3.6472\times0.524}{10^{1.30}}+1.8\times10^{-4}$

(3) $\dfrac{0.1000\times(25.00-20.00)\times26.98}{0.2980}\times10$

19. 查相对原子质量表，用相对原子质量值计算 $AgNO_3$ 的式量(摩尔质量)，并计算所得结果的

绝对误差和相对误差。

20. 用台秤称取 35.8 g 食盐，又用分析天平称取 4.5162 g 食盐，合并后加水溶解，定量转移到 1000 mL 容量瓶中定容。计算该食盐溶液的物质的量浓度。

21. 甲乙两人同时测定某试样中硫的质量分数，每次称样 3.5 g，报告如下：

甲：0.042%，0.041%

乙：0.04185%，0.04115%

两份结果报告中，哪一份报告合理？为什么？

22. 有两位学生使用相同的分析仪器标定某 HCl 溶液，结果($mol \cdot L^{-1}$)分别为

甲：0.20，0.20，0.20

乙：0.2043，0.2037，0.2040

如何评价其实验结果的准确度和精密度？

23. 甲乙两人同时测定自来水的总硬度(以 $CaCO_3$ 的量表示)，结果($mmol \cdot L^{-1}$)为

甲：1.350，1.358，1.342，1.350

乙：1.353，1.347，1.345，1.355

试计算两组数据的平均值、平均偏差、标准偏差和置信度为 90%的置信区间，并以此评价两组测定结果。

第二章　滴定分析概述

【学习目标】

(1) 理解滴定分析有关术语：标准溶液、滴定、化学计量点、滴定终点、终点误差等。

(2) 了解滴定分析的特点和分类。

(3) 掌握滴定分析对化学反应的要求以及滴定操作方式。

(4) 掌握作为基准物质应具备的条件、标准溶液的浓度表示法及配制方法。

(5) 了解各种滴定方式，掌握其有关计算。

第一节　滴定分析的基本概念、方法分类与特点

滴定分析法(titrimetry)又称容量分析法，是指通过滴定管逐滴滴加试剂溶液于“被测物”溶液中(或相反操作)，直到所加试剂与“被测物”刚好定量反应完全为止，然后根据试剂的用量及相关化学计量关系求得被测组分含量的分析方法。

滴定分析中已知准确浓度的试剂溶液称为标准溶液(standard solution)，常称为滴定剂。经滴定管(瓶)逐滴滴加试剂溶液于“被测物”溶液中(或相反操作)的过程，称为滴定(titration)。滴定时滴定剂与被滴物所发生的反应称为滴定反应。滴定剂与被滴物按滴定反应所示关系刚好定量反应完全时的状态点称化学计量点(stoichiometric point，sp)，简称计量点或理论终点。要得到准确的滴定分析结果，必须准确地确定是否到达计量点。但滴定反应大多数并无明显的外观变化，不能直接显示计量点，因此通常是在被滴液中加入合适的指示剂(indicator)，利用指示剂在计量点附近出现的颜色突变来判定计量点和控制滴定。实际停止滴定操作时的状态点称为滴定终点(end point，ep)。滴定终点往往与计量点不一致，由此引起的误差称为终点误差(end point error，E_t)。

滴定分析法是一种经典化学分析方法，根据滴定反应类型的不同，分为酸碱滴定法(acid-base titration)、配位滴定法(complexometry)、氧化还原滴定法(redox titration)和沉淀滴定法(precipitation titration)四大类滴定法(后面分别介绍)。滴定分析法是应用非常广泛的一类分析方法，主要用于测定含量在 1%以上的常量组分。这类分析法所需仪器设备简单，操作简便、快速，准确度高(相对误差为 0.2%左右)。但其灵敏度低，不适用于微量组分的测定。

第二节 滴定反应和滴定方式

一、滴定分析法对滴定反应的要求

滴定分析法是以滴定反应到达计量点时消耗标准溶液(滴定剂)的量及有关化学计量关系来求得被测组分含量的。虽然化学反应非常多，但能够作为滴定反应的相对较少。作为滴定反应必须符合下列要求：

(1)反应定量完成。即反应按确定的反应方程式进行，且完成程度达99.9%以上，这是定量计算的基础。如果反应不能定量进行完全，那就不能保证有确定的化学计量关系来计算被测物的量，也不能保证在计量点附近有足够大的突跃以灵敏、准确地确定终点。

(2)反应迅速完成。这是滴定在正常操作下能准确确定滴定终点的要求。如果反应很慢，那就很难准确确定或无法确定滴定的终点。对于有些进行较慢的反应，可通过加热或加催化剂等方法来加快其反应速率。

(3)有较简便可靠的方法确定滴定终点。如果没有办法判断滴定终点，就不知道何时停止滴定，也就无法准确测得计量点时标准溶液的用量。滴定分析中，某些标准溶液或被测物有较深的颜色而其反应产物无色或颜色很浅，可以用其本身颜色的出现或消失来确定滴定终点，但大多数滴定反应需要另加指示剂或用仪器方法判定计量点和控制滴定终点。

二、滴定方式

滴定分析中，根据标准溶液与被测物的作用情况，将滴定的操作方法分为四种。

1. 直接滴定法

直接用标准溶液对被测物溶液(试液)进行滴定的操作方式，称为直接滴定法(direct titration)。此法仅适用于标准溶液与被测物的反应同时符合上述滴定反应三条件的情况。例如，HCl溶液与NaOH溶液的相互滴定，用$K_2Cr_2O_7$标准溶液滴定$FeSO_4$溶液，用EDTA标准溶液滴定$MgSO_4$溶液等，所采用的滴定方式都属于直接滴定法。

直接滴定法是一种最常用、最基本的滴定方法。实际工作中，由于分析对象、条件往往不同，大多数反应并不满足或不同时满足上述滴定反应三条件，故大多数不能用标准溶液直接滴定被测物溶液，只能采用其他滴定方法进行滴定。

2. 返滴定法

返滴定法(back titration)也称回滴法，是指先准确加入过量的标准溶液B与被测物充分反应，然后用第二种标准溶液B′返滴反应剩余的标准溶液B的操作方式。此法适用于标准溶液 B 与被测物之间可发生反应，但其反应慢，或缺乏合适的指示剂，以及直接滴定时被测物易挥发损失或为不好预先溶解的难溶固体的情况。例如，Al^{3+}与 EDTA 反应很慢，不能用 EDTA 标准溶液直接滴定，但可以先准确加入过量的 EDTA 标准溶液于Al^{3+}溶液中，反应完全后再用 Zn^{2+} 或 Cu^{2+} 标准溶液返滴定过量的 EDTA；用酸碱滴定法测定 $CaCO_3$ 样品，由于 $CaCO_3$ 不溶于水，与 HCl 溶液反应不能立即完成，因此不能用 HCl 标准溶液直接滴定，但可以先准确加入过量的 HCl 标准溶液于 $CaCO_3$ 样品中，反应完全后，再用 NaOH 标准溶液返滴定过量的 HCl 溶液。

3. 置换滴定法

置换滴定法（replacement titration）是指先加入适当的试剂与被测物（或标准物质）反应，定量地置换成一种新物质，然后再用标准溶液（或试液）滴定这种新物质的操作方式。此法适用于标准溶液与被测物之间可发生反应，但其反应很不完全或计量关系不确定的情况。例如，铵盐中 NH_4^+ 的酸性太弱，不能用 NaOH 标准溶液直接滴定，也不能采用返滴定法滴定，但可以加入甲醛置换出 H^+，再用 NaOH 标准溶液滴定。又如，$K_2Cr_2O_7$ 与 $Na_2S_2O_3$ 反应的计量关系不确定，不能直接滴定，但可先加入过量的 KI 与 $K_2Cr_2O_7$ 反应，定量地置换出 I_2，然后用 $Na_2S_2O_3$ 溶液滴定析出的 I_2。

4. 间接滴定法

间接滴定法（indirect titration）是指通过另外的反应进行间接测定的滴定方法。此法针对的是被测物与所用标准溶液不能发生反应的情况，其操作过程与上述返滴定法、置换滴定法相似。例如，用高锰酸钾法测定钙含量，虽然 Ca^{2+} 不能与 $KMnO_4$ 标准溶液发生反应，但可以先与$(NH_4)_2C_2O_4$反应生成 CaC_2O_4 沉淀，将 CaC_2O_4 溶解于硫酸中变为 $H_2C_2O_4$，再用 $KMnO_4$ 标准溶液滴定，由此可间接测定钙含量。

上述返滴定法、置换滴定法、间接滴定法中的第一步反应都不是滴定反应，但都能定量进行，有确定的计量关系，滴定步骤的主反应才是滴定反应。各种滴定方法的应用，可大大扩展滴定分析的应用范围。

第三节　标 准 溶 液

滴定分析结果是根据滴定所用标准物质的量和计量关系求得的，因此测定时必须使用标准物质（reference material）作参照。滴定分析中所用的标准物质主要是标准溶液和基准物质（primary standard substance）。

一、基准物质

基准物质是指能直接配制得到标准溶液或准确确定溶液浓度的纯物质。基准物质必须符合下列几个条件：

(1)组成与标示化学式完全相符。如果带有结晶水,则结晶水的量应与化学式相符。

(2)纯度足够高。纯度一般要求 99.9%以上，杂质量不影响分析结果的准确度。

(3)性质较稳定。一般情况下不分解、不易吸湿、不与空气中的 CO_2 和氧气反应等。

(4)最好有较大的摩尔质量。摩尔质量大，有利于减小称量误差。

滴定分析中所用的基准物质，应能按指定的反应式进行定量的反应。

常用的基准物质有纯金属和纯化合物：Cu，Zn，Al，Fe；ZnO，碳酸钙($CaCO_3$)，硫酸镁($MgSO_4 \cdot 7H_2O$)，无水碳酸钠(Na_2CO_3)，硼砂($Na_2B_4O_7 \cdot 10H_2O$)，邻苯二甲酸氢钾($C_8H_4O_4HK$)，草酸($H_2C_2O_4 \cdot 2H_2O$)，草酸钠($Na_2C_2O_4$)，重铬酸钾($K_2Cr_2O_7$)，溴酸钾($KBrO_3$)，碘酸钾(KIO_3)，硫酸亚铁铵[$FeSO_4 \cdot (NH_4)_2SO_4 \cdot 6H_2O$]，氯化钠(NaCl)，硝酸银($AgNO_3$)等。

二、标准溶液浓度的表示方法

滴定分析中所用的标准溶液，最常用的浓度是物质的量浓度和滴定度。

1. 物质的量浓度

物质的量浓度是指单位体积溶液中含有溶质 B 的物质的量，简称浓度，用 c_B 或 c(B)表示，其定义式为

$$c_B = \frac{n_B}{V} \tag{2-1}$$

式中，n_B 为溶质 B 的物质的量，单位为摩尔(mol)或毫摩(mmol)；V 为溶液的体积，单位为升(L)或毫升(mL)；c_B 的常用单位为摩尔每升($mol \cdot L^{-1}$)。

物质的量 n_B 与质量 m 的关系为

$$n_B = m / M_B \tag{2-2}$$

式中，M_B 为物质 B 的摩尔质量，单位 $g \cdot mol^{-1}$，其数值与相对分子(或原子)质量相同。物质的摩尔质量与其基本单元(物质的化学表示形式)有关，因此摩尔质量、物质的量和物质的量浓度必须用下标 B(化学式)指明基本单元。由式(2-1)和(2-2)可以看出，对于一给定物质质量和体积的溶液，所选的基本单元不同，M_B 不同，其物质的量和物质的量浓度也不同。例如，分别以 B，aB (a 为整数或分数)为物质的基本单元，则 $aM_B = M_{aB}$，$n_B = an_{aB}$，$c_B = ac_{aB}$。

例 2-1 在 1.000 L 硫酸溶液中含有 24.52 g H_2SO_4，计算其物质的量浓度。

解 H_2SO_4 的相对分子质量为 98.07，根据式(2-1)、式(2-2)，得

$$c_{H_2SO_4} = \frac{n_{H_2SO_4}}{V} = \frac{m}{M_{H_2SO_4} \cdot V} = \frac{24.52}{98.07 \times 1.000} = 0.2500\ (mol \cdot L^{-1})$$

若以 $\frac{1}{2}H_2SO_4$ 为硫酸的基本单元，则其浓度为

$$c_{H_2SO_4/2} = 2c_{H_2SO_4} = 0.5000\ (mol \cdot L^{-1})$$

2. 滴定度

滴定度(titer)是指每毫升标准溶液(滴定剂)B相当于组分X的质量,常用符号$T_{X/B}$表示，单位为$g \cdot mL^{-1}$。例如，$T_{NaOH/HCl} = 0.004000\ g \cdot mL^{-1}$，表示每毫升盐酸标准溶液相当于0.004000 g被测物NaOH。这种浓度表示法主要用于生产单位的例行分析中，计算被测组分的含量较方便($m = TV$)。

例2-2　称取0.4000 g铁矿粉，溶解后将其中的铁还原成Fe^{2+}，然后用$K_2Cr_2O_7$标准溶液滴定，消耗30.00 mL标准溶液。已知$K_2Cr_2O_7$标准溶液对铁的滴定度为$0.005585\ g \cdot mL^{-1}$，计算铁矿中铁的质量分数。

解　根据滴定度和质量分数的定义，得

$$w_{Fe} = \frac{m_{Fe}}{m_S} = \frac{TV}{m_S} = \frac{0.005585 \times 30.00}{0.4000} = 0.4189 = 41.89\%$$

有时，滴定度也用每毫升标准溶液中含有溶质的质量来表示。例如，$T_{HCl} = 0.003646\ g \cdot mL^{-1}$，表示每毫升盐酸标准溶液中含有0.003646 g HCl。这种滴定度实际上是质量浓度(用ρ表示)，主要用于配制专用标准溶液。

滴定度T与浓度c之间可以换算，其关系式为

$$T_{X/B} = \frac{a}{b} \cdot \frac{c_B \times M_X}{1000} \tag{2-3}$$

式中，X、B不同时，1 mol B与$\frac{a}{b}$mol X恰好完全反应或1 mol B相当于$\frac{a}{b}$ mol X；X、B相同时，$a = b$。

三、标准溶液的配制方法

配制标准溶液的方法有两种：直接配制法和间接配制法。

1. 直接配制法

直接配制法是指准确称取一定量的标准物质(主要是基准物质)，溶解后定量转入容量瓶中定容并摇匀，即得到标准溶液的配制方法。

例2-3　如何配制100.0 mL 0.01667 $mol \cdot L^{-1}$的重铬酸钾标准溶液？此标准溶液对铁的滴定度是多少？

解　配制标准溶液所需重铬酸钾的质量为

$$m = cVM = 0.01667 \times 100.0 \times 10^{-3} \times 294.18 = 0.4904\ (g)$$

用分析天平准确称取0.4904 g $K_2Cr_2O_7$基准物质于小烧杯中，加入适量去离子水或蒸馏水，溶解后定量转入100 mL容量瓶中，定容，摇匀，即得到所需浓度的重铬酸钾标准溶液。

重铬酸钾与亚铁离子的反应及其计量关系为

$$Cr_2O_7^{2-} + 6Fe^{2+} + 14H^+ = 2Cr^{3+} + 6Fe^{3+} + 7H_2O$$

$$n_{Fe} = 6n_{K_2Cr_2O_7}$$

$K_2Cr_2O_7$ 标准溶液(B)对铁的滴定度为

$$T_{Fe/B} = 6c_B M_{Fe} \times 10^{-3} = 6 \times 0.01667 \times 55.85 \times 10^{-3} = 5.586 \times 10^{-3}\ (g \cdot mL^{-1})$$

2. 间接配制法

用来配制标准溶液的试剂，大多数不符合基准物质的条件。例如，不纯、易挥发、易吸湿、易分解或易受到空气中的 CO_2 和 O_2 等的影响，用不能作为标准物质的试剂直接配制得到的溶液是无法知道其准确浓度的。先粗称、粗配成近似浓度的溶液，然后用基准物质或其他标准溶液确定其准确浓度，这种配制标准溶液的方法称为间接配制法。其中，用基准物质或另一种标准溶液确定所配溶液准确浓度的滴定过程称为标定(standardization)。因此，间接配制法又称标定法。

常用的强酸、强碱标准溶液以及 $KMnO_4$、$Na_2S_2O_3$、NH_4SCN 等标准溶液都不能用直接配制法配制，须用间接配制法配制。

例 2-4 如何配制 1000 mL 0.20 mol · L^{-1} 左右的 HCl 标准溶液以用于纯碱的测定?

解 用浓度约 12 mol · L^{-1} 的浓盐酸配制 HCl 标准溶液的过程为

(1)估计需用浓盐酸的量:

$$V_x = \frac{0.20 \times 1000}{12} = 17\ (mL)$$

(2)配制近似浓度的 HCl 溶液：用量筒取 17 mL 浓盐酸于 1000 mL 烧杯中，加水至 1000 mL，搅拌均匀(于 1000 mL 试剂瓶中保存)。

(3)估计标定时需要基准物质的量：如用 Na_2CO_3 基准物质标定，由其反应和计量关系可估计应称取 Na_2CO_3 的质量。

$$2HCl + Na_2CO_3 = 2NaCl + H_2CO_3$$

$$c_{HCl}V_{HCl} = n_{HCl} = 2n_{Na_2CO_3} = 2 \times \frac{m_{Na_2CO_3}}{M_{Na_2CO_3}}$$

若使用 25 mL 滴定管滴定，消耗 HCl 溶液 20 mL 左右(体积测量误差约 0.1%)，则应称取无水碳酸钠的质量为

$$m_{Na_2CO_3} = \frac{1}{2}c_{HCl}V_{HCl}M_{Na_2CO_3} = \frac{1}{2} \times 0.20 \times 20 \times 10^{-3} \times 106 = 0.21\ (g)$$

(4)标定：准确称取 Na_2CO_3 基准物质 0.21 g 左右(称准至 0.1 mg。应注意控制称取量，以免滴定时消耗溶液体积过小或超过滴定的最大容量)，加入适量水溶解和1～2 滴 1 g · L^{-1} 甲基橙指示剂后，用待标 HCl 溶液滴定至终点(溶液由黄色刚好变为橙色)，然后计算出 HCl 溶液的准确浓度(标定数据处理示例如下)。

平行测定序号	Ⅰ	Ⅱ	Ⅲ
Na_2CO_3 的质量 m/g	0.1948	0.2364	0.2135
HCl 溶液的体积 V/mL	18.17	22.16	19.96
HCl 溶液的浓度 $c/(mol \cdot L^{-1})$	0.2023	0.2013	0.2018
平均浓度 $\bar{c}/(mol \cdot L^{-1})$	0.2018		
相对偏差 d_r / %	0.25	−0.25	0
相对平均偏差 $\bar{d}_r$ /%	0.2		

HCl 溶液也常用硼砂基准物质标定(计量关系与用 Na_2CO_3 标定时相同)，或用已知准确浓度的 NaOH 溶液标定。

第四节　滴定分析结果的计算

一、滴定分析计算的依据

滴定分析的结果是根据直接或间接滴定“被测物”溶液时标准溶液的用量计算得到的，其计算的依据：在计量点时，参与反应的有关标准溶液和“被测物”的物质的量之间的关系恰好符合其反应所示化学计量关系。

1. 被测物 X 与标准溶液 B 之间的量的关系

无论是直接滴定法还是间接滴定法，其依据的反应都是确定的，因此被测物 X 与标准溶液 B 之间必有确定的化学计量关系。

若被测物 X 与标准溶液 B 的反应关系为

$$a\mathrm{X} \sim q\mathrm{Q} \sim b\mathrm{B}$$

则表示在化学计量点时，b mol B 与 a mol X 恰好完全反应或 b mol B 相当于 a mol X，其化学计量关系为

$$\frac{1}{a}n_\mathrm{X} = \frac{1}{b}n_\mathrm{B} \quad 或 \quad n_\mathrm{X} = \frac{a}{b}n_\mathrm{B} \tag{2-4}$$

$$\frac{m_\mathrm{X}}{M_\mathrm{X}} = c_\mathrm{X}V_\mathrm{X} = \frac{a}{b}c_\mathrm{B}V_\mathrm{B} = \frac{a}{b} \times \frac{m_\mathrm{B}}{M_\mathrm{B}} \tag{2-5}$$

式(2-5)也适用于溶液的配制(X、B 相同时，$a = b$)。

2. 被测物含量的计算

若称取试样的质量为 m_S，测得其中被测物 X 的质量为 m_X，则由式(2-5)得

$$w_X = \frac{m_X}{m_S} = \frac{a}{b} \cdot \frac{c_B V_B M_X}{m_S} \tag{2-6}$$

式(2-6)是滴定分析中计算被测物含量(质量分数)的通式(1 mol B 相当于$\frac{a}{b}$ mol X)。

式(2-5)和式(2-6)中，V 的单位为 L；质量的单位通常是 g；浓度的单位为 $mol \cdot L^{-1}$。用滴定管或移液管量取溶液的体积单位是 mL，因此利用式(2-5)和式(2-6)进行计算时必须注意体积数据的单位是否正确。

二、计算示例

例 2-5　称取某 K_2CO_3 样品 0.5000 g，溶于水后用 $0.1064\ mol \cdot L^{-1}$ HCl 标准溶液滴定至甲基橙变色，消耗 HCl 标准溶液 27.31 mL。计算样品中 K_2CO_3 和 K_2O 的质量分数。

解　滴定反应及其计量关系为

$$2HCl + K_2CO_3 = 2KCl + H_2CO_3$$

$$2n_{K_2CO_3} = n_{HCl} = c_{HCl}V_{HCl}$$

K_2CO_3 和 K_2O 的质量分数分别为

$$w_{K_2CO_3} = \frac{n_{K_2CO_3}M_{K_2CO_3}}{m_S} = \frac{c_{HCl}V_{HCl}M_{K_2CO_3}}{2m_S} = \frac{0.1064 \times 27.31 \times 138.2}{2 \times 0.5000 \times 1000} = 40.16\%$$

$$w_{K_2O} = \frac{M_{K_2O}}{M_{K_2CO_3}} \times w_{K_2CO_3} = \frac{94.20}{138.2} \times 40.16\% = 27.37\%$$

氧化钾的质量分数也可利用计量关系 $2n_{K_2O} = n_{HCl}$ 求得。

例 2-6　称取 0.1000 g $CaCO_3$ 样品，溶于酸后配制成 100.0 mL 溶液 V_S，用移液管移取 25.00 mL V_t 于锥形瓶中，在 pH = 10 的条件下用 $0.01000\ mol \cdot L^{-1}$ EDTA 溶液滴定，消耗 EDTA 溶液 24.90 mL。计算样品中 $CaCO_3$ 的质量分数。

解　$CaCO_3$ 溶于酸变为 Ca^{2+}，Ca^{2+}与 EDTA 等物质的量反应，所以

$$n_{CaCO_3} = n_{EDTA}$$

$$w_{CaCO_3} = \frac{n_{CaCO_3}M_{CaCO_3}}{m_S} \times \frac{V_S}{V_t} = \frac{c_{EDTA}V_{EDTA}M_{CaCO_3}}{m_S} \times \frac{V_S}{V_t}$$

$$= \frac{0.01000 \times 24.90 \times 100.1}{0.1000 \times 1000} \times \frac{100.0}{25.00} = 99.7\%$$

例 2-7　称取 0.3000 g 碳酸钙试样(杂质不与酸、碱反应)，加入 $0.2500\ mol \cdot L^{-1}$ HCl 标准溶液 25.00 mL。充分反应后，用 $0.1006\ mol \cdot L^{-1}$ NaOH 溶液返滴剩余的 HCl，消耗 NaOH 溶液 11.68 mL。计算试样中 $CaCO_3$ 的质量分数。

解　有关反应及计量关系为

$$CaCO_3 + 2HCl = CaCl_2 + H_2O + CO_2\uparrow$$

$$HCl + NaOH = NaCl + H_2O$$

$$2n_{CaCO_3} + n_{NaOH} = n_{HCl}$$

（与碱反应的 H^+ 总数等于 HCl 提供的 H^+ 总数）

试样中 $CaCO_3$ 的质量分数为

$$w_{CaCO_3} = \frac{n_{CaCO_3}M_{CaCO_3}}{m_S} = \frac{1}{2}\times\frac{(c_{HCl}V_{HCl} - c_{NaOH}V_{NaOH})M_{CaCO_3}}{m_S}$$

$$= \frac{(0.2500\times25.00 - 0.1006\times11.68)\times100.1}{2\times0.3000\times1000} = 84.7\%$$

例 2-8 称取含铝试样 0.2018 g，溶解后加入 30.00 mL 0.02018 $mol\cdot L^{-1}$ EDTA 标准溶液，调节酸度并加热使 Al^{3+} 与 EDTA 定量反应，过量的 EDTA 用 0.01026 $mol\cdot L^{-1}$ Zn^{2+} 标准溶液返滴定，消耗 Zn^{2+} 标准溶液 13.00 mL。计算试样中 Al_2O_3 的质量分数。

解 Al^{3+}、Zn^{2+} 都与 EDTA 以 1∶1 的物质的量比反应，故

$$2n_{Al_2O_3} = n_{Al} = n_{EDTA} - n_{EDTA(余)} = n_{EDTA} - n_{Zn}$$

$$w_{Al_2O_3} = \frac{n_{Al_2O_3}M_{Al_2O_3}}{m_S} = \frac{1}{2}\times\frac{(c_{EDTA}V_{EDTA} - c_{Zn}V_{Zn})M_{Al_2O_3}}{m_S}$$

$$= \frac{(0.02018\times30.00 - 0.01026\times13.00)\times102.0}{2\times0.2018\times1000} = 11.93\%$$

例 2-9 称取 0.1500 g 基准物质 $K_2Cr_2O_7$，加水溶解并酸化后，加入过量的 KI 溶液，析出的 I_2 用 $Na_2S_2O_3$ 溶液滴定，消耗 30.00 mL。计算 $Na_2S_2O_3$ 溶液的浓度。

解 有关反应及计量关系为

$$Cr_2O_7^{2-} + 6I^- + 14H^+ = 2Cr^{3+} + 3I_2\downarrow + 7H_2O$$

$$2S_2O_3^{2-} + I_2 = S_4O_6^{2-} + 2I^-$$

$$1Cr_2O_7^{2-} \sim 3I_2 \sim 6S_2O_3^{2-}$$

$$6n_{K_2Cr_2O_7} = 2n_{I_2} = n_{Na_2S_2O_3}$$

$Na_2S_2O_3$ 溶液的浓度为

$$c_{Na_2S_2O_3} = \frac{6m_{K_2Cr_2O_7}}{M_{K_2Cr_2O_7}V_{Na_2S_2O_3}} = \frac{6\times0.1500}{294.2\times30.00\times10^{-3}} = 0.1020\ (mol\cdot L^{-1})$$

例 2-10 称取某铵盐 0.2000 g，加入过量的中性甲醛，反应后以 0.1000 $mol\cdot L^{-1}$ NaOH 标准溶液滴定生成的 H^+，消耗 NaOH 溶液 29.45 mL，计算铵盐中 N 的质量分数。

解 有关反应及计量关系为

$$4NH_4^+ + 6HCHO = N_4(CH_2)_6H^+ + 3H^+ + 6H_2O$$

$$N_4(CH_2)_6H^+ + 3H^+ + 4OH^- = N_4(CH_2)_6 + 4H_2O$$

$$n_N = n_{NH_4^+} = n_{H^+} = n_{NaOH}$$

铵盐中 N 的质量分数为

$$w_N = \frac{n_N M_N}{m_S} = \frac{c_{NaOH} V_{NaOH} M_N}{m_S} = \frac{0.1000 \times 29.45 \times 14.01}{0.2000 \times 1000} = 20.63\%$$

例 2-11　称取石灰石样品 0.2300 g 溶于盐酸，加入过量的$(NH_4)_2C_2O_4$溶液，使Ca^{2+}转变为CaC_2O_4沉淀，将沉淀过滤、洗涤，然后溶于硫酸，用 0.04000 $mol \cdot L^{-1}$ $KMnO_4$标准溶液滴定其中的$H_2C_2O_4$，消耗$KMnO_4$溶液 20.31 mL。计算样品中$CaCO_3$的质量分数。

解　由有关反应得到计量关系，从而可求出样品中$CaCO_3$的质量分数。

$$CaCO_3 + 2HCl = CaCl_2 + CO_2\uparrow + H_2O$$

$$Ca^{2+} + C_2O_4^{2-} = CaC_2O_4\downarrow$$

$$CaC_2O_4 + 2H^+ = H_2C_2O_4 + Ca^{2+}$$

$$5H_2C_2O_4 + 2MnO_4^- + 6H^+ = 2Mn^{2+} + 10CO_2\uparrow + 8H_2O$$

$$2n_{CaCO_3} = 2n_{CaC_2O_4} = 2n_{H_2C_2O_4} = 5n_{KMnO_4}$$

$$w_{CaCO_3} = \frac{5}{2} \times \frac{c_{KMnO_4} V_{KMnO_4} M_{CaCO_3}}{m_S} = \frac{5}{2} \times \frac{0.04000 \times 20.31 \times 100.1}{0.2300 \times 1000} = 88.4\%$$

例 2-12　称取含钾试样 0.1500 g，溶解后用$Na_3[Co(NO_2)_6]$处理，生成$K_2Na[Co(NO_2)_6]$黄色沉淀。沉淀经过滤、洗涤、溶解后以 0.02000 $mol \cdot L^{-1}$ EDTA 标准溶液滴定其中生成的Co^{2+}，消耗 EDTA 标准溶液 31.20 mL，计算试样中 K 的质量分数。

解　Co^{2+}与 EDTA 以 1∶1 物质的量比反应，根据配合物的化学式得到计量关系为

$$n_K = 2n_{Co} = 2n_{EDTA}$$

试样中 K 的质量分数为

$$w_K = \frac{n_K M_K}{m_S} = \frac{2c_{EDTA} V_{EDTA} M_K}{m_S} = \frac{2 \times 0.02000 \times 31.20 \times 39.10}{0.1500 \times 1000} = 32.53\%$$

例 2-13　称取 1.00 g 过磷酸钙试样，溶解后用 250 mL 容量瓶定容，取出 25.00 mL 试液，将其中的磷沉淀为钼磷酸喹啉$(C_9H_7N)_3 \cdot H_3[P(Mo_3O_{10})_4]$，沉淀用 35.0 mL 0.200 $mol \cdot L^{-1}$ NaOH 溶液溶解，然后用 0.1000 $mol \cdot L^{-1}$ HCl 标准溶液返滴定过量的 NaOH 溶液，消耗 HCl 溶液 20.0 mL。计算试样中水溶性P_2O_5和 P 的质量分数。已知沉淀的溶解反应为

$$(C_9H_7N)_3 \cdot H_3[P(Mo_3O_{10})_4] + 27NaOH = 12Na_2MoO_4 + Na_3PO_4 + 3C_9H_7N + 15H_2O$$

解　由于返滴定 NaOH 时PO_4^{3-}也被滴定至HPO_4^{2-}，因此相当于溶解 1 mol 钼磷

酸喹啉沉淀实际上只消耗 26 mol NaOH。可见参与反应的物质的量的关系为

$$1P \sim 1(C_9H_7N)_3 \cdot H_3[P(Mo_3O_{10})_4] \sim 26NaOH \sim 26HCl$$

$$26n_P = 26n_{钼磷酸喹啉} = n_{NaOH} - n_{HCl}$$

P 和 P_2O_5 的质量分数分别为

$$w_P = \frac{n_P M_P}{m_S} \times \frac{250.0}{25.00} = \frac{1}{26} \times \frac{(c_{NaOH}V_{NaOH} - c_{HCl}V_{HCl})M_P}{m_S} \times 4$$

$$= \frac{1}{26} \times \frac{(0.200 \times 35.0 - 0.1000 \times 20.0) \times 31.0}{1.00 \times 1000} \times 4 = 5.96\%$$

$$w_{P_2O_5} = w_P \times \frac{M_{P_2O_5}}{M_{2P}} = 5.96\% \times \frac{142}{2 \times 31.0} = 13.7\%$$

练　习　题

1. 滴定分析的主要方法有哪些？

2. 什么是滴定反应？符合哪些条件的化学反应才可以作为滴定反应？

3. 下列反应中，哪些可作为滴定反应？

(1) HAc 与 NaOH 的反应；

(2) Al^{3+}与 EDTA 的反应；

(3) $CaCO_3$ 与 HCl 的反应；

(4) MnO_4^- 与 H_2O_2 在强酸介质中的反应；

(5) $Na_2S_2O_3$ 与 $K_2Cr_2O_7$ 在强酸介质中的反应。

4. 什么是基准物质？作为基准物质应具备哪些条件？

5. 配制标准溶液的一般方法有哪些？这些配制法对试剂各有何要求？

6. 下列标准溶液中，哪些只能用间接配制法配制？

(1) KOH；(2) HCl；(3) $KMnO_4$；(4) $Na_2S_2O_3$；(5) Ca^{2+}；(6) $H_2C_2O_4$

7. 将 2.365 g 纯 Na_2CO_3 溶于水，配制成 500.0 mL 溶液。求该溶液的物质的量浓度及对盐酸的滴定度(生成 CO_2)和对 H_2SO_4 的滴定度。

8. 用邻苯二甲酸氢钾($KHC_8H_4O_4$)标定浓度约为 0.1 $mol \cdot L^{-1}$ 的 NaOH 溶液时，如果要求体积测量误差在 0.1%以内，那么滴定时 NaOH 溶液的用量至少为多少毫升？至少称取邻苯二甲酸氢钾多少克？

9. 邻苯二甲酸氢钾和二水草酸($H_2C_2O_4 \cdot 2H_2O$)都可作为标定 NaOH 溶液的基准物质，你认为哪一种更好？为什么？

10. 计算 0.1000 $mol \cdot L^{-1}$ $KMnO_4$ 溶液对 $H_2C_2O_4$ 和对 Fe_2O_3 的滴定度。

11. 加多少毫升水到 1000 mL 0.2000 $mol \cdot L^{-1}$ HCl 溶液中，才能使稀释后的 HCl 溶液对 CaO 的滴定度 $T_{CaO/HCl} = 0.005000 \ g \cdot mL^{-1}$。

12. 欲配制 $Na_2C_2O_4$ 溶液用于标定 0.02 $mol \cdot L^{-1}$ $KMnO_4$ 溶液(在酸性介质中)，若要使标定时两种溶液的体积相近，应配制多大浓度的 $Na_2C_2O_4$ 溶液？

13. 用 $KMnO_4$ 法间接测定鸡蛋壳中钙的含量，若试样中钙的质量分数约为 30%，为使滴定时消耗 0.020 $mol \cdot L^{-1}$ $KMnO_4$ 溶液约 20 mL，应称取试样多少克？

14. 取 2.600 g 铵盐与 70.00 mL NaOH 溶液共热，直到所有的氨气逸出，余下的溶液加蒸馏水稀

释至 100.0 mL，然后取出 20.00 mL 用 0.2500 mol · L^{-1} H_2SO_4溶液滴定，消耗 16.8 mL H_2SO_4溶液。已知滴定原 NaOH 溶液 10.00 mL 需要此硫酸溶液 21.0 mL，计算铵盐中 NH_4^+的质量分数。

15. 0.3012 g 水杨酸样品，加中性乙醇 25 mL 溶解后，加酚酞指示剂 2 滴，滴定至终点时消耗 0.1050 mol · L^{-1} NaOH 溶液 20.61 mL。计算样品中水杨酸的质量分数。

16. $Na_2S_2O_3$溶液可用置换滴定法标定，称取 0.1000 g $KBrO_3$溶于适量水并酸化，加入过量 KI 溶液，反应生成的 I_2用待标 $Na_2S_2O_3$溶液滴定，消耗 $Na_2S_2O_3$溶液 30.54 mL。计算 $Na_2S_2O_3$溶液的浓度。

第三章　酸碱滴定法

【学习目标】

(1) 了解用分布系数和质子条件处理酸碱平衡的基本方法，掌握酸度计算的最简式。

(2) 掌握酸碱指示剂指示滴定终点的原理和选择原则，能正确选择酸碱指示剂。

(3) 理解酸碱滴定法的基本原理，掌握强酸碱和一元弱酸碱滴定曲线的计算。

(4) 掌握影响突跃范围的因素，掌握一元弱酸碱直接滴定、多元酸碱分步滴定的判据。

(5) 了解 CO_2 对酸碱滴定的影响，掌握酸碱滴定法的典型应用和测定原理。

第一节　酸碱质子理论简介

质子理论中的酸碱定义：凡能给出质子(H^+)的物质称为酸；凡能结合质子的物质称为碱。酸给出质子后变成它的共轭碱，碱结合质子后变成它的共轭酸，其共轭关系为

$$\underset{\text{酸}}{HA} \rightleftharpoons \underset{\text{质子}}{H^+} + \underset{\text{碱}}{A^-}$$

通过一个质子的得失而形成的一对可以相互转化的酸碱，称为共轭酸碱对(conjugate acid-base pair)。例如，HAc 是 Ac^-的共轭酸，Ac^-是 HAc 的共轭碱；NH_4^+是 NH_3 的共轭酸，NH_3 是 NH_4^+的共轭碱；而 H_2O 是 H_3O^+(常简写为 H^+)的共轭碱，又是 OH^-的共轭酸。H_2O、HCO_3^- 等，既能给出质子又能结合质子的物质，称为两性物质(ampholyte)。

酸碱的强弱取决于物质给出质子或结合质子能力的强弱，可用酸碱的解离常数 K_a 和 K_b 衡量。例如，HAc、NaAc 溶液

$$HAc + H_2O \rightleftharpoons H_3O^+ + Ac^- \qquad K_a = \frac{[H^+][Ac^-]}{[HAc]} = 10^{-4.74}$$

$$Ac^- + H_2O \rightleftharpoons HAc + OH^- \qquad K_b = \frac{[HAc][OH^-]}{[Ac^-]} = 10^{-9.26}$$

常见酸碱的解离常数见附录 4、附录 5。酸常数 K_a (或碱常数 K_b)值越大，表示酸给出质子(或碱结合质子)的能力越强，其酸性(或碱性)就越强；反之就越弱。显然，在共轭酸碱对中，若酸越强则其共轭碱越弱；反之碱越强，其共轭酸越弱。在水溶液

中，共轭酸碱对的 K_a 和 K_b 之间有如下关系：

$$K_aK_b = K_w \tag{3-1}$$

K_w 是水的离子积常数，常温下，$K_w = [H^+][OH^-] = 1.00\times10^{-14}$。

例 3-1　比较浓度相同的 Na_2CO_3 和 NH_3 溶液的碱性强弱及其共轭酸的酸性强弱。

解　HCO_3^- 为 CO_3^{2-} 的共轭酸，其酸常数即 H_2CO_3 的 $K_{a2} = 5.6\times10^{-11}$，故 CO_3^{2-} 的碱常数为

$$K_{b1} = \frac{K_w}{K_{a2}} = \frac{1.0\times10^{-14}}{5.6\times10^{-11}} = 1.8\times10^{-4}$$

而 NH_3 的碱常数 $K_b = 1.8\times10^{-5}$，其共轭酸 NH_4^+ 的酸常数为

$$K_a = \frac{K_w}{K_b} = \frac{1.0\times10^{-14}}{1.8\times10^{-5}} = 5.6\times10^{-10}$$

所以 Na_2CO_3 的碱性比 NH_3 强，其共轭酸的强弱则相反，即 HCO_3^- 的酸性比 NH_4^+ 弱。

按酸碱质子理论，酸碱反应实质上就是质子的传递反应。在反应中，酸把质子转移给碱并变成它的共轭碱，而碱结合质子后变成它的共轭酸：

$$\text{酸}_1 + \text{碱}_2 \rightleftharpoons \text{碱}_1 + \text{酸}_2$$

（H^+ 由酸$_1$ 转移给碱$_2$）

酸碱滴定法中常用的反应有

(1)强酸与强碱的反应，如 $NaOH+HCl \rightleftharpoons NaCl+H_2O$，$K_t = 1/K_w = 1.00\times10^{14}$。这类反应的平衡常数最大，是完成程度最高的酸碱反应。

(2)强碱与弱酸的反应，如 $NaOH+HAc \rightleftharpoons NaAc+H_2O$，$K_t = K_a/K_w$。

(3)强酸与弱碱的反应，如 $HCl+NH_3\cdot H_2O \rightleftharpoons NH_4Cl+H_2O$，$K_t = K_b/K_w$。

后两类反应的完成程度取决于弱酸或弱碱的 K_a 或 K_b 的大小；K_a、K_b 太小时，其完成程度太差，不能用作滴定反应。弱酸与弱碱的反应完成程度太差，也不能作滴定反应。

[课堂活动]

(1)酸与其共轭碱之间的化学式有何不同?

(2) H_3PO_4 溶液存在哪些共轭酸碱对？各共轭酸碱对的常数 K_a、K_b 有何关系?

(3) $H_2PO_4^-$ 是两性物质，为什么其水溶液呈酸性?

第二节　溶液中酸碱各型体的分布系数

酸与其共轭碱在溶液中处于平衡状态时，其浓度有一个确定值。溶液中某酸碱的

各种型体(species)的平衡浓度之和称为该酸碱的分析浓度(即总浓度)，某一型体的平衡浓度与该酸碱分析浓度之比称为该种型体的分布系数(distribution coefficient)，用符号δ表示。为了方便，常以型体所含可解离质子的个数为下标来区分其分布系数。例如，乙酸或乙酸钠在溶液中都存在 HAc 和 Ac^-两种型体，若其分析浓度为c，型体HAc、Ac^-的分布系数分别以δ_1和δ_0表示，则根据分布系数的定义和平衡关系，有

$$[HAc]+[Ac^-]=c$$

$$\delta_1=\frac{[HAc]}{c}=\frac{[HAc]}{[HAc]+[Ac^-]}=\frac{[H^+]}{[H^+]+K_a} \tag{3-2a}$$

$$\delta_0=\frac{[Ac^-]}{c}=\frac{[Ac^-]}{[HAc]+[Ac^-]}=\frac{K_a}{[H^+]+K_a} \tag{3-2b}$$

显然，对于确定的酸碱，其各型体的分布系数仅与溶液的$[H^+]$(或 pH)有关，与分析浓度无关，但各型体的分布系数之和($\sum\delta_i$)等于 1。

以 pH 为横坐标，分布系数为纵坐标，作出分布系数随 pH 变化的曲线图，称为酸碱型体的分布曲线。图 3-1 为乙酸或乙酸钠溶液的型体分布图。从图中可以看出：

当$pH=pK_a$时，$\delta_1=\delta_0=0.5$，$[HAc]=[Ac^-]$；

当$pH<pK_a$时，$\delta_1>\delta_0$，$[HAc]>[Ac^-]$；

当$pH>pK_a$时，$\delta_1<\delta_0$，$[HAc]<[Ac^-]$。

其他一元弱酸碱的型体分布图与图 3-1 形状相似，只是其主要型体所处 pH 区域不同。

多元酸碱溶液中各型体的分布也受溶液的$[H^+]$(或 pH)制约。例如，碳酸或碳酸钠(二元酸碱)，在溶液中存在 H_2CO_3、HCO_3^-、CO_3^{2-}三种型体，若其总浓度为c，型体的分布系数分别为δ_2、δ_1、δ_0，则

$$[H_2CO_3]+[HCO_3^-]+[CO_3^{2-}]=c$$

$$\delta_2=\frac{[H_2CO_3]}{c}=\frac{[H_2CO_3]}{[H_2CO_3]+[HCO_3^-]+[CO_3^{2-}]}=\frac{[H^+]^2}{[H^+]^2+[H^+]K_{a1}+K_{a1}K_{a2}} \tag{3-3a}$$

同理可得

$$\delta_1=\frac{[HCO_3^-]}{c}=\frac{[H^+]K_{a1}}{[H^+]^2+[H^+]K_{a1}+K_{a1}K_{a2}} \tag{3-3b}$$

$$\delta_0=\frac{[CO_3^{2-}]}{c}=\frac{K_{a1}K_{a2}}{[H^+]^2+[H^+]K_{a1}+K_{a1}K_{a2}} \tag{3-3c}$$

碳酸溶液的型体分布图如图 3-2 所示。由图可知，$pH<pK_{a1}$时，$\delta_2>\delta_1\gg\delta_0$，$H_2CO_3$为溶液中主要存在型体；$pK_{a1}<pH<pK_{a2}$时，$\delta_1>\delta_2$，$\delta_1>\delta_0$，$HCO_3^-$为溶液中主要存在型体；$pH>pK_{a2}$时，$\delta_0>\delta_1\gg\delta_2$，$CO_3^{2-}$为溶液中主要存在型体。

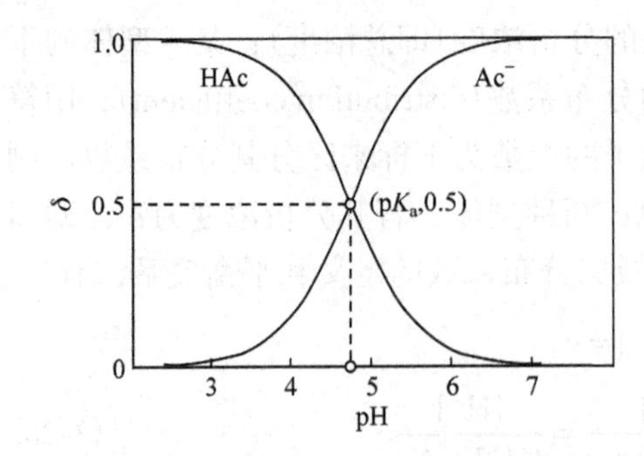

图 3-1　乙酸溶液的型体分布曲线图

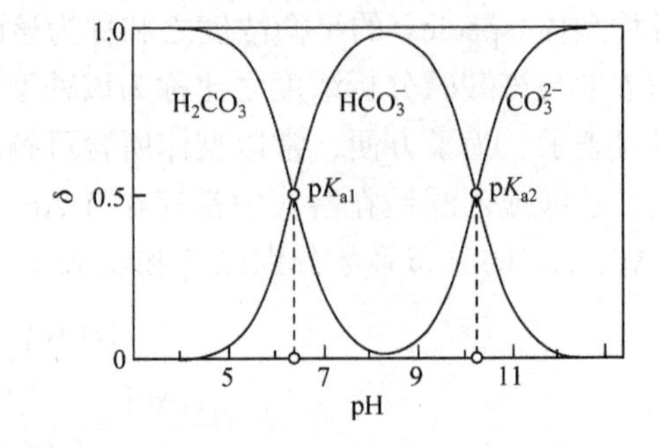

图 3-2　碳酸溶液的型体分布曲线图

例如，三元酸 H_3A，其溶液中存在 H_3A、H_2A^-、HA^{2-}、A^{3-} 四种型体，其分布系数 δ_3、δ_2、δ_1、δ_0 的计算公式也可按上述方法导出：

$$\delta_3 = \frac{[H_3A]}{c} = \frac{[H_3A]}{[H_3A]+[H_2A^-]+[HA^{2-}]+[A^{3-}]}$$
$$= \frac{[H^+]^3}{[H^+]^3+[H^+]^2K_{a1}+[H^+]K_{a1}K_{a2}+K_{a1}K_{a2}K_{a3}} \tag{3-4a}$$

$$\delta_2 = \frac{[H_2A^-]}{c} = \frac{[H^+]^2K_{a1}}{[H^+]^3+[H^+]^2K_{a1}+[H^+]K_{a1}K_{a2}+K_{a1}K_{a2}K_{a3}} \tag{3-4b}$$

$$\delta_1 = \frac{[HA^{2-}]}{c} = \frac{[H^+]K_{a1}K_{a2}}{[H^+]^3+[H^+]^2K_{a1}+[H^+]K_{a1}K_{a2}+K_{a1}K_{a2}K_{a3}} \tag{3-4c}$$

$$\delta_0 = \frac{[A^{3-}]}{c} = \frac{K_{a1}K_{a2}K_{a3}}{[H^+]^3+[H^+]^2K_{a1}+[H^+]K_{a1}K_{a2}+K_{a1}K_{a2}K_{a3}} \tag{3-4d}$$

图 3-3 为磷酸(H_3PO_4)溶液的型体分布图。由图可知，$pH < pK_{a1}$（图中第一个交叉点对应 pH)时，$\delta_3 > \delta_2 \gg \delta_1$，$H_3PO_4$ 的平衡浓度最大，为主要型体；$pK_{a1} < pH < pK_{a2}$ 时，$\delta_2 > \delta_3$，$\delta_2 > \delta_1$，$H_2PO_4^-$ 为主要型体；$pK_{a2} < pH < pK_{a3}$ 时，$\delta_1 > \delta_2$，$\delta_1 > \delta_0$，HPO_4^{2-} 为主要型体；$pH > pK_{a3}$ 时，$\delta_0 > \delta_1 \gg \delta_2$，$PO_4^{3-}$ 为主要型体。

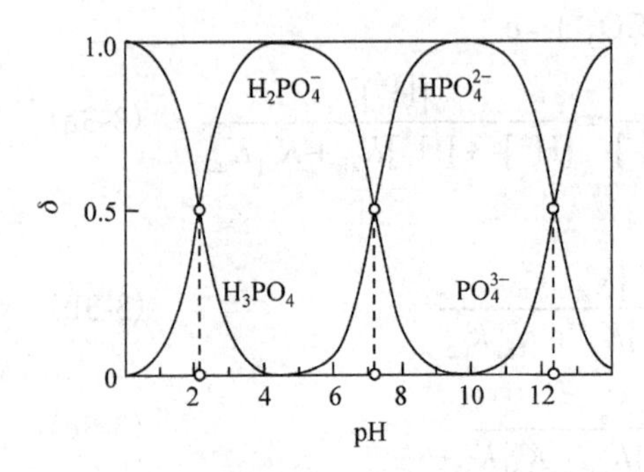

图 3-3　磷酸溶液的型体分布曲线图

综上所述，n 元酸碱在溶液中存在($n+1$)种型体，其分布系数具有规律性的表达式，其型体分布图可直观反映出酸碱各型体在某 pH 下的平衡浓度的相对大小。有了分布系数和酸碱溶液总浓度，某些复杂体系中酸碱型体的平衡浓度就可以求得。

例 3-2　计算将 10 mL 0.20 $mol \cdot L^{-1}$ HCl 溶液与 10 mL 0.50 $mol \cdot L^{-1}$

HCOONa–2.0×10^{-4} mol · L^{-1} $Na_2C_2O_4$溶液混合后所得溶液中的[$C_2O_4^{2-}$]。

解　计算[$C_2O_4^{2-}$]，要引用 $C_2O_4^{2-}$的分布系数值，必须先求出[H^+]。由于甲酸钠的量大于盐酸的量，且远大于草酸钠的量，故混合时盐酸与草酸钠发生中和反应所消耗的量可忽略，而基本与甲酸钠反应所消耗，混合后形成 HCOOH-HCOO$^-$ 缓冲体系。溶液的[H^+]由这个缓冲体系确定。混合后

$$[\mathrm{HCOOH}]=\frac{0.20\times10}{10+10}=0.10\ (\mathrm{mol\cdot L^{-1}})$$

$$[\mathrm{HCOO^-}]=\frac{0.50\times10-0.20\times10}{10+10}=0.15\ (\mathrm{mol\cdot L^{-1}})$$

$$[\mathrm{H^+}]=K_\mathrm{a}\frac{[\mathrm{HCOOH}]}{[\mathrm{HCOO^-}]}=1.7\times10^{-4}\times\frac{0.10}{0.15}=10^{-3.95}\ (\mathrm{mol\cdot L^{-1}})$$

$$\delta_{\mathrm{C_2O_4^{2-}}}=\frac{K_{\mathrm{a1}}K_{\mathrm{a2}}}{[\mathrm{H^+}]^2+[\mathrm{H^+}]K_{\mathrm{a1}}+K_{\mathrm{a1}}K_{\mathrm{a2}}}=\frac{10^{-1.25}\times10^{-4.29}}{10^{-3.95\times2}+10^{-3.95}\times10^{-1.25}+10^{-1.25}\times10^{-4.29}}=0.31$$

$$[\mathrm{C_2O_4^{2-}}]=\delta_{\mathrm{CrO_4^{2-}}}c_{\mathrm{CrO_4^{2-}}}=0.31\times\frac{10\times2.0\times10^{-4}}{10+10}=3.1\times10^{-5}\ (\mathrm{mol\cdot L^{-1}})$$

第三节　溶液 pH 的计算

一、物料平衡式、电荷平衡式和质子平衡式

某种物质溶解于溶剂或溶液后可能会变成其他型体，但该物质的总量(n)是不变的。反映这种总量不变的浓度关系式，称为物料平衡式(material balance equation，MBE)。例如，浓度为c 的 Na_2CO_3溶液，有两个物料平衡式：

$$[\mathrm{CO_3^{2-}}]+[\mathrm{HCO_3^-}]+[\mathrm{H_2CO_3}]=c\ ,\quad [\mathrm{Na^+}]=2c$$

在电中性溶液中，阳离子的总电荷数与阴离子的总电荷数相等。反映这种电荷数关系的浓度表达式，称为电荷平衡式(charge balance equation，CBE)。例如，$NaHCO_3$溶液的电荷平衡式为

$$[\mathrm{Na^+}]+[\mathrm{H^+}]=[\mathrm{OH^-}]+[\mathrm{HCO_3^-}]+2[\mathrm{CO_3^{2-}}]$$

应注意的是，碳酸根离子数乘以 2 才等于其负电荷数。

溶液中酸碱反应达到平衡状态时，酸给出的质子数与碱结合的质子数相等。反映这种得失质子数相等关系的浓度表达式，称为质子条件式或质子平衡式(proton balance equation，PBE)。以溶液中得、失质子的原始酸碱组分(包括溶剂)作为参考水准或零水准(reference level or zero level)，可以直接写出溶液的质子条件式。

例如，乙酸溶液以其原始酸碱组分 HAc、H_2O 为参考水准，由于 H_2O 既得质子(产物为 H_3O^+)又失质子(产物为 OH^-)，而 HAc 只失去质子(产物为 Ac^-)，所以根据参考水准得失质子数与得失质子后变成的产物的数量关系，及其得失质子量相等的原则，

可得到乙酸溶液的质子条件式：

$$[H_3O^+]=[Ac^-]+[OH^-] \quad 或 \quad [H^+]=[Ac^-]+[OH^-]$$

对于 $NH_4H_2PO_4$ 溶液，得失质子的原始组分有 NH_4^+、$H_2PO_4^-$ 和 H_2O，这些组分可作为参考水准。因为 NH_4^+、$H_2PO_4^-$、H_2O 失质子总量与 $H_2PO_4^-$、H_2O 得质子总量相等，所以 $NH_4H_2PO_4$ 溶液的 PBE 为

$$[NH_3]+[HPO_4^{2-}]+2[PO_4^{3-}]+[OH^-]=[H_3PO_4]+[H^+]$$

注意，对单一溶质的溶液，其质子条件式中不应出现参考水准的浓度项；参考水准组分得失质子产物的平衡浓度前乘以相应的得失质子数才是其得失质子的量。

PBE 也可以通过物料平衡式(MBE)和电荷平衡式(CBE)导出。人们常说的酸碱溶液，其 CBE 一般就是 PBE。由 MBE 和 CBE 导出 PBE 的方法比较繁琐，但不容易出错。质子条件式是酸碱平衡问题处理中的基本关系式，主要用于推导溶液$[H^+]$或$[OH^-]$的精确计算公式。

[课堂活动]

(1)写出 0.1 $mol \cdot L^{-1}$ NaCl 水溶液的质子条件式。

(2)写出 HAc-NaAc 溶液的质子条件式(分析浓度都是 0.1 $mol \cdot L^{-1}$)。

二、酸碱溶液中$[H^+]$或$[OH^-]$的计算

溶液的酸度(acidity)一般是指溶液中的$[H^+]$。$[H^+]$越大，酸度越高。溶液酸度的计算就是$[H^+]$或$[OH^-]$的计算或 pH 的计算。pH 与$[H^+]$或$[OH^-]$的关系为

$$pH=-\lg[H^+],\quad pOH=-\lg[OH^-]$$

$$pH+pOH=pK_w=14.00$$

1. 一元弱酸(碱)溶液$[H^+]$($[OH^-]$)的计算

对于浓度为 c 的一元弱酸 HA 溶液，其质子条件式为

$$[H^+]=[A^-]+[OH^-]$$

代入平衡关系、浓度 c 和分布系数，得

$$[H^+]=\frac{K_a[HA]}{[H^+]}+\frac{K_w}{[H^+]}=\frac{K_a c}{[H^+]+K_a}+\frac{K_w}{[H^+]}$$

$$[H^+]=\sqrt{K_a[HA]+K_w} \tag{3-5a}$$

或

$$[H^+]^3+K_a[H^+]^2-(K_a c+K_w)[H^+]-K_aK_w=0$$

此公式是计算一元弱酸溶液$[H^+]$的精确式。显然，解此方程非常繁琐，实际工作中也没有必要如此精确。计算$[H^+]$时通常允许有 5%的误差，因此可以根据具体情况进行合理简化，作近似处理。

(1)若$K_ac \geqslant 10K_w$，则可忽略水的解离(即忽略K_w)，此时$[HA]=c-[A^-]\approx c-[H^+]$，式(3-5a)简化为

$$[H^+]=\sqrt{K_a[HA]}=\sqrt{K_a(c-[H^+])} \tag{3-5b}$$

整理并解得

$$[H^+]=\frac{1}{2}(-K_a+\sqrt{K_a^2+4K_ac})$$

式(3-5b)是计算一元弱酸溶液$[H^+]$的近似式。

(2)若$K_ac \geqslant 10K_w$且$c/K_a \geqslant 100$，则可忽略K_w，且$[HAc]=c-[A^-]\approx c$，此时式(3-5a)简化为

$$[H^+]=\sqrt{K_ac} \tag{3-5c}$$

此公式是计算一元弱酸溶液$[H^+]$常用的最简式。

(3)若$K_ac<10K_w$且$c/K_a \geqslant 100$，则水的解离不能忽略，HA 的解离可忽略，此时

$$[H^+]=\sqrt{K_ac+K_w} \tag{3-5d}$$

对于一元弱碱 B 溶液，处理方法与一元弱酸类似。将一元弱酸公式中的K_a换为K_b，$[H^+]$换为$[OH^-]$即为弱碱 B 的$[OH^-]$计算公式：

(1) $K_bc \geqslant 10K_w$时，

$$[OH^-]=\sqrt{K_b(c-[OH^-])} \tag{3-6a}$$

(2) $K_bc \geqslant 10K_w$且$c/K_b \geqslant 100$时，

$$[OH^-]=\sqrt{K_bc} \tag{3-6b}$$

(3) $K_bc<10K_w$且$c/K_b \geqslant 100$时，

$$[OH^-]=\sqrt{K_bc+K_w} \tag{3-6c}$$

[课堂活动]

计算 NH_4Cl、NaAc 溶液的 pH(浓度为 0.10 mol · L^{-1})。

2. *多元弱酸(碱)溶液$[H^+]$($[OH^-]$)的计算*

以浓度为c的H_2A溶液为例。H_2A溶液的质子条件式为

$$[H^+]=[HA^-]+2[A^{2-}]+[OH^-]$$

将酸常数和K_w或溶液浓度和分布系数代入 PBE 式，整理后得

$$[H^+]=\sqrt{K_{a1}[H_2A](1+2K_{a2}/[H^+])+K_w} \tag{3-7a}$$

式(3-7a)的精确求解非常困难，同样需要进行合理简化。但多元弱酸溶液中的H^+主要由其第一级解离产生，因此可按一元弱酸处理。

(1)若 $K_{a1}c \geqslant 10K_w$，$2K_{a2}/[H^+] \approx 2K_{a2}/\sqrt{K_{a1}c} \ll 1$，则水的解离和酸的第二级解离都可忽略，此时得到计算多元弱酸溶液中$[H^+]$的近似式：

$$[H^+] = \sqrt{K_{a1}[H_2A]} \approx \sqrt{K_{a1}(c-[H^+])} \tag{3-7b}$$

或

$$[H^+] = \frac{1}{2}(-K_{a1} + \sqrt{K_{a1}^2 + 4K_{a1}c})$$

(2)若 $K_{a1}c \geqslant 10K_w$，$2K_{a2}/[H^+] \ll 1$ 且 $c/K_{a1} > 100$，则进一步简化可得到其最简式：

$$[H^+] = \sqrt{K_{a1}c} \tag{3-7c}$$

(3)若 $K_{a1}c < 10K_w$，$2K_{a2}/[H^+] \ll 1$ 且 $c/K_{a1} > 100$，则应根据下式计算溶液的$[H^+]$：

$$[H^+] = \sqrt{K_{a1}c + K_w} \tag{3-7d}$$

例 3-3　计算 0.04 $mol \cdot L^{-1}$ H_2CO_3(即饱和 CO_2 水溶液)的 pH。

解　H_2CO_3 的 $pK_{a1} = 6.38$，$pK_{a2} = 10.25$。采用最简式计算时

$$[H^+] = \sqrt{K_{a1}c} = \sqrt{10^{-6.38} \times 0.04} = 10^{-3.89}\ (mol \cdot L^{-1}),\quad pH = 3.89$$

显然，$2K_{a2}/[H^+] \ll 1$，第二级解离可忽略，可当作一元酸处理；又 $K_{a1}c \gg 10K_w$，$c/K_{a1} \gg 100$，即 K_w 也可忽略，且 $c-[H^+] \approx c$。因此采用最简式计算溶液的$[H^+]$是合理的。$pH = 3.89$ 就是本例所求的结果。

例 3-4　计算 0.10 $mol \cdot L^{-1}$ H_3PO_4 溶液的 pH。

解　H_3PO_4 的 $pK_{a1} = 2.16$，$pK_{a2} = 7.21$，$pK_{a3} = 12.32$。采用最简式计算时

$$[H^+] = \sqrt{K_{a1}c} = \sqrt{10^{-2.16} \times 0.10} = 10^{-1.58}\ (mol \cdot L^{-1}),\quad pH = 1.58$$

显然，$2K_{a2}/[H^+] \ll 1$，即当作一元酸处理是合理的。但 $c/K_{a1} \ll 100$，$[H^+]$与 c 相比不能忽略，因此应采用近似式计算$[H^+]$，即

$$[H^+] = \frac{1}{2}(-K_{a1} + \sqrt{K_{a1}^2 + 4K_{a1}c})$$

$$[H^+] = \frac{1}{2}(-10^{-2.16} + \sqrt{10^{-2.16\times2} + 4\times10^{-2.16} \times 0.10}) = 10^{-1.64}\ (mol \cdot L^{-1})$$

$$pH = 1.64$$

用最简式计算时 pH 的误差较小($\Delta pH = 0.06$)，但$[H^+]$的相对误差较大(约 15%)。

对于多元弱碱溶液，其$[OH^-]$计算公式与多元弱酸$[H^+]$的相似，只是将公式中的 K_a 换为 K_b，$[H^+]$换为$[OH^-]$：

(1) $K_{b1}c \geqslant 10K_w$，$2K_{b2}/[OH^-] \ll 1$ 时，

$$[OH^-] = \sqrt{K_{b1}(c-[OH^-])} \tag{3-8a}$$

(2) $K_{b1}c \geqslant 10K_w$，$2K_{b2}/[OH^-] \ll 1$，$c/K_{b1} > 100$ 时，

$$[OH^-] = \sqrt{K_{b1}c} \tag{3-8b}$$

(3) $K_{b1}c < 10K_w$，$2K_{b2}/[OH^-] \ll 1$ 且 $c/K_{b1} > 100$ 时，

$$[OH^-] = \sqrt{K_{b1}c + K_w} \tag{3-8c}$$

3. 两性物质水溶液$[H^+]$的计算

HCO_3^- ($NaHCO_3$)、$H_2PO_4^-$ (NaH_2PO_4)、HPO_4^{2-} (Na_2HPO_4) 等两性物质水溶液的$[H^+]$计算公式，也可以由质子条件式推导得到。以 HA^-为例，其质子条件式为

$$[H^+] + [H_2A] = [A^{2-}] + [OH^-]$$

代入 K_{a1}、K_{a2} 关系后得

$$[H^+] = \frac{[H^+][HA^-]}{K_{a1}} = \frac{K_{a2}[HA^-]}{[H^+]} + \frac{K_w}{[H^+]}$$

整理得

$$[H^+] = \sqrt{\frac{K_{a1}(K_{a2}[HA^-] + K_w)}{K_{a1} + [HA^-]}} \tag{3-9a}$$

一般情况下 HA^- 得失质子的能力都较小，其酸式、碱式解离可忽略，即 $[HA^-] \approx c$。当 $K_{a2}c \geqslant 10K_w$ 时，K_w 可忽略，式(3-9a)可简化为

$$[H^+] = \sqrt{\frac{K_{a1}K_{a2}c}{K_{a1} + c}} \tag{3-9b}$$

若 $c \geqslant 10K_{a1}$，则 K_{a1} 相对于 c 可忽略，此时式(3-9b)可进一步简化为

$$[H^+] = \sqrt{K_{a1}K_{a2}} \tag{3-9c}$$

此公式是计算两性物质溶液$[H^+]$的最简式。

当 $K_{a2}c < 10K_w$ 时，式(3-9a)中 K_w 不能忽略。若 $c \geqslant 10K_{a1}$，则

$$[H^+] = \sqrt{\frac{K_{a1}(K_{a2}c + K_w)}{c}} \tag{3-9d}$$

例 3-5　计算 0.050 mol · L^{-1} $NaHCO_3$ 溶液的 pH。

解　H_2CO_3 的 $pK_{a1} = 6.38$，$pK_{a2} = 10.25$。$K_{a2}c > 10\,K_w$，$c > 10K_{a1}$，因此

$$[H^+] = \sqrt{K_{a1}K_{a2}} = \sqrt{10^{-6.38} \times 10^{-10.25}} = 10^{-8.32}\ (\text{mol} \cdot \text{L}^{-1}),\quad \text{pH} = 8.32$$

因为 HCO_3^- 的 K_b 大于 K_a，其碱式解离程度大于酸式解离程度，所以溶液呈碱性。

例 3-6　计算 0.050 mol · L^{-1} NaH_2PO_4 溶液的 pH。

解　H_3PO_4 的 $pK_{a1} = 2.16$，$pK_{a2} = 7.21$，$pK_{a3} = 12.32$。

由于 $K_{a2}c = 10^{-7.21} \times 0.050 \gg 10K_w$，水的解离可忽略，但 $10K_{a1} = 10^{-1.16} > c$，$K_{a1}$ 与 c 比较时不能忽略，因此应采用式(3-9b)计算，则

$$[H^+] = \sqrt{\frac{K_{a1}K_{a2}c}{K_{a1} + c}} = \sqrt{\frac{10^{-2.16} \times 10^{-7.21} \times 0.050}{10^{-2.16} + 0.05}} = 10^{-4.71}\ (\text{mol} \cdot \text{L}^{-1}),\quad \text{pH} = 4.71$$

用最简式计算时，$[H^+]=\sqrt{K_{a1}K_{a2}}=\sqrt{10^{-2.16}\times10^{-7.21}}=10^{-4.68}$ $(mol\cdot L^{-1})$，$pH=4.68$，所引起的 pH 误差较小（$\Delta pH=0.03$），故要求不高时可采用最简式计算。

例 3-7　计算 $0.033\ mol\cdot L^{-1}$ Na_2HPO_4 溶液的 pH。

解　由于 $K_{a3}c=10^{-12.32}\times0.033\approx K_w$，水的解离不能忽略，但 $c=10^{-1.48}>10K_{a2}$，K_{a2} 与 c 相比可忽略（$c+K_{a2}\approx c$），因此可用下式计算

$$[H^+]=\sqrt{\frac{K_{a2}(K_{a3}c+K_w)}{c}}=\sqrt{\frac{10^{-7.21}(10^{-12.32}\times10^{-1.48}+10^{-14.00})}{10^{-1.48}}}=10^{-9.66}\ (mol\cdot L^{-1})$$

$$pH=9.66$$

采用最简式时 $[H^+]=\sqrt{K_{a2}K_{a3}}=\sqrt{10^{-7.21}\times10^{-12.32}}=10^{-9.76}$ $(mol\cdot L^{-1})$，$pH=9.76$。所引起的 pH 误差稍大（$\Delta pH=0.10$），但要求不高时仍可采用最简式计算。

4. 缓冲溶液$[H^+]$或$[OH^-]$的计算

假设缓冲溶液(buffer solution)由弱酸(HA)及其共轭碱(NaA)组成，溶液中 HA、NaA 的分析浓度分别为 c_{HA} 和 c_A，则该溶液的质子条件式容易由电荷平衡式得到

$$[OH^-]+[A^-]=[Na^+]+[H^+]=c_A+[H^+]$$

$$[A^-]=c_A+[H^+]-[OH^-]$$

结合物料平衡式 $c_{HA}+c_A=[HA]+[A^-]$，得

$$[HA]=c_{HA}-[H^+]+[OH^-]$$

由 HA 的解离平衡关系，得

$$[H^+]=K_a\frac{[HA]}{[A^-]}=K_a\frac{c_{HA}-[H^+]+[OH^-]}{c_A+[H^+]-[OH^-]} \tag{3-10a}$$

此公式是弱酸及其共轭碱组成的缓冲溶液$[H^+]$的精确公式。

若溶液的 $pH<6$（呈酸性），则$[OH^-]$可忽略，式(3-10a)简化为

$$[H^+]=K_a\frac{c_{HA}-[H^+]}{c_A+[H^+]} \tag{3-10b}$$

若溶液 $pH>8$（呈碱性），则$[H^+]$可忽略，式(3-10a)简化为

$$[H^+]=K_a\frac{c_{HA}+[OH^-]}{c_A-[OH^-]} \tag{3-10c}$$

或

$$[OH^-]=K_b\frac{c_A-[OH^-]}{c_{HA}+[OH^-]}$$

当 c_{HA}、c_A 较大，$[H^+]$、$[OH^-]$与它们相比可忽略时，则式(3-10a)简化为

$$[H^+]=K_a\frac{c_{HA}}{c_A}\quad 或\quad [OH^-]=K_b\frac{c_A}{c_{HA}} \tag{3-10d}$$

此公式是弱酸及其共轭碱组成的缓冲溶液$[H^+]$的最简式。

计算缓冲溶液$[H^+]$时，一般先用最简式计算出$[H^+]$或$[OH^-]$，然后与c_{HA}、c_A比较，如果$[H^+]$或$[OH^-]$忽略合理，则所得结果即为所求。否则，应该采用近似式计算。

例 3-8　计算含有0.080 mol·L^{-1}二氯乙酸(HA)和0.12 mol·L^{-1}二氯乙酸钠(NaA)溶液的 pH。

解　二氯乙酸的$pK_a = 1.26$。采用最简式计算时

$$[H^+] = K_a \frac{c_{HA}}{c_A} = 10^{-1.26} \times \frac{0.080}{0.12} = 0.037\ (mol \cdot L^{-1}),\quad pH = 1.44$$

显然，与c_{HA}、c_A相比，$[H^+]$不能忽略，应采用近似式(3-10b)计算

$$[H^+] = K_a \frac{c_{HA} - [H^+]}{c_A + [H^+]} = 10^{-1.26} \times \frac{0.080 - [H^+]}{0.12 + [H^+]}$$

解此一元二次方程式，得$[H^+] = 10^{-1.65}\ mol \cdot L^{-1}$，$pH = 1.65$。

本例中，采用最简式计算时 pH 的误差较大($\Delta pH = 0.21$)。

例 3-9　用 0.10 mol·L^{-1} NaOH 溶液分别滴定 0.10 mol·L^{-1} 弱酸 HA($pK_a = 5.00$)和 HB($pK_a = 7.00$)。计算滴定至 99.8%时，溶液的 pH。

解　分别滴定至 99.8%时，溶液中弱酸及其共轭碱的浓度为

$$c_{HA} = c_{HB} = \frac{0.10V(1 - 99.8\%)}{V(1 + 99.8\%)} = 10^{-4.00}\ (mol \cdot L^{-1})$$

$$c_A = c_B = \frac{0.10V \times 99.8\%}{V(1 + 99.8\%)} = 10^{-1.30}\ (mol \cdot L^{-1})$$

(1)采用最简式计算滴定 HA 到 99.8%时溶液的酸度

$$[H^+] = K_a \frac{c_{HA}}{c_A} = 10^{-5.00} \times \frac{10^{-4.00}}{10^{-1.30}} = 10^{-7.70}\ (mol \cdot L^{-1}),\quad pH = 7.70$$

显然，与c_{HA}、c_A相比，$[H^+]$或$[OH^-]$可忽略，故采用最简式计算时误差较小。

(2)采用最简式计算滴定 HB 到 99.8%时溶液的酸度

$$[H^+] = K_a \frac{c_{HB}}{c_B} = 10^{-7.00} \times \frac{10^{-4.00}}{10^{-1.30}} = 10^{-9.70}\ (mol \cdot L^{-1}),\quad pH = 9.70$$

由于$[OH^-] = 10^{-4.30}\ mol \cdot L^{-1}$，与$c_{HB}$接近，不能忽略，故此时应采用近似式计算：

$$[OH^-] = K_b \frac{c_B - [OH^-]}{c_{HB} + [OH^-]} = 10^{-7.00} \times \frac{10^{-1.30} - [OH^-]}{10^{-4.00} + [OH^-]}$$

解此一元二次方程式，得$[OH^-] = 10^{-4.44}\ mol \cdot L^{-1}$，$pH = 9.56$。采用最简式时的误差$\Delta pH = 0.14$。

5. 混合溶液$[H^+]$或$[OH^-]$的计算

1)混合酸溶液

对于弱酸 HA-HB 混合液，其质子条件式为

$$[H^+] = [A^-] + [B^-] + [OH^-]$$

根据平衡关系，得

$$[H^+]=\frac{K_{HA}[HA]}{[H^+]}+\frac{K_{HB}[HB]}{[H^+]}+\frac{K_w}{[H^+]}$$

$$[H^+]^2=K_{HA}[HA]+K_{HB}[HB]+K_w \tag{3-11a}$$

若水的解离能忽略，且两种弱酸都较弱而浓度较大，则$c_{HA}\approx[HA]$，$c_{HB}\approx[HB]$。此时

$$[H^+]=\sqrt{K_{HA}c_{HA}+K_{HB}c_{HB}} \tag{3-11b}$$

又若$K_{HA}c_{HA}\gg K_{HB}c_{HB}$，则溶液的$[H^+]$主要由 HA 决定，即

$$[H^+]=\sqrt{K_{HA}c_{HA}} \tag{3-11c}$$

对于强酸-弱酸混合液，如 HCl-弱酸 HA 混合液，其质子条件式为

$$[H^+]=c_{HCl}+[A^-]+[OH^-]$$

由于溶液为酸性，$[OH^-]$可忽略。此时

$$[H^+]=c_{HCl}+[A^-]=c_{HCl}+\frac{K_a c_{HA}}{[H^+]+K_a} \tag{3-12}$$

若$c_{HCl}\gg[A^-]$，则$[A^-]$也可忽略。此时，$[H^+]=c_{HCl}$。

例 3-10　计算含 0.10 $mol\cdot L^{-1}$ HAc 和 0.20 $mol\cdot L^{-1}$ H_3BO_3 的混合液的 pH。

解　$pK_{HAc}=4.74$，$pK_{H_3BO_3}=9.24$

由于$K_{HAc}c_{HAc}\gg K_{H_3BO_3}c_{H_3BO_3}$，溶液的 pH 主要由 HAc 决定

$$[H^+]=\sqrt{K_{HAc}c_{HAc}}=\sqrt{10^{-4.74}\times 0.10}=10^{-2.87}\ (mol\cdot L^{-1}),\quad pH=2.87$$

2）混合碱溶液

对于弱碱 A-B 混合液，处理方法与弱酸混合液类似，其$[OH^-]$计算公式为

$$[OH^-]=\sqrt{K_A[A]+K_B[B]+K_w} \tag{3-13a}$$

若水的解离能忽略，且两种弱碱都较弱而浓度又较大时，式(3-13a)简化为

$$[OH^-]=\sqrt{K_A\cdot c_A+K_B\cdot c_B} \tag{3-13b}$$

对于强碱-弱碱 B 混合液，处理方法与强酸-弱酸混合液类似，其$[OH^-]$计算公式为

$$[OH^-]=c_{NaOH}+[HB^+]=c_{NaOH}+\frac{K_b c_B}{[OH^-]+K_b} \tag{3-14}$$

当$c_{NaOH}\gg[HB^+]$时，$[OH^-]=c_{NaOH}$。

例 3-11　计算用 0.1 $mol\cdot L^{-1}$ NaOH 溶液滴定 0.1 $mol\cdot L^{-1}$ HAc 溶液到计量点后 0.1%时溶液的 pH。

解　计量点后 0.1%时溶液为强碱-弱碱混合体系，其中 NaOH、NaAc 的浓度为

$$c_{Ac^-}=\frac{0.1V}{V(1+100.1\%)}=10^{-1.3}\ (mol\cdot L^{-1})$$

$$c_{NaOH}=\frac{0.1V\times0.1\%}{V(1+100.1\%)}=10^{-4.3}\ (mol\cdot L^{-1})$$

若采用最简式计算，则

$$[OH^-]=c_{NaOH}=10^{-4.3}\ (mol\cdot L^{-1}),\quad pH=9.7$$

而此时

$$[HAc]=\delta_1 c_{Ac^-}=\frac{[H^+]c_{Ac^-}}{[H^+]+K_a}=\frac{10^{-9.7}\times10^{-1.3}}{10^{-9.7}+10^{-4.7}}=10^{-6.3}\ (mol\cdot L^{-1})$$

$c_{NaOH}\gg[HAc]$，表明溶液的$[OH^-]$主要由 NaOH 决定，Ac^-解离对$[OH^-]$的影响可忽略，因此采用最简式计算是合理的。$pH=9.7$ 即为本例所求结果。

例 3-12　计算 0.1 $mol\cdot L^{-1}$ NaOH 溶液滴定 0.1 $mol\cdot L^{-1}$ 弱酸 HA（$pK_a=7.0$）到计量点后 0.1%时溶液的 pH。

解　滴定到计量点后 0.1%时，溶液的体积约增大一倍，组分 NaOH、NaA 的浓度为

$$c_{A^-}=0.1\times\frac{1}{2}=0.05\ (mol\cdot L^{-1}),\quad c_{NaOH}=0.1\times0.1\%\times\frac{1}{2}=10^{-4.3}\ (mol\cdot L^{-1})$$

采用最简式计算时，$[OH^-]=c_{NaOH}=10^{-4.3}\ mol\cdot L^{-1}$，$pH=9.7$。此时

$$[HA]=\delta_1 c_{A^-}=\frac{[H^+]c_{A^-}}{[H^+]+K_a}=\frac{10^{-9.7}\times10^{-1.3}}{10^{-9.7}+10^{-7.0}}=10^{-4.0}\ (mol\cdot L^{-1})$$

显然 A^-解离对溶液$[OH^-]$的影响大，[HA]不能忽略，应采用近似式计算：

$$[OH^-]=c_{NaOH}+\frac{K_b c_{A^-}}{[OH^-]+K_b}=10^{-4.3}+\frac{10^{-7.0}\times10^{-1.3}}{[OH^-]+10^{-7.0}}$$

解此一元二次方程式，得$[OH^-]=10^{-4.0}\ mol\cdot L^{-1}$，$pH=10.0$。采用最简式时误差$\Delta pH=0.3$。

3）弱酸-弱碱混合液

弱酸 HA-弱碱 B 混合液是一种两性溶液。若 HA、B 的酸碱性都较弱，其酸碱反应可忽略，则质子条件式为

$$[H^+]+[HB^+]=[A^-]+[OH^-]$$

$$[H^+]+\frac{[H^+][B]}{K_{HB}}=\frac{K_{HA}[HA]}{[H^+]}+\frac{K_w}{[H^+]}$$

又若弱酸、弱碱的浓度都较大，则可忽略水的解离，且$[HA]\approx c_{HA}$，$[B]\approx c_B$。此时

$$[H^+]=\sqrt{\frac{c_{HA}}{c_B+K_{HB^+}}K_{HA}K_{HB^+}}\qquad(3\text{-}15)$$

从上述讨论可知，由质子条件式和酸碱解离平衡关系可以导出酸碱溶液中$[H^+]$或$[OH^-]$的精确计算公式，根据不同情况进行适当的简化处理后，可得到不同的$[H^+]$或

$[OH^-]$近似式。实际工作中，应根据不同的准确度要求选用不同的公式计算，多数情况下可采用最简式。在酸碱滴定曲线的计算中，一般都可采用最简式。为了使用方便，将计算$[H^+]$或$[OH^-]$的最简式列于表 3-1 中。

表 3-1 酸（碱）溶液$[H^+]$（$[OH^-]$）计算的最简式

溶液	公式	溶液	公式
强酸	$[H^+]=c$	强碱	$[OH^-]=c$
一元弱酸	$[H^+]=\sqrt{K_a c}$	一元弱碱	$[OH^-]=\sqrt{K_b c}$
多元弱酸	$[H^+]=\sqrt{K_{a1} c}$	多元弱碱	$[OH^-]=\sqrt{K_{b1} c}$
混合弱酸 (HA+HB)	$[H^+]=\sqrt{K_{HA}c_{HA}+K_{HB}c_{HB}}$	混合弱碱 (A+B)	$[OH^-]=\sqrt{K_A c_A+K_B c_B}$
两性物质 (HA^-)	$[H^+]=\sqrt{K_{a1}K_{a2}}$	缓冲溶液 (HA+A)	$[H^+]=K_{HA}c_{HA}/c_A$

注：表中 c、c_{HA}、c_{HB}、c_A、c_B 分别表示酸或碱的分析浓度。

第四节 酸碱指示剂

一、酸碱指示剂的作用原理

酸碱指示剂（acid-base indicator）是指在一定 pH 范围内颜色随溶液 pH 的变化而变化的物质。它们一般是结构比较复杂的有机弱酸或弱碱，其酸式（用 HIn 表示）和相应的共轭碱式（用 In^-表示）具有不同的结构，因而呈现不同的颜色。指示剂酸式的颜色称为酸色，相应共轭碱式的颜色称为碱色，如甲基橙（methyl orange，MO）指示剂：

$$(CH_3)_2\overset{+}{N}{=}\langle\bigcirc\rangle{=}N{-}\overset{H}{N}{-}\langle\bigcirc\rangle{-}SO_3^- \underset{H^+}{\overset{OH^-}{\rightleftharpoons}} (CH_3)_2N{-}\langle\bigcirc\rangle{-}N{=}N{-}\langle\bigcirc\rangle{-}SO_3^-$$

酸式(醌式)　红色　　　　**碱式(偶氮式)　黄色**

酸碱指示剂的颜色变化与指示剂溶液中的解离平衡移动有关：

$$HIn \rightleftharpoons H^+ + In^-$$

酸色　　碱色

$$K_{HIn}=\frac{[H^+][In^-]}{[HIn]} \quad 或 \quad \frac{[In^-]}{[HIn]}=\frac{K_{HIn}}{[H^+]}$$

式中，K_{HIn} 称为指示剂常数。显然，溶液的颜色取决于指示剂碱式浓度与其酸式浓度的比值$[In^-]/[HIn]$，而特定指示剂的$[In^-]/[HIn]$又完全取决于溶液的酸度$[H^+]$或 pH，即 pH 不同，比值$[In^-]/[HIn]$不同，溶液呈现不同的颜色。

通常溶液的 pH 由 $pK_{HIn}-1$ 变为 $pK_{HIn}+1$，即$[In^-]/[HIn]$由 0.1 变为 10 时，我们能看到指示剂的颜色由酸色变为碱色，反之则由碱色变为酸色。因此，$pH=pK_{HIn}\pm1$是指示剂颜色完全转变的 pH 区间，称为指示剂的理论变色范围(colour transition interval)。$pH = pK_{HIn}$ 时，$[In^-]/[HIn]=1$，是理论上指示剂酸色与碱色相互转变的临界点，故 pK_{HIn} 称为指示剂的理论变色点(colour transition point)。

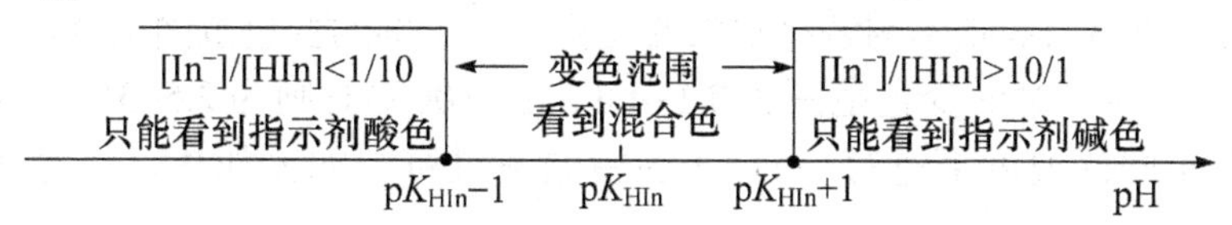

根据某种指示剂在溶液中所呈颜色可判断溶液的大致 pH，根据溶液的 pH 可判断某指示剂呈现的颜色。常用酸碱指示剂的变色点和变色范围见表 3-2 所示。

表 3-2　常用酸碱指示剂的变色点和变色范围

指示剂	颜色			pK_{HIn}	pT	变色范围	用量/10 mL 被滴液
	酸色	过渡色	碱色				
百里酚蓝	红	橙	黄	1.6	2.6	1.2～2.8	1～2 滴 0.1%钠盐水溶液
甲基橙	红	橙	黄	3.4	4.0	3.1～4.4	1 滴 0.1%水溶液
溴甲酚绿	黄	绿	蓝	4.9	4.4	3.8～5.4	1 滴 0.1%钠盐水溶液
甲基红	红	橙	黄	5.2	5.0	4.4~6.2	1 滴 0.1%钠盐水溶液
溴甲酚紫	黄		紫	6.1	6.0	5.2~6.8	1 滴 0.1%钠盐水溶液
溴百里酚蓝	黄	绿	蓝	7.3	7.0	6.0~7.6	1 滴 0.1%钠盐水溶液
酚红	黄	橙	红	8.0	7.0	6.4~8.0	1 滴 0.1%钠盐水溶液
酚酞	无色	粉红	红	9.1	9.0	8.0~9.8	1～2 滴 0.1%乙醇溶液
百里酚酞	无色	淡蓝	蓝	10.0	10.0	9.4~10.6	1 滴 0.1%乙醇溶液

从表 3-2 中可以发现，指示剂的实际变色范围大多为1.6~1.8个 pH 单位，与其理论变色范围并不相同，这是由于人眼对不同颜色的敏感程度不同引起的。例如，甲基橙，由于人眼对红色(酸色)敏感，只要 $[HIn]/[In^-]\geqslant 2$，就可观察到红色的存在；而对黄色相对弱视，只有 $[HIn]/[In^-]\leqslant 0.1$ 时才能明显看出黄色，因此甲基橙的变色范围为3.1~4.4，而不是理论上的2.4~4.4 (图 3-4)。

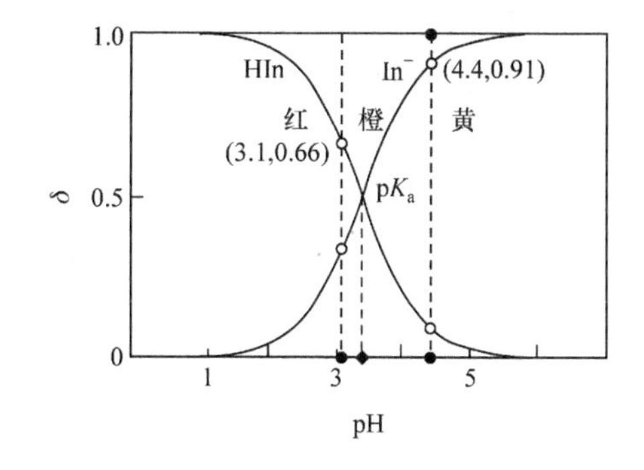

图 3-4　甲基橙的型体分布曲线图

实际上只要指示剂有明显的色变就可确定终点，并不需要指示剂从酸色完全变为碱色或从碱色完全变为酸色。在指示剂的变色范围内会有颜色变化特别明显的某个点，这个点称为指示剂的实际变色点(以 pT 表示)，通常作为滴定终点。例如，甲基橙的 $pT = 4.0$，意味着以甲基橙为指示剂时，滴定终点的 pH 为 4.0。

二、影响指示剂变色的因素

1. 温度

温度的变化会引起指示剂解离常数的变化，指示剂的变色范围也会随之变化。例如，甲基橙在 18℃时的变色范围为3.1~4.4，在 100℃时则为2.5~3.7。因此，标定和测定应在相同的温度下进行(滴定多在室温下进行，如需加热，应冷却到室温后再滴定)。

2. 指示剂的用量

指示剂用量的影响主要有两个方面，一是由于指示剂本身为弱酸或弱碱，用量过多会消耗较多标准溶液，产生误差。二是指示剂浓度过大，对双色指示剂(如甲基橙)来说颜色变化不明显，终点颜色不易判断；对单色指示剂(如酚酞)来说，会改变它的变色范围。例如，在 50~100 mL 溶液中加入2~3滴 0.1%的酚酞溶液，在 pH = 9 时出现红色，而在其他条件相同时加入10~15滴酚酞溶液，则在 pH = 8 时出现红色。因此，在不影响指示剂变色灵敏度的情况下，指示剂的用量以少为宜。

3. 变色次序

人的眼睛对由相对弱视色(或浅色)到比较敏感的深色的变色容易辨认，而对相反过程的变色则反应比较迟钝。因此，为了更准确地判断终点，滴定时应尽可能使用颜色由相对弱视色(浅色)到深色变化的指示剂。例如，用强酸滴定强碱时宜选用甲基橙为指示剂，是因为它由黄色变成橙色容易辨认；而用强碱滴定强酸时，则选酚酞为指示剂，是因为它由无色变成红色容易辨认。相反，若以甲基橙指示强碱滴定强酸的终点，则红色到橙色变色不敏锐，需变到黄色才能辨认；而以酚酞指示强酸滴定强碱的终点时，由红色到无色变化不敏锐，终点误差较大。

此外，溶剂不同，离子强度不同，也会使指示剂的解离常数发生变化，从而影响指示剂的变色范围。

三、混合指示剂

一般来说，指示剂的变色范围窄一些为好。因为范围很窄的 pH 变化就可使指示剂溶液由一种颜色变成另一种颜色。颜色变化敏锐，有利于准确地确定滴定终点。

表 3-2 中所列指示剂的变色范围都较大(多为1.6~1.8个 pH 单位)，敏锐性较差，无法满足某些滴定的准确度要求。为了缩小指示剂的变色范围，增加指示剂的敏锐性，常常采用混合指示剂(mixed indicator)。混合指示剂的配制方法有两种。一种是在指示剂中加入一种对 pH 变化不敏感、但能与指示剂过渡色互补的染料。例如，甲基橙与靛蓝染料混合，靛蓝在溶液中不因 pH 改变而变色，但溶液的 pH 变化时，混合指示剂的颜色变化要比甲基橙变色敏锐：

溶液的 pH	甲基橙的颜色	靛蓝颜色	混合指示剂颜色
<3.1	红	蓝	紫
$=4.0$	橙	蓝	浅灰
>4.4	黄	蓝	绿

另一种是由两种或两种以上的指示剂混合而成，如溴甲酚绿与甲基红混合而成的指示剂，溶液 pH 变化时，其颜色的变化如下：

溶液的 pH	溴甲酚绿的颜色	甲基红的颜色	混合指示剂颜色
<3.8	黄	红	橙
$=5.0$	绿	橙	浅灰
>6.2	蓝	黄	绿

以此混合指示剂指示终点时，由橙色变成浅灰或由绿色变成浅灰，变色都非常明显。

混合指示剂是利用颜色的互补作用来提高变色敏锐性的，其颜色变化是否显著，主要取决于指示剂和染料的性质以及混合比例是否适当。常用的混合指示剂见表 3-3。

表 3-3　常用的混合指示剂

指示剂溶液的组成	颜色		变色点	备注
	酸色	碱色		
1 份 0.1%甲基橙水溶液 1 份 0.25%靛蓝二磺酸钠水溶液	紫	绿	4.1	灯光下可滴定
3 份 0.1%溴甲酚绿乙醇溶液 1 份 0.2%甲基红乙醇溶液	酒红	绿	5.1	变色明显
1 份 0.1%中性红乙醇溶液 1 份 0.1%次甲基蓝乙醇溶液	紫蓝	绿	7.0	必须保存在棕色瓶中
1 份 0.1%甲酚红钠水溶液 3 份 0.1%百里酚蓝钠水溶液	黄	紫	8.3	pH = 8.2 玫瑰色 pH = 8.4 紫色
1 份 0.1%百里酚蓝的 50%乙醇溶液 3 份 0.1%酚酞的 50%乙醇溶液	黄	紫	9.0	pH = 9.0 绿色

第五节　酸碱滴定曲线和指示剂的选择

酸碱滴定过程中，溶液$[H^+]$或$[OH^-]$随反应的进行而变化，pH 也随之变化。以滴定剂（强酸或强碱）的加入量为横坐标，溶液的 pH 为纵坐标作图，所得 pH 与滴定剂加入量的关系曲线称为酸碱滴定曲线（titration curve）。下面分别讨论各类型酸碱滴定的滴定曲线及其相关问题。

一、强酸强碱的滴定

以 0.1 $mol \cdot L^{-1}$ NaOH 溶液滴定 20.00 mL 0.1 $mol \cdot L^{-1}$ HCl 溶液为例。滴定过程的

pH，可根据滴定过程中溶液组成的变化情况分为四个时段进行计算：

(1)滴定之前，溶液中只有强酸 HCl，所以

$$[H^+]=c_{HCl}=0.1\ mol\cdot L^{-1}$$

$$pH=-lg[H^+]=-lg0.1=1.0$$

(2)滴定开始至计量点前，溶液的组成中有反应产物 NaCl 和剩余的 HCl，其酸度取决于剩余 HCl 的量。例如，滴加 NaOH 溶液 19.98 mL(滴定完成了 99.9%，再加半滴就到计量点)时

$$[H^+]=c_{HCl(余)}=\frac{c_{HCl}V_{HCl}-c_{NaOH}V_{NaOH}}{V_{HCl}+V_{NaOH}}$$

$$[H^+]=\frac{0.1\times 20.00-0.1\times 19.98}{20.00+19.98}=5\times 10^{-5}\ (mol\cdot L^{-1})$$

$$pH=4.3$$

(3)计量点(sp)时，滴加的 NaOH 与 HCl 刚好完全反应，成为 NaCl 溶液，其$[H^+]$由水的解离决定。$[H^+]=[OH^-]=\sqrt{K_w}=10^{-7.0}\ mol\cdot L^{-1}$，$pH=7.0$。

(4)计量点后，溶液中除 NaCl 外，还有过量的 NaOH。溶液的酸度取决于过量 NaOH 的量。例如，滴加 NaOH 溶液 20.02 mL(多加了半滴 NaOH，即滴过了 0.1%)时

$$[OH^-]=c_{NaOH(过)}=\frac{c_{NaOH}V_{NaOH}-c_{HCl}V_{HCl}}{V_{HCl}+V_{NaOH}}$$

$$[OH^-]=\frac{0.1\times 20.02-0.1\times 20.00}{20.00+20.02}=5\times 10^{-5}\ (mol\cdot L^{-1})$$

$$pOH=4.3,\quad pH=9.7$$

滴定过程各阶段酸度计算的部分结果如表 3-4 所示。

表 3-4　0.1 mol · L^{-1} NaOH 溶液滴定 20.00 mL 0.1 mol · L^{-1} HCl 溶液

时段	溶液组成	计算公式	NaOH 加入量/mL	剩余 HCl(过量 NaOH)量/mL	滴定分数	$[H^+]$/(mol · L^{-1})	pH	
滴定前	HCl	$[H^+]=c_{HCl}$	0.00	20.00	0.00%	0.10	1.0	
sp 前	HCl 和 NaCl	$[H^+]=c_{HCl(余)}$	18.00	2.00	90.0%	5.3×10^{-3}	2.3	
			19.80	0.20	99.0%	5.0×10^{-4}	3.3	
			19.98	0.02	99.9%	5.0×10^{-5}	4.3	突跃范围
sp 时	NaCl	$[H^+]=\sqrt{K_w}$	20.00	0.00	100.0%	1.0×10^{-7}	7.0	
sp 后	NaCl 和 NaOH	$[OH^-]=c_{NaOH(过)}$	20.02	(0.02)	100.1%	2.0×10^{-10}	9.7	
			20.20	(0.20)	101.0%	2.0×10^{-11}	10.7	
			22.00	(2.00)	110.0%	2.1×10^{-12}	11.7	
			40.00	(20.00)	200.0%	3.0×10^{-13}	12.5	

若以表 3-4 中 NaOH 的加入量或滴定分数为横坐标，溶液的 pH 为纵坐标作图，可得到强碱滴定强酸的滴定曲线(图 3-5 中曲线 a)。

由表 3-4 数据和图 3-5 中曲线 a 可看出，滴定开始至化学计量点前绝大部分区域的 pH 变化缓慢(ΔpH 小)，滴定曲线较平坦，如加入 18.00 mL NaOH 时溶液的 pH 改变了 1.3 个 pH 单位，这是因为强酸的缓冲作用较强。计量点后的情况类似，强碱起缓冲作用。而计量点前后，加入相同量 NaOH 所引起的 pH 变化很大，特别是计量点前后 0.1%区段的滴定曲线近乎垂直，这是因为溶液中酸碱的浓度低，缓冲容量小。例如，计量点附近从剩余 HCl 0.02 mL(余 0.1%)到过量 NaOH 0.02 mL(过 0.1%)，虽然只有 0.04 mL(约 1 滴)NaOH，但它不仅将剩余的 HCl 完全中和，而且过量了半滴，使溶液由酸性变为碱性，溶液的 pH 也由 4.3 剧增到 9.7，改变了 5.4 个 pH 单位。

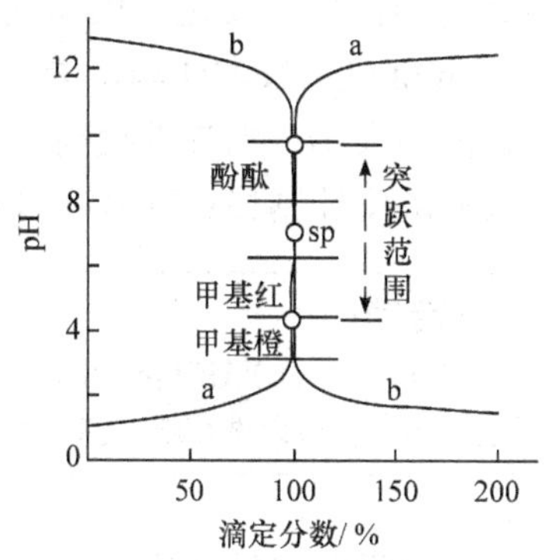

图 3-5　强酸与强碱的滴定曲线

a. 0.1 $mol \cdot L^{-1}$ NaOH 滴定 0.1 $mol \cdot L^{-1}$ HCl
b. 0.1 $mol \cdot L^{-1}$ HCl 滴定 0.1 $mol \cdot L^{-1}$ NaOH

把计量点前后 0.1%区间溶液 pH 的跃升(或陡降)变化称为滴定突跃(titertion jump)，突跃所在的 pH 范围称为酸碱滴定的突跃范围(jump range)。滴定分析中，滴定突跃范围是选择指示剂的依据。选用变色范围全部或部分处于突跃范围内的指示剂指示滴定终点，都能符合滴定分析的误差要求。凡是选用在突跃范围内变色的指示剂，滴定误差都不会超过±0.1%。例如，以 0.1$mol \cdot L^{-1}$ NaOH 滴定 0.1$mol \cdot L^{-1}$ HCl，酚酞(8.0~9.8)、甲基橙(3.1~4.4)等都可作为指示剂。

实际工作中，选择指示剂时并不需要计算滴定的突跃范围，只需计算其计量点，然后选择变色点尽可能接近计量点(或变色范围包含滴定的计量点)的指示剂即可。

强酸(碱)滴定的突跃范围与滴定剂及被滴定组分的浓度有关。现将不同浓度 NaOH 滴定 HCl 的突跃范围列于表 3-5 中。

表 3-5　不同浓度 NaOH 滴定 HCl 的突跃范围

NaOH 和 HCl 的浓度/($mol \cdot L^{-1}$)	突跃范围(pH)	突跃范围的大小
1	3.3~10.7	7.4 个 pH 单位
0.1	4.3~9.7	5.4 个 pH 单位
0.01	5.3~8.7	3.4 个 pH 单位
0.001	6.3~7.7	1.4 个 pH 单位
0.0002	6.8~7.2	0.4 个 pH 单位

由表 3-5 可见，酸碱溶液浓度越大，滴定突跃范围越大。例如，0.001 $mol \cdot L^{-1}$ 以上的酸碱溶液，其浓度增大到 10 倍时，突跃范围相应增大两个 pH 单位。突跃范围越

大，可供选择的指示剂就越多。但浓度太大时，样品和试剂的消耗量也大，会造成不必要的浪费。反之，酸碱溶液越稀，突跃范围越小，指示剂的选择将受限，如以 0.001 mol · L^{-1} NaOH 滴定等浓度的 HCl 时，酚酞和甲基橙都不适合作为其指示剂。若突跃范围太小，则难以找到合适的指示剂，终点误差大，不能准确滴定。通常，标准溶液的浓度控制在 0.01~1 mol · L^{-1}。

[课堂活动]

用 0.1 mol · L^{-1} HCl 溶液滴定 0.1 mol · L^{-1} NaOH 溶液时，体系的 pH 变化有何规律？其滴定突跃范围多大？可以选用哪些指示剂？

二、一元弱酸碱的滴定

以 0.1 mol · L^{-1} NaOH 溶液滴定 20.00 mL 0.1 mol · L^{-1} HAc（$pK_a = 4.74$）溶液为例。设 HAc 的量为 n_0，滴定过程的 pH 可根据滴定过程组成的变化分为四个时段进行计算：

(1)滴定前，溶液只含弱酸 HAc，用最简式计算

$$[H^+] = \sqrt{K_a c} = \sqrt{10^{-4.74} \times 0.1} = 10^{-2.9}\ (mol \cdot L^{-1})$$

$$pH = 2.9$$

(2)滴定开始到计量点前，溶液中有剩余的 HAc 和生成物 NaAc，其[H$^+$]可按缓冲溶液的公式(最简式)计算。例如，加入 10.00mL NaOH 溶液(有 50%HAc 被滴定变成 NaAc，即滴定分数为 50%)时

$$[H^+] = K_a \frac{c_{HAc}}{c_{NaAc}} = K_a \times \frac{n_0(1-50\%)}{50\% n_0} = K_a$$

$$pH = pK_a = 4.7$$

又如，加入 19.98 mL NaOH 溶液(滴定分数 99.9%，只剩余 0.1%HAc)时

$$[H^+] = K_a \times \frac{n_0(1-99.9\%)}{99.9\% n_0} = 10^{-3} K_a$$

$$pH = 3 + pK_a = 3 + 4.7 = 7.7$$

(3)计量点时，加入的 NaOH 与 HAc 刚好完全反应，变成 NaAc 溶液(弱碱，0.05 mol · L^{-1})，可用最简式计算其[OH$^-$]。

$$[OH^-] = \sqrt{K_b c_{NaAc}} = \sqrt{10^{-14.0+4.7} \times 0.05} = 10^{-5.3}\ (mol \cdot L^{-1})$$

$$pOH = 5.3，\ pH = 8.7$$

(4)计量点后，溶液中除了弱碱 NaAc 外，还有过量的强碱 NaOH，混合液的[OH$^-$]主要由过量的强碱决定，计算方法与强碱滴定强酸相似。

例如，加入 20.02 mL NaOH 溶液时

$$[OH^-] = c_{NaOH(过)} = 5 \times 10^{-5}\ mol \cdot L^{-1}$$

$$pOH = 4.3，\ pH = 9.7$$

部分计算结果如表 3-6 所示，其滴定曲线如图 3-6 所示。

表 3-6 0.1 mol · L^{-1} NaOH 溶液滴定 20.00 mL 0.1 mol · L^{-1} HAc 溶液

时段	溶液组成	计算公式	NaOH 加入量/mL	剩余 HAc（过量 NaOH）/mL	滴定分数	[H$^+$] /(mol · L^{-1})	pH	
滴定前	HAc	$[H^+]=\sqrt{K_a c}$	0.00	20.00	0.00	0.10	2.9	
sp 前	HAc 和 NaAc	$[H^+]=K_a\frac{c_{HAc}}{c_{NaAc}}$	10.00	10.00	50.0%	1.3×10^{-3}	4.7	
			18.00	2.00	90.0%	1.8×10^{-5}	5.7	
			19.80	0.20	99.0%	2.0×10^{-6}	6.7	
			19.98	0.02	99.9%	1.8×10^{-7}	7.7	突跃范围
sp 时	NaAc	$[OH^-]=\sqrt{K_b c}$	20.00	0.00	100.0%	1.8×10^{-9}	8.7	
sp 后	NaAc 和 NaOH	$[OH^-]=c_{NaOH(过)}$	20.02	(0.02)	100.1%	2.0×10^{-10}	9.7	
			20.20	(0.20)	101.0%	2.0×10^{-11}	10.7	
			22.00	(2.00)	110.0%	2.1×10^{-12}	11.7	
			40.00	(20.00)	200.0%	3.0×10^{-13}	12.5	

与强酸比较，弱酸的滴定有以下几个特点：

(1) 滴定曲线起点高。这是由于弱酸 HA 解离出的 H$^+$少于同浓度的 HCl，pH 比强酸高的缘故。

(2) 滴定开始阶段 pH 变化快。开始阶段，由于反应生成的 A$^-$ 抑制了 HA 的解离（同离子效应），因此溶液中[H$^+$]迅速减小，pH 上升较快，曲线的斜率较大。随着滴定的进行，A$^-$与 HA 组成有效的缓冲体系，使溶液的 pH 变化缓慢，曲线逐渐平坦。接近计量点时，溶液的缓冲能力小，NaOH 的加入会使溶液的 pH 又迅速变化，曲线的斜率增大，直至出现滴定突跃。计量点后，溶液变为强碱-弱碱混合液，其 pH 主要由 NaOH 决定，这段滴定曲线与强酸的滴定曲线基本相同。

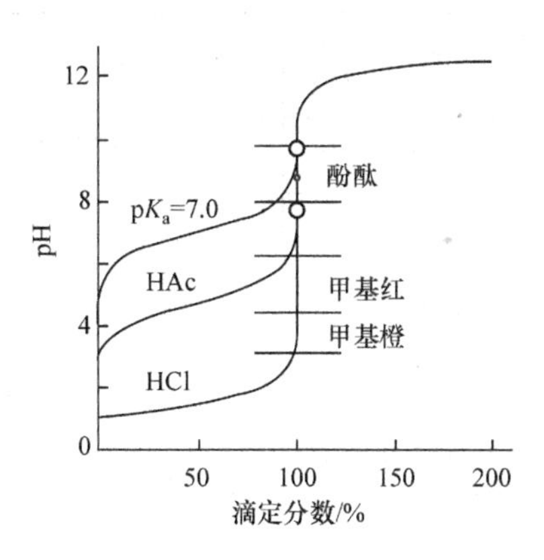

图 3-6 0.1 mol · L^{-1} NaOH 滴定 0.1 mol · L^{-1} 弱酸的滴定曲线

(3) 滴定的突跃范围小，且计量点处于弱碱性区域。例如，以 0.1 mol · L^{-1} NaOH 滴定同浓度 HAc 的突跃范围为 7.7~9.7，计量点 $pH_{sp}=8.7$，显然此滴定中应选用在弱碱性区内变色的指示剂（如酚酞、百里酚蓝等），而不能使用甲基橙、甲基红等在酸性区变色的指示剂。这是强碱滴定弱酸中应注意的一个问题。

还应该注意，强碱滴定弱酸的突跃范围不但与酸浓度有关，还与其强弱有关。酸越强（K_a 越大），滴定反应的平衡常数越大，反应进行得越完全，其突跃范围就越大。反之，滴定反应进行得越不完全，其突跃范围就越小（图 3-6）。例如，以 0.1 mol · L^{-1} NaOH

滴定同浓度的 $K_a = 10^{-7}$ 的弱酸时，其滴定突跃只有 0.3 个 pH 单位。通常，只有突跃范围大于 0.3 个 pH 单位时，才能利用指示剂来准确确定滴定终点。因此，对 0.1 mol·L^{-1} 的弱酸，只有其 $K_a \geqslant 10^{-7}$（滴定常数 $K_t \geqslant 10^7$）时，才可直接用强碱准确滴定(误差为 0.1%)。考虑到浓度的影响，通常以 $cK_a \geqslant 10^{-8}$（或 $cK_t \geqslant 10^6$）作为判断弱酸能否被直接准确滴定的条件。

强酸滴定一元弱碱的情况与强碱滴定一元弱酸相似，但在滴定过程中溶液 pH 的变化方向及滴定曲线的形状正好相反。表 3-7 所列的是以 0.1 mol · L^{-1} HCl 溶液滴定 20 mL 0.1 mol · L^{-1} NH_3 溶液的滴定曲线部分 pH 数据，其滴定曲线与图 3-6 中 HAc 的滴定曲线相似，pH 的变化方向相反(为水平轴对称)。

从表 3-7 可看出，强酸滴定弱碱的突跃范围也较小，且计量点处于弱酸性区，故应选用在弱酸性区内变色的指示剂(如甲基橙、甲基红等)指示滴定终点。

与强碱滴定弱酸相似，强酸滴定弱碱的突跃范围的大小与碱的浓度、强弱有关。一般来说，只有当 $K_b \geqslant 10^{-7}$（或 $K_t \geqslant 10^7$）时才能用指示剂准确确定终点，进行直接滴定。考虑到浓度的影响，通常以 $cK_b \geqslant 10^{-8}$（或 $cK_t \geqslant 10^6$）作为判断弱碱能否被直接准确滴定的条件。

表 3-7　0.1 mol · L^{-1} HCl 溶液滴定 20.00 mL 0.1 mol · L^{-1} NH_3 溶液

时段	溶液组成	计算公式	加入 HCl 体积/mL	剩余 NH_3 (过量 HCl)/mL	滴定分数	$[H^+]/(mol \cdot L^{-1})$	pH	
滴定前	NH_3	$[OH^-]=\sqrt{K_b c}$	0.00	20.00	0.00	0.10	11.1	
sp 前	NH_3 和 NH_4Cl	$[H^+]=K_a \frac{c_{NH_4Cl}}{c_{NH_3}}$	10.00	10.00	50.0%	1.3×10^{-3}	9.3	
			18.00	2.00	90.0%	1.8×10^{-5}	8.3	
			19.80	0.20	99.0%	2.0×10^{-6}	7.3	
			19.98	0.02	99.9%	1.8×10^{-7}	6.3	突跃范围
sp 时	NH_4Cl	$[H^+]=\sqrt{K_a c}$	20.00	0.00	100.0%	1.8×10^{-9}	5.3	
sp 后	NH_4Cl 和 HCl	$[H^+]=c_{HCl(过)}$	20.02	(0.02)	100.1%	2.0×10^{-10}	4.3	
			20.20	(0.20)	101.0%	2.0×10^{-11}	3.3	
			22.00	(2.00)	110.0%	2.1×10^{-12}	2.3	
			40.00	(20.00)	200.0%	3.0×10^{-13}	1.5	

从上述讨论可知，除了 $K_a = K_b = 10^{-7}$ 的共轭酸碱对外，某种一元弱酸(碱)可以被准确滴定时，其同浓度的共轭碱(酸)就不能被直接准确滴定（$K_a K_b = K_w$）。

[课堂活动]

(1) NH_4Cl 和 $NH_2OH \cdot HCl$ 能被 NaOH 标准溶液直接准确滴定吗？说明理由。

(2) NaAc 和 NaCN 能被 HCl 标准溶液直接准确滴定吗？说明理由。

三、多元弱酸碱的滴定

与一元弱酸碱的滴定相似，多元弱酸(碱)的滴定必须用强碱(酸)作滴定剂。但多元酸碱是分步解离的，滴定过程中体系组成较复杂，其滴定曲线的计算较麻烦，因此这里主要是讨论多元弱酸碱能否分步滴定和准确滴定及其指示剂选择的问题，要求能应用多元酸碱滴定的可行性判据去分析和解决实际问题。

对于多元酸碱的滴定，不仅要考虑其解离常数和浓度的大小，还要考虑其相邻两级解离常数比值的大小。那么，如何判断多元酸碱能否进行分步滴定或准确滴定呢？

通常，对于浓度适宜的多元酸 H_nA

(1)若 $cK_{a1} \geqslant 10^{-8}$，且 $K_{a1} \geqslant 10^5 K_{a2}$，则可以准确滴定第一级解离的 H^+到第一计量点(误差±0.5%)；若允许误差±1%，则满足条件 $cK_{a1} \geqslant 10^{-9}$，$K_{a1} \geqslant 10^4 K_{a2}$ 时，也可认为能滴定到第一计量点。其他各级 H^+的滴定依此类推。

(2)若 $cK_{an} \geqslant 10^{-8}$，而 $K_{ai} < 10^4 K_{a(i+1)}$，则该多元酸可以准确完全滴定(误差±0.1%)，但不能分步滴定(交叉反应严重，仅形成一个滴定突跃)；若允许误差±0.5%，则满足条件 $cK_{an} \geqslant 10^{-9}$ 时，也可认为该多元酸能完全滴定。

(3) 若 $cK_{an} < 10^{-10}$ 且 $K_{ai} < 10^4 K_{a(i+1)}$，则即使 $cK_{ai} \geqslant 10^{-8}$，该多元酸也不能直接滴定。

这是判断多元酸能否进行准确滴定或分步滴定的基本依据。多元碱与此相似。

为了便于理解上述判据，下面以几个典型滴定实例说明。

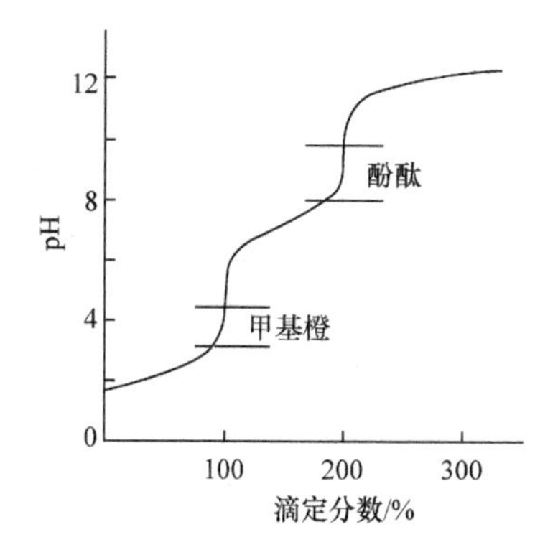

图 3-7　0.2 mol · L^{-1} NaOH 滴定 0.2 mol · L^{-1} H_3PO_4 的滴定曲线

例 3-13　若允许误差±0.5%，则用 0.2 mol · L^{-1} NaOH 滴定同浓度的 H_3PO_4 时，能否分级滴定？能滴定到第几级？计算滴定的计量点并指出所用指示剂。

解　H_3PO_4 的 K_{ai} 为 $10^{-2.16}$、$10^{-7.21}$、$10^{-12.32}$

由于 $cK_{a2} > 10^{-8}$，且 $K_{a1}/K_{a2} > 10^5$、$K_{a2}/K_{a3} > 10^5$，而 $cK_{a3} << 10^{-8}$，显然第一级 H^+的滴定不受第二级干扰，第二级 H^+的滴定不受第三级干扰，出现两个 pH 突跃(图 3-7)，因此 H_3PO_4 能分步滴定，并能准确滴定到第二级，而第三级 H^+不能直接滴定。

第一级滴定反应和计量点为

$$H_3PO_4 + OH^- \rightleftharpoons H_2PO_4^-(\text{两性物质}) + H_2O$$

$$[H^+]_{sp1} = \sqrt{K_{a1}K_{a2}} = \sqrt{10^{-2.16} \times 10^{-7.21}} = 10^{-4.7}\ (\text{mol} \cdot \text{L}^{-1})$$

$$pH_{sp1} = 4.7$$

可选甲基橙或甲基红、溴甲酚绿为指示剂。

第二级滴定反应和计量点为

$$H_2PO_4^- + OH^- \rightleftharpoons HPO_4^{2-}(\text{两性物质}) + H_2O$$

$$[H^+]_{sp2} = \sqrt{K_{a2}K_{a3}} = \sqrt{10^{-7.21} \times 10^{-12.32}} = 10^{-9.8}\ (mol \cdot L^{-1})$$

$$pH_{sp2} = 9.8$$

可选酚酞或百里酚酞为指示剂。

这里应注意，虽然磷酸的第三级（HPO_4^{2-}）不能直接滴定，但若加入过量中性 $CaCl_2$ 溶液使其转化成 $Ca_3(PO_4)_2$ 沉淀，释放出 H^+，则此时可以直接滴定。

例 3-14　能否用 $0.1mol \cdot L^{-1}$ NaOH 溶液准确滴定或分级滴定同浓度的草酸或二盐酸乙二胺（$H_3NC_2H_4NH_3Cl_2$）溶液？

解　对于 $H_2C_2O_4$，其 K_{ai} 为 $10^{-1.25}$ $10^{-4.29}$，因为 $cK_{a2} > 10^{-8}$，$K_{a1}/K_{a2} < 10^4$，所以即使允许误差±1%，也不能用 $0.1\ mol \cdot L^{-1}$ NaOH 滴定到第一计量点，但能直接准确滴定到第二计量点（误差±0.1%）。即不能分级滴定，两级混合在一起被滴定，只形成一个滴定突跃。其滴定反应和计量点为

$$H_2C_2O_4 + 2OH^- \rightleftharpoons C_2O_4^{2-} + 2H_2O$$

$$[OH^-] = \sqrt{K_{b1}c_{Na_2C_2O_4}} = \sqrt{10^{-14.0+4.29} \times 0.033}$$

$$[OH^-] = 10^{-5.6}\ mol \cdot L^{-1}$$

$$pH = 14.0 - pOH = 14.0 - 5.6 = 8.4$$

可选用酚酞作为终点指示剂。

对于二盐酸乙二胺，其 K_{ai} 为 $10^{-6.85}$、$10^{-9.93}$，虽然 $cK_{a1} > 10^{-8}$，但因为 $cK_{a2} < 10^{-10}$，$K_{a1}/K_{a2} < 10^4$，滴定时无明显的 pH 突跃，所以即使允许误差±1%，也不能用 $0.1\ mol \cdot L^{-1}$ NaOH 直接滴定。

例 3-15　用盐酸溶液滴定 Na_2CO_3 溶液，能否准确滴定和分步滴定？选用何种指示剂？

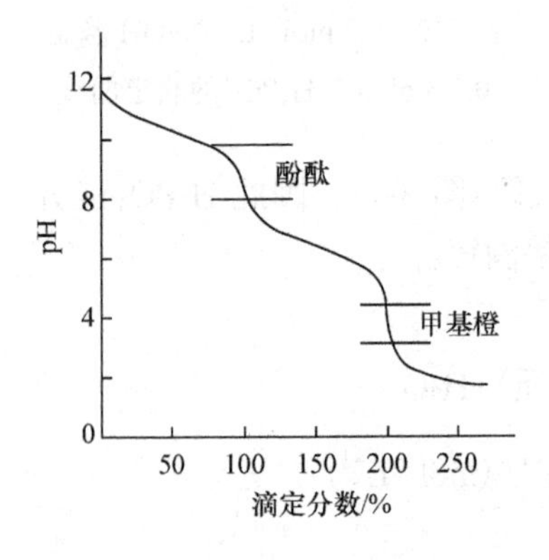

图 3-8　$0.1\ mol \cdot L^{-1}$ HCl 滴定 $0.1\ mol \cdot L^{-1}$ Na_2CO_3 的滴定曲线

解　Na_2CO_3 为二元碱，CO_3^{2-} 的解离反应为

$$CO_3^{2-} + H_2O \rightleftharpoons HCO_3^- + OH^- \quad K_{b1} = K_w/K_{a2} = 10^{-3.75}$$

$$HCO_3^- + H_2O \rightleftharpoons H_2CO_3 + OH^- \quad K_{b2} = K_w/K_{a1} = 10^{-7.62}$$

虽然 $pK_{b2} > 7$，第二级看似不容易准确滴定，但若增大浓度到 $0.5\ mol \cdot L^{-1}$，使其 $cK_{b2} \geqslant 10^{-8}$，则此时可以准确滴定到第二计量点。因此，实际工作中常用 Na_2CO_3 基准物质标定盐酸溶液。

由于 $K_{b1}/K_{b2} = 10^{3.87} \approx 10^4$，即第二级干扰第一级的滴定，pH 突跃不明显，因此 CO_3^{2-} 的第一级不能准确滴定。但若允许误差±1%，则勉强可分步滴定（图 3-8）。

第一级滴定反应的产物为 HCO_3^-（两性物质），计量点为

$$[H^+]_{sp1}=\sqrt{K_{a1}K_{a2}}=\sqrt{10^{-6.38}\times10^{-10.25}}=10^{-8.3}\ (mol\cdot L^{-1})$$

$$pH_{sp1}=8.3$$

可以选用酚酞为第一级滴定的指示剂。

第二级滴定反应的产物为 H_2CO_3（$CO_2\cdot H_2O$，饱和溶液浓度约 0.04 $mol\cdot L^{-1}$），计量点为

$$[H^+]_{sp2}=\sqrt{K_{a1}c_{H_2CO_3}}\approx\sqrt{10^{-6.38}\times0.04}=10^{-3.9}\ (mol\cdot L^{-1})$$

$$pH_{sp2}=3.9$$

宜用甲基橙为第二级滴定（或全部滴定）的指示剂。

上述讨论表明，能准确滴定的多元酸不一定能分步滴定，但能分步准确滴定的多元酸能准确滴定，不能准确滴定的多元酸一定不能准确分步滴定。

四、混合酸（碱）的滴定

混合酸的滴定与多元酸的滴定相似。对于弱酸 HA-HB 混合液，若 $c_{HA}K_{HA}\geqslant10^{-8}$，$c_{HA}K_{HA}\geqslant10^5c_{HB}K_{HB}$，则可单独滴定 HA；若允许误差±1%，则满足 $c_{HA}K_{HA}\geqslant10^{-9}$，$c_{HA}K_{HA}\geqslant10^4c_{HB}K_{HB}$ 时，也可认为能直接滴定 HA。第一计量点时的 A^--HB 溶液是一种两性溶液，若 HA、HB 的浓度都较大，忽略水的解离，则

$$[H^+]_{sp1}=\sqrt{\frac{c_{HB}}{c_{A^-}+K_{HA}}K_{HA}K_{HB}}$$

若 HB 也能准确滴定，则第二计量点的酸度由 B^- 决定：

$$[OH^-]_{sp2}=\sqrt{c_{B^-}K_{B^-}}$$

例 3-16　能否用 0.1 $mol\cdot L^{-1}$ NaOH 滴定 0.1 $mol\cdot L^{-1}$ HAc-0.02 $mol\cdot L^{-1}$ H_3BO_3 混合酸中的各酸？若能滴定，计算计量点的 pH。

解　$K_{HAc}=10^{-4.74}$，$K_{H_3BO_3}=10^{-9.24}$。$K_{HAc}c_{HAc}>10^{-8}$，$K_{HAc}c_{HAc}>10^5K_{H_3BO_3}c_{H_3BO_3}$，因此 HAc 可以准确滴定，不受 H_3BO_3 干扰。而 $K_{H_3BO_3}c_{H_3BO_3}<10^{-8}$，故 H_3BO_3 不能被准确滴定。滴定 HAc 时的计量点为

$$[H^+]_{sp}=\sqrt{\frac{c_{H_3BO_3}}{c_{Ac^-}+K_{HAc}}K_{HAc}K_{H_3BO_3}}=\sqrt{\frac{0.01\times10^{-4.74}\times10^{-9.24}}{0.05+10^{-4.74}}}=10^{-7.3}\ (mol\cdot L^{-1})$$

$$pH_{sp}=7.3\ (\text{可选中性红为指示剂})$$

对于强酸 HX-弱酸 HB 混合液，若要准确滴定其中的强酸（允许误差 0.1%），则要求 $c_{HX}\geqslant10^{-4.0}\ mol\cdot L^{-1}$，且 $c_{HX}^2\geqslant10^6c_{HB}K_{HB}$。混合碱的滴定与混合酸相似，在此不再论述。

第六节　酸碱滴定法的应用

酸碱滴定法是应用非常广泛的分析方法，凡是能与酸、碱直接或间接发生质子传递的物质几乎都可以用这类方法测定。例如，试样酸碱度的测定，土壤、肥料含氮量的测定，饲料、粮食中粗蛋白等的测定都可以采用酸碱滴定法。下面介绍酸碱滴定法的几种典型应用和相关的问题。

一、酸碱标准溶液的配制和标定

酸碱滴定中要使用强酸、强碱滴定剂(标准溶液)，其中酸标准溶液通常用盐酸或硫酸配制，而硝酸因会将指示剂氧化变色而少用；碱标准溶液常用氢氧化钠配制。由于盐酸有挥发性，硫酸有吸湿性，氢氧化钠或氢氧化钾易吸收空气中的 CO_2 和水分，而且常含少量杂质，使其在直接取用时无法准确计量，因此这些酸碱标准溶液不能直接配制得到，而只能用标定法配制，即先配制成一个近似浓度的溶液，然后用基准物质或其他标准溶液确定其准确浓度。

标定碱溶液常用的基准物质有草酸($H_2C_2O_4 \cdot 2H_2O$)和邻苯二甲酸氢钾[$C_6H_4(CO_2)_2HK$]。草酸相当稳定，在相对湿度为5%～95%的环境下保存不会风化失水，但不能存于干燥器。邻苯二甲酸氢钾纯品容易制得，在空气中不易吸水，容易保存，摩尔质量较大，是标定碱溶液较好的基准物质，通常在100～125 ℃下干燥备用。用邻苯二甲酸氢钾标定 NaOH 溶液的反应为

$$C_6H_4(CO_2)_2HK + NaOH \rightleftharpoons C_6H_4(CO_2)_2KNa + H_2O$$

计量点时溶液呈弱碱性(pH 约为 9.1)，可选用酚酞为指示剂。计量关系和浓度计算式为

$$n_{C_6H_4(CO_2)_2HK} = n_{NaOH}$$

$$c_{NaOH} = \frac{m_{C_6H_4(CO_2)_2HK} \times 1000}{m_{C_6H_4(CO_2)_2HK} \times V_{NaOH}}\ (mol \cdot L^{-1})$$

式中，质量 m 单位为“g”，体积 V 单位为“mL”(后面讨论中 m 、V 的含义与此相同)。

标定酸溶液常用的基准物质有无水碳酸钠和硼砂($Na_2B_4O_7 \cdot 10H_2O$)等。无水碳酸钠便宜易得，但用于标定酸溶液(以甲基橙指示终点)时容易产生较大误差。硼砂基准物质的优点是纯品容易制得，摩尔质量大，称量误差小，但在空气湿度小于39%时会风化而失去部分结晶水。因此在准确的分析工作中，需要将硼砂保存于底部装有食盐-蔗糖饱和溶液(相对湿度 60%)的干燥器中备用。硼砂标定盐酸溶液的反应为

$$Na_2B_4O_7 \cdot 10H_2O + 2HCl \rightleftharpoons 2NaCl + 4H_3BO_3 + 5H_2O$$

计量点时溶液呈弱酸性(pH 约为 5)，可选用甲基红或甲基橙为指示剂。计量关系和盐酸浓度计算式为

$$2n_{硼砂} = n_{HCl}$$

$$c_{HCl} = \frac{2m_{硼砂} \times 1000}{M_{硼砂} \times V_{HCl}} \ (mol \cdot L^{-1})$$

二、酸碱滴定中 CO_2 的影响

CO_2 是酸碱滴定误差的重要来源，其影响是多方面的。酸碱滴定中，NaOH 试剂或 NaOH 溶液易吸收 CO_2 而含 Na_2CO_3，Na_2CO_3 的存在会使滴定突跃变小，准确度变低；所用去离子水（或蒸馏水）或一般溶液也易吸收 CO_2，滴定终点 pH 较高时，CO_2 不断溶解、形成的 H_2CO_3 会与 OH^- 反应，而使得滴定终点不稳定；选用的指示剂不同，滴定终点 pH 不同，CO_2 对滴定结果的影响不同。

对含有 CO_3^{2-} 的 NaOH 溶液，若标定时以酚酞指示剂指示终点（pH_{ep} 约为 9，CO_3^{2-} 将被中和为 HCO_3^-。参见图 3-2），用此 NaOH 溶液为滴定剂测定样品时，以甲基橙指示剂指示滴定终点（pH_{ep} 约为 4，CO_3^{2-} 被中和为 H_2CO_3），则会导致测定结果偏低。

对配制时不含 CO_3^{2-} 的 NaOH 标准溶液，或以甲基橙为指示剂标定过的 NaOH 标准溶液，若保存不当，也会吸收空气中的 CO_2。用此 NaOH 标准溶液滴定酸试液，以甲基橙指示终点时，吸收的 CO_2 在终点时仍以 CO_2 形式存在，并没有消耗 NaOH 溶液，所以测定结果基本不受影响；但若以酚酞指示终点，则会多消耗 NaOH 溶液而使测定结果偏高。

CO_2 对酸碱滴定的影响，可以通过使用经煮沸除去 CO_2 的去离子水（或蒸馏水）、配制不含 CO_3^{2-} 的 NaOH 标准溶液、避免 NaOH 溶液吸收 CO_2、标定和测定都用同一指示剂（最好选用在酸性区变色的指示剂）指示滴定终点等措施来消除或减免。

三、酸碱滴定法应用示例

1. 果品总酸度的测定

水果中含有各种有机酸，如苹果酸、柠檬酸、酒石酸、乙酸、草酸等。这些酸的含量随水果品种、成熟度和储藏时间的不同而有很大变化。测定果品中的酸含量，不仅可以研究水果在不同成熟期的物质代谢，而且可以将其作为鉴定水果品质的一项重要指标。

水果中的有机酸，K_a 一般都大于 10^{-7}，因此都可以用碱标准溶液直接滴定。滴定终点时溶液呈碱性，应选酚酞为指示剂。为了防止 CO_2 对滴定的影响，用水最好为新鲜蒸馏水或煮沸除 CO_2 后的冷却蒸馏水，必要时做空白试验，扣除空白值。

2. 混合碱的分析

食用碱或工业纯碱（Na_2CO_3-$NaHCO_3$）、工业烧碱（NaOH-Na_2CO_3）都属于混合碱，其组成和含量的分析常采用较简便的双指示剂法（误差 1%）。双指示剂法是使用两种

指示剂来确定滴定过程中两个不同终点的滴定分析法，其分步滴定过程示意如下：

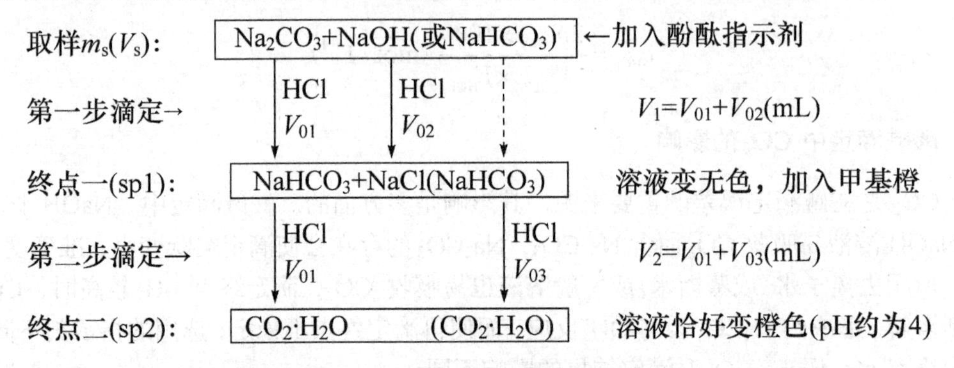

根据两步滴定各消耗盐酸溶液的体积，可确定混合碱的基本组成情况(表 3-8)。

表 3-8 混合碱基本组成的判断

两步滴定各消耗盐酸体积	混合碱的基本组成	备注
$V_1=V_2\neq0$	Na_2CO_3	$V_1=V_{01}+V_{02}$，$V_2=V_{01}+V_{03}$ Na_2CO_3 在两步滴定中消耗等量的 HCl 溶液（V_{01}）；NaOH 和 $NaHCO_3$ 在溶液中不能共存，故滴定 NaOH 或 $NaHCO_3$ 消耗 HCl 溶液的体积 V_{02}、V_{03} 中至少有一个为 0。
$V_1>0$，$V_2=0$	NaOH	
$V_1=0$，$V_2>0$	$NaHCO_3$	
$V_1>V_2\neq0$	NaOH+Na_2CO_3	
$V_2>V_1\neq0$	Na_2CO_3+$NaHCO_3$	

确定了混合碱的基本组成，就可以计算各组分的含量。混合碱为 Na_2CO_3-$NaHCO_3$（$V_2>V_1\neq0$）时，Na_2CO_3 的含量可由第一步滴定消耗 HCl 的量求得，$NaHCO_3$ 的含量则由第二步滴定消耗 HCl 的量减去第一步滴定消耗 HCl 的量求得，即

$$n_{Na_2CO_3}=n_{HCl}=c_{HCl}V_1\text{，}\quad n_{NaHCO_3}=n'_{HCl}=c_{HCl}(V_2-V_1)$$

$$w_{Na_2CO_3}=\frac{c_{HCl}V_1M_{Na_2CO_3}}{m_S\times1000}\text{，}\quad w_{NaHCO_3}=\frac{c_{HCl}(V_2-V_1)M_{NaHCO_3}}{m_S\times1000}$$

混合碱为 Na_2CO_3-NaOH（$V_1>V_2\neq0$）时，Na_2CO_3 的含量可由第二步滴定消耗 HCl 的量求得，NaOH 的含量可由第一步滴定消耗 HCl 的量减去第二步滴定消耗 HCl 的量求得，即

$$n_{Na_2CO_3}=n_{HCl}=c_{HCl}V_2\text{，}\quad n_{NaOH}=n'_{HCl}=c_{HCl}(V_1-V_2)$$

$$w_{Na_2CO_3}=\frac{c_{HCl}V_2M_{Na_2CO_3}}{m_S\times1000}\text{，}\quad w_{NaOH}=\frac{c_{HCl}(V_1-V_2)M_{NaOH}}{m_S\times1000}$$

对于液体混合碱试样，其组分含量常用质量浓度（ρ）表示。除双指示剂法外，混合碱的分析还常用氯化钡法：加入 $BaCl_2$ 或 NaOH-$BaCl_2$ 溶液后，以 HCl 标准溶液滴定至终点(酚酞变色)；再以甲基橙为指示剂，用 HCl 标准溶液滴定平行样，测出总碱量。氯化钡法操作步骤稍多，但较准确，其更详细的说明参见有关文献。

3. 铵态氮含量的测定

土壤、肥料和某些有机物常常需要测定其氮含量。用酸碱滴定法测定氮含量的常用方法有两种，都是通过铵(氨)态氮的形式进行测定，但由于 NH_4^+的酸性很弱（$K_a=5.6\times10^{-10}$），所以不能用标准碱直接滴定。对于非铵(氨)态氮试样，通常加以适当处理，使其中的氮转化为铵(氨)态氮，然后用间接的方法进行测定。

1)蒸馏法

于 NH_4^+试液中加入过量浓 NaOH，加热蒸馏，用硼酸（$pK_a=9.24$）溶液吸收蒸出的 NH_3：

$$NH_3+H_3BO_3+H_2O \rightleftharpoons NH_4[B(OH)_4]$$

然后以甲基红为指示剂，用盐酸标准溶液滴定吸收反应产生的$[B(OH)_4]^-$(或 $H_2BO_3^-$)至终点。计量关系为

$$n_N = n_{NH_3} = n_{HCl}$$

或用过量盐酸标准溶液吸收，再以甲基红为指示剂，用标准碱返滴定过量的盐酸，从而测定氮含量。计量关系为

$$n_N = n_{NH_3} = n_{HCl} - n_{NaOH}$$

2)甲醛法

加入甲醛与 NH_4^+反应转化成等量的酸(包括 H^+和质子化的六亚甲基四胺)，然后用 NaOH 标准溶液滴定：

$$4NH_4^+ + 6HCHO \rightleftharpoons (CH_2)_6N_4H^+ + 3H^+ + 6H_2O$$

$$(CH_2)_6N_4H^+ + 3H^+ + 4OH^- = (CH_2)_6N_4 + 4H_2O$$

终点的 pH 由滴定产物六亚甲基四胺（$K_b=1.4\times10^{-9}$）确定，计量点 pH 约为 9，可选用酚酞为指示剂。氮含量的计算式为

$$n_N = n_{NH_4^+} = n_{H^+} = n_{NaOH}$$

$$w_N = \frac{c_{NaOH}V_{NaOH}M_N}{m_S \times 1000}$$

甲醛法是一种比较简便的测定方法，但若试样中含有游离酸，则加入甲醛前须以 NaOH 溶液中和至甲基红指示剂变色(不能用酚酞指示剂，否则变色时大部分 NH_4^+ 被中和)；而所加甲醛(常含甲酸)应预先用 NaOH 溶液中和至酚酞指示剂变色。

甲醛法也可用于测定某些氨基酸，但不能用于测定碳酸氢铵和碳酸铵，因为溶液中的 HCO_3^- 和 CO_3^{2-} 会与加入甲醛后生成的 H^+作用而使测定结果偏低。

[课堂活动]

能否用酸碱滴定法直接测定碳酸氢铵和碳酸铵？如何进行测定？

4. 粗蛋白质含量的测定

蛋白质是食品、粮食、饲料等的重要成分，其含量是衡量这些物质品质的重要指标。这些物质中的蛋白质含量，常用酸碱滴定法间接测定(凯氏定氮法)。其原理是基于这些物质在催化剂的作用下，与浓硫酸一同加热消化分解，使蛋白质中的氮定量转化为NH_4^+。完全消化(变成澄清溶液)后，再以蒸馏法测出氮的含量。

各种蛋白质中氮的含量大体相同(约为 16%)，所以将测得的氮含量乘以 6.25(蛋白质的换算因数)即得蛋白质的近似含量(粗蛋白质含量)。

例 3-17 称取某蛋白质样品 1.200 g，经消化后加碱蒸馏出全部的氨，吸收在 25.00 mL 0.2500 mol · L^{-1}的硫酸溶液中，然后用 0.1000 mol · L^{-1} NaOH 溶液滴定过量的硫酸，消耗 NaOH 溶液 15.80 mL。计算样品中粗蛋白质的质量分数。

解 吸收反应、滴定反应及其计量关系为

$$2NH_3+H_2SO_4 = (NH_4)_2SO_4$$

$$2NaOH+H_2SO_4 = Na_2SO_4+2H_2O$$

$$n_{NH_3} + n_{NaOH} = n_N + n_{NaOH} = 2n_{H_2SO_4}$$

样品中粗蛋白质的质量分数为

$$w_N = \frac{(2c_{H_2SO_4}V_{H_2SO_4} - c_{NaOH}V_{NaOH})M_N}{m_S \times 1000}$$

$$= \frac{(2\times 0.2500\times 25.00 - 0.1000\times 15.80)\times 14.01}{1.200\times 1000} = 12.75\%$$

$$w_{粗蛋白质} = 12.75\% \div 16\% = 80\%$$

5. 硼酸的强化滴定

H_3BO_3 的 $pK_a = 9.24$，不能用碱标准溶液直接滴定。但是，H_3BO_3 能与乙二醇或甘油等多元醇发生配合作用，生成的配合酸($pK_a \approx 6$)可以用 NaOH 标准溶液滴定：

$$H_3BO_3+2HOCH_2CH_2OH = H[BO_4(C_2H_4)]+3H_2O$$

$$H[BO_4(C_2H_4)]+OH^- = [BO_4(C_2H_4)]^- +H_2O$$

滴定终点 pH 约为 9，可用酚酞或百里酚酞作指示剂。H_3BO_3 含量计算式为

$$n_{H_3BO_3} = n_{NaOH}$$

$$w_{H_3BO_3} = \frac{c_{NaOH}V_{NaOH}M_{H_3BO_3}}{m_S \times 1000}$$

练 习 题

1. 写出下列各多元酸的各级共轭酸碱对的化学式，并求出其相应的 K_b 值。

草酸($H_2C_2O_4$)、亚硫酸(H_2SO_3)、磷酸(H_3PO_4)、水杨酸[$C_6H_4(OH)COOH$]

2. 下列物质中，哪些为共轭酸碱对？哪一种为最强的酸？哪一种为最强的碱？

HCl、H_2CO_3、CO_3^{2-}、HF、F^-、HCO_3^-、$H_2PO_4^-$、HPO_4^{2-}、PO_4^{3-}、Cl^-

3. 酸碱各型体的分布系数与溶液中酸碱的总浓度和$[H^+]$有何关系？酸碱各型体的分布系数与酸常数、$[H^+]$之间的关系式有何规律性？

4. 三元弱酸 H_3A 溶液中 $[HA^{2-}]\approx K_{a2}$，$[A^{3-}]\approx K_{a3}$，哪个式子能成立？

5. HSO_3^-、HS^-、$HC_2O_4^-$各离子水溶液显酸性还是显碱性？为什么？

6. 通过设定参考水准，写出下列物质水溶液的质子条件式。

(1) NH_3；(2) NH_4Cl-HCl；(3) Na_2CO_3；(4) KH_2PO_4；(5) NH_4Ac；(6) $NaAc$-NH_4F

7. 根据物料平衡和电荷平衡写出下列物质水溶液的质子条件式。

(1) $NaAc$-H_3BO_3；(2) 40 mL 0.10 $mol \cdot L^{-1}$ Na_2CO_3+40 mL 0.15 $mol \cdot L^{-1}$ HCl

8. 将 1 L 0.1 $mol \cdot L^{-1}$的下列溶液稀释至 10 L 时，pH 值改变最小的是哪种溶液？

(1) NH_4Ac；(2) $NaAc$；(3) HAc；(4) HCl；(5) $NaOH$

9. 将 1 L 0.1 $mol \cdot L^{-1}$的下列溶液稀释至 10 L 时，pH 值改变最大的是哪种溶液？

(1) NH_4Ac；(2) $NaAc$；(3) $NaHCO_3$；(4) $NaAc$-HAc；(5) NH_4Ac-HAc

10. 1.0 L 有机酸($HC_6H_{11}O_2$)的饱和水溶液中含有机酸 11 g，$pH = 2.94$，计算此酸的 K_a。

11. 在25℃和标准压力下，CO_2饱和水溶液中 H_2CO_3 浓度为 0.034 $mol \cdot L^{-1}$，计算其 pH 和$[CO_3^{2-}]$。

12. H_2S 饱和水溶液(0.10 $mol \cdot L^{-1}$)的 $pH = 2.00$，计算其$[S^{2-}]$和$[HS^-]$。

13. 将 10 g P_2O_5溶于热水，并稀释至 500 mL，计算该 H_3PO_4 溶液的$[H^+]$、$[H_2PO_4^-]$、$[HPO_4^{2-}]$和$[PO_4^{3-}]$。

14. 计算 10 mL 0.30 $mol \cdot L^{-1}$ HAc 与 20 mL 0.15 $mol \cdot L^{-1}$ HCN 混合后溶液的$[H^+]$、$[Ac^-]$和$[CN^-]$。

15. 在 250 mL 0.20 $mol \cdot L^{-1}$ 氨水中，需加入几克$(NH_4)_2SO_4$才能使其$[OH^-]$降低 100 倍。

16. 某溶液含有 HAc、$NaAc$ 和 $Na_2C_2O_4$，浓度分别为 0.80、0.29 和 1.0×10^{-4} $mol \cdot L^{-1}$。计算此溶液中 $C_2O_4^{2-}$ 的平衡浓度。

17. 计算下列溶液的 pH。

(1) 30 mL 0.5 $mol \cdot L^{-1}$ HCl+20 mL 0.5 $mol \cdot L^{-1}$ $NaOH$；

(2) 10 mL 0.2 $mol \cdot L^{-1}$ HCl+10 mL 0.5 $mol \cdot L^{-1}$ $NaAc$；

(3) 50 mL 0.1 $mol \cdot L^{-1}$ H_3PO_4+20 mL 0.2 $mol \cdot L^{-1}$ $NaOH$；

(4) 50 mL 0.1 $mol \cdot L^{-1}$ H_3PO_4+25 mL 0.2 $mol \cdot L^{-1}$ $NaOH$；

(5) 25 mL 0.2 $mol \cdot L^{-1}$ H_3PO_4+50 mL 0.2 $mol \cdot L^{-1}$ $NaOH$；

(6) 20 mL 1 $mol \cdot L^{-1}$ $H_2C_2O_4$+30 mL 1 $mol \cdot L^{-1}$ $NaOH$；

(7) 40 mL 0.030 $mol \cdot L^{-1}$ NaH_2PO_4+20 mL 0.020 $mol \cdot L^{-1}$ Na_3PO_4。

18. 用 NaOH 溶液分别滴定 pH 相同、体积也相同的 HCl 和 HAc 溶液时，哪个消耗 NaOH 多？为什么？

19. 酸碱滴定中一般都用强酸(碱)标准溶液作滴定剂，为什么？

20. 将一未知一元弱酸溶于水，用一未知浓度的强碱滴定。加入 3.05 mL 强碱后溶液的 $pH = 4.00$，加入 12.91 mL 强碱后 $pH = 5.00$。计算该弱酸的 K_a。

21. 影响酸碱滴定突跃范围的因素有哪些？

22. 滴定曲线能说明什么？各类酸碱滴定的滴定曲线有何不同？同离子效应和缓冲作用在弱酸、弱碱的滴定过程中有何体现？

23. 百里酚蓝 H_2In($K_{a1} = 2.24\times10^{-2}$，$K_{a2} = 6.31\times10^{-10}$)呈红色，$HIn^-$呈黄色，$In^{2-}$呈蓝色，它的两个理论变色范围是多少？该指示剂在 pH 为 5、1、11 的溶液中各呈什么颜色？

24. 一无色溶液加入甲基橙指示剂后变为黄色，能否确认溶液的酸碱性？为什么？

25. 下列溶液(各组分浓度都为 0.1 mol · L^{-1})能否用酸碱滴定法直接测定？用什么滴定剂？滴定终点的产物是什么？应选用什么指示剂及其依据？

(1) NaAc；(2) NaCN；(3) NaHS；(4) NH_4Cl 存在下的 HCl；(5) NaAc 存在下的 NaOH

26. 标定 HCl 溶液时，准确称取 0.3042 g $Na_2C_2O_4$，灼烧成 Na_2CO_3 后，溶于水并用 HCl 滴定，用甲基橙为指示剂，消耗 HCl 溶液 22.38 mL。计算 HCl 溶液的物质的量浓度和对氨水的滴定度。

27. 下列多元酸能否用 NaOH 直接滴定？有几个滴定突跃？应选何种指示剂？

(1) 砷酸；(2) 酒石酸；(3) 柠檬酸；(4) 亚硫酸；(5) 碳酸

28. 下列物质能否用酸碱滴定法直接滴定？如果不能，用什么办法使之适于用酸碱滴定法进行测定？

(1) 乙胺；(2) NH_4Cl；(3) HF；(4) H_3BO_3；(5) 硼砂；(6) $NaHCO_3$

29. 下列叙述中，哪些是正确的？对错误的，请指出错误之处。

(1) 能用强碱准确滴定的弱酸，其共轭碱一般不能用强酸准确滴定；

(2) NH_4Cl 溶液不能用 NaOH 直接滴定，但可采用返滴定法测定；

(3) 用 NaOH 分别滴定 $K_a = K_{a1}$ 的弱酸 HA 和 H_2A 时，其滴定突跃一样大；

(4) 滴定时，所用酸碱指示剂的变色范围必须全部落在滴定的 pH 突跃范围内；

(5) 要准确滴定 Na_2CO_3 溶液，既可以使用甲基橙指示剂，也可以使用酚酞指示剂；

(6) 用 NaOH 滴定 HAc 时，考虑到 CO_2 的影响，应选用甲基橙指示剂；

(7) 用失去部分结晶水的硼砂标定 HCl 溶液时，标定结果偏高。

30. 称取某纯的一元酸(HA) 0.3224 g，加水 20.00 mL 溶解后，用 0.1000 mol · L^{-1} NaOH 标准溶液滴定至终点时，用去 NaOH 标准溶液 24.00 mL。加入 NaOH 标准溶液 12.00 mL 时，溶液的 pH = 4.21。计算：(1) HA 的摩尔质量；(2) HA 的 K_a；(3) 化学计量点时溶液的 pH；(4) 应选何种指示剂？

31. 用浓度为 0.1000 mol · L^{-1} NaOH 溶液滴定 0.1000 mol · L^{-1} 某二元酸 H_2A 溶液(假设可分步滴定)，当滴定至 pH = 1.92 时，溶液中 $[H_2A] = [HA^-]$；滴定至 pH = 6.22 时，$[HA^-] = [A^{2-}]$。计算：(1) 第一化学计量点的 pH 及其指示剂；(2) 第二化学计量点的 pH 及其指示剂。

32. 称取 0.2815 g 含 $CaCO_3$ 和中性杂质的石灰石样品，加入 20.00 mL 0.1175 mol · L^{-1} HCl，随后用 5.60 mL NaOH 溶液滴定剩余的 HCl。已知 1 mL NaOH 相当于 0.975 mL HCl，计算石灰石中 CO_2 和 CaO 的质量分数。

33. 称取蛋白质样品 0.2318 g，经消化后加碱蒸馏，用 4%的硼酸吸收蒸馏出的氨，然后用 0.1200 mol · L^{-1} 的 HCl 溶液 21.60 mL 滴定至终点。计算样品中 N 的质量分数。

34. 一样品仅含 NaOH 和 Na_2CO_3，一份重 0.3720 g 的试样需要 40.00 mL 0.1500 mol · L^{-1} HCl 溶液滴定至酚酞变色点，那么以甲基橙为指示剂时，还需加入多少体积的 HCl 标准溶液才能到达甲基橙变色点？计算试样中 NaOH 和 Na_2CO_3 的质量分数。

35. 称取粉碎好的饲料 0.8880 g，在催化剂存在下用浓硫酸将其中的蛋白质分解变为铵盐后，加过量的强碱进行蒸馏。蒸馏出的 NH_3 用 0.2133 mol · L^{-1} 的盐酸标准溶液 20.00 mL 吸收，待氨完全蒸出后，以甲基红为指示剂，用 0.1962 mol · L^{-1} NaOH 返滴过量的盐酸，消耗 NaOH 溶液 5.50 mL。计算饲料中粗蛋白质的质量分数。

36. 已知某试样可能含有 Na_2CO_3、$NaHCO_3$ 和中性杂质，称取该试样 0.3010 g，溶于水后用 0.1060 mol · L^{-1} HCl 滴定到酚酞终点，消耗 HCl 标准溶液 20.10 mL。加入甲基橙后继续滴定，又消耗 HCl 标准溶液 27.60 mL。确定试样的组成和计算其质量分数。

37. 称取钢样 2.000g，燃烧生成的 SO_2 用 50.00 mL 0.01000 mol · L^{-1} NaOH 吸收，过量的 NaOH 以酚酞为指示剂，用 0.01000 mol · L^{-1} HCl 返滴，用去 30.00 mL。计算硫的质量分数。

38. 阿斯匹林(即乙酰水杨酸，$M_r=180.2$)可用酸碱滴定法测定。称取0.2745 g试样，加入50.00 mL 0.1000 mol · L^{-1} NaOH溶液，煮沸10分钟，滴定过量碱需22.06 mL 0.1050 mol · L^{-1}的HCl溶液(用酚酞作指示剂)。试计算试样中乙酰水杨酸的质量分数。

$$HOOCC_6H_4OOCCH_3 + 3NaOH \rightleftharpoons NaOOCC_6H_4ONa + CH_3COONa$$

39. 称取0.2340 g“无水碳酸钠”，用0.2000 mol · L^{-1} HCl滴定至终点时耗去20.00 mL，试通过计算说明该碳酸钠是否吸潮？以此碳酸钠标定HCl溶液时，会引起多大的相对误差？

40. 有一瓶标签已被腐蚀的纯试剂，知其为$KHC_2O_4 \cdot H_2C_2O_4 \cdot 2H_2O$或$H_2C_2O_4 \cdot 2H_2O$，如何通过酸碱滴定法来确认？

41. 设计下列混合物的分析方案(用流程式或文字简要说明)：

(1) HCl-NH_4Cl混合液；

(2) 硼酸-硼砂混合物；

(3) HCl-H_3PO_4混合液；

(4) NH_3-NH_4Cl混合液；

(5) Na_2HPO_4-Na_3PO_4混合物。

第四章　配位滴定法

【学习目标】

(1)了解EDTA的性质及其配位特征。

(2)理解配位滴定的副反应及其影响程度的表示方法，掌握条件稳定常数的计算方法。

(3)掌握EDTA滴定基本原理：滴定曲线(计量点、滴定突跃范围)，准确滴定的条件，准确滴定金属离子的适宜酸度范围。

(4)理解金属指示剂的变色原理和使用条件，能正确使用金属指示剂。

(5)了解进行选择性配位滴定的方法原理和配位滴定法的应用。

配位滴定法又称络合滴定法，是以配位反应为基础的滴定分析法。该法主要应用于金属离子的测定，也可以通过其他滴定方式测定某些阴离子等。配位反应在分析化学中有着广泛的应用，除用作滴定反应外，也用于各种分离方法等方面。配位反应涉及的平衡关系比较复杂，为了定量处理各种因素对配位平衡的影响，引入了副反应系数(side reaction coefficient)和条件稳定常数(conditional stability constant)等概念。这种简便的处理方法不仅应用于配位平衡体系，也可广泛应用于其他平衡体系。

第一节　配位滴定基础知识

一、配位平衡常数

向$CuSO_4$溶液中加入过量氨水后，得到深蓝色溶液，说明Cu^{2+}与NH_3分子形成了$[Cu(NH_3)_4]^{2+}$。配位离子与弱酸碱一样，在溶液中会部分解离生成中心离子和配体。在一定条件下，当中心离子与配体形成配位离子的速率等于配位离子解离的速率时，体系达到平衡状态。所以，配位平衡实际上是配位离子的形成与解离的动态平衡：

$$Cu^{2+} + 4NH_3 \rightleftharpoons [Cu(NH_3)_4]^{2+} \qquad \frac{[Cu(NH_3)_4^{2+}]}{[Cu^{2+}][NH_3]^4} = K_f$$

平衡常数K_f是配位离子形成反应的平衡常数，其大小可表示形成反应的完全程度和配位离子的稳定程度，故称为配位离子(配合物)的稳定常数或形成常数(formation consant)。对于同类型的配位离子，K_f越大，稳定性越大，越难解离。例如，配位离子$[Ag(CN)_2]^-$的$K_f = 1.3\times10^{21}$，$[Ag(NH_3)_2]^+$的$K_f = 2.5\times10^7$，故$[Ag(CN)_2]^-$比$[Ag(NH_3)_2]^+$稳定得多。对于不同类型的配位离子，一般不能直接由K_f的大小比较其稳定性，须通过计算才能比较。

多数无机配位离子是逐步形成的，体系中存在一系列配位平衡，每级平衡都有相应的稳定常数。例如，

$$Cu^{2+} + NH_3 \rightleftharpoons [Cu(NH_3)]^{2+} \qquad K_{f1} = 1.35 \times 10^4$$

$$[Cu(NH_3)]^{2+} + NH_3 \rightleftharpoons [Cu(NH_3)_2]^{2+} \qquad K_{f2} = 3.02 \times 10^3$$

$$[Cu(NH_3)_2]^{2+} + NH_3 \rightleftharpoons [Cu(NH_3)_3]^{2+} \qquad K_{f3} = 6.61 \times 10^2$$

$$[Cu(NH_3)_3]^{2+} + NH_3 \rightleftharpoons [Cu(NH_3)_4]^{2+} \qquad K_{f4} = 1.45 \times 10^2$$

式中，K_{f1}、K_{f2}、K_{f3}、K_{f4} 称为配位离子的逐级稳定常数(stepwise stability constant)。总反应的平衡常数，等于各分步平衡的逐级稳定常数之积，即

$$K_f = K_{f1}K_{f2}K_{f3}K_{f4}$$

由于配体之间存在斥力，随着配体的增多，配体间的斥力增大，逐级稳定常数逐渐减小。但差别不大，说明在溶液中几个逐级反应都可能发生，体系中各级配位离子都以一定比例存在，只有配体大大过量时，最高配位数的配位离子才是主要的。

为了讨论方便，我们用 M 表示金属离子，用 L 表示配体，形成配合物 ML_n 的逐级反应表示为(省略电荷符号，下同)

$$M + L \rightleftharpoons ML \qquad K_{f1} = \frac{[ML]}{[M][L]}$$

$$ML + L \rightleftharpoons ML_2 \qquad K_{f2} = \frac{[ML_2]}{[ML][L]}$$

$$\cdots \qquad \cdots$$

$$ML_{n-1} + L \rightleftharpoons ML_n \qquad K_{fn} = \frac{[ML_n]}{[ML_{n-1}][L]}$$

若将逐级反应依次相加，则中心离子直接形成各级配位离子的反应为

$$M + L \rightleftharpoons ML \qquad \beta_1 = \frac{[ML]}{[M][L]} = K_{f1}$$

$$M + 2L \rightleftharpoons ML_2 \qquad \beta_2 = \frac{[ML_2]}{[M][L]^2} = K_{f1}K_{f2}$$

$$\cdots \qquad \cdots$$

$$M + nL \rightleftharpoons ML_n \qquad \beta_n = \frac{[ML_n]}{[M][L]^n} = K_{f1}K_{f2}\cdots K_{fn}$$

式中，β_1、β_2、…、β_n 称为各级配合物的累积稳定常数(cumulative stability constant)，其中 β_n 就是总稳定常数 K_f。某些常见金属配合物(配位离子)的稳定常数见附录 7。

由累积稳定常数的表达式知各级配合物的浓度与中心离子、配体浓度的关系为

$$[ML_i] = \beta_i[M][L]^i$$

显然，在分析浓度为 c_M 的金属离子溶液中加入配位剂时，游离金属离子及其各级

配合物的浓度之和应等于金属离子的总浓度。即

$$c_M = [M]+[ML]+[ML_2]+\cdots+[ML_n]=[M](1+\beta_1[L]+\beta_2[L]^2+\cdots+\beta_n[L]^n)$$

与酸碱各型体分布系数相似，各级配合物的浓度与总浓度之比称为各级配合物的分布系数。即

$$\delta_M = \frac{[M]}{c_M} = \frac{1}{1+\beta_1[L]+\beta_2[L]^2+\cdots+\beta_n[L]^n}$$

$$\delta_{ML} = \frac{[ML]}{c_M} = \frac{\beta_1[L]}{1+\beta_1[L]+\beta_2[L]^2+\cdots+\beta_n[L]^n}$$

$$\delta_{ML_2} = \frac{[ML_2]}{c_M} = \frac{\beta_2[L]^2}{1+\beta_1[L]+\beta_2[L]^2+\cdots+\beta_n[L]^n}$$

$$\cdots$$

$$\delta_{ML_n} = \frac{[ML_n]}{c_M} = \frac{\beta_n[L]^n}{1+\beta_1[L]+\beta_2[L]^2+\cdots+\beta_n[L]^n}$$

可见各级配合物的分布系数与配体的平衡浓度有关，而与金属离子浓度无关。配体的平衡浓度一定时，各级配合物的分布系数就一定。因此，只要知道配体的平衡浓度就可计算各级配合物的分布系数及其平衡浓度。

例 4-1　在 0.10 $mol \cdot L^{-1}$ $CuSO_4$ 的氨水溶液中，$[NH_3]$为 $10^{-2.00}$ $mol \cdot L^{-1}$，计算溶液中 Cu^{2+}及其各级配位离子的平衡浓度。($\lg\beta_1 \sim \lg\beta_4$ 分别为 4.13、7.61、10.48、12.59)

解　Cu^{2+}及其各级配位离子的分布系数分别为

$$\delta_{Cu^{2+}} = \frac{1}{1+10^{4.13}\times10^{-2.00}+10^{7.61}\times10^{-2.00\times2}+10^{10.48}\times10^{-2.00\times3}+10^{12.59}\times10^{-2.00\times4}} = 1.4\times10^{-5}$$

$$\delta_{Cu(NH_3)^{2+}} = \frac{10^{4.13}\times10^{-2.00}}{1+10^{4.13}\times10^{-2.00}+10^{7.61}\times10^{-2.00\times2}+10^{10.48}\times10^{-2.00\times3}+10^{12.59}\times10^{-2.00\times4}} = 1.8\times10^{-3}$$

$$\delta_{Cu(NH_3)_2^{2+}} = \frac{10^{7.61}\times10^{-2.00\times2}}{1+10^{4.13}\times10^{-2.00}+10^{7.61}\times10^{-2.00\times2}+10^{10.48}\times10^{-2.00\times3}+10^{12.59}\times10^{-2.00\times4}} = 5.6\times10^{-2}$$

$$\delta_{Cu(NH_3)_3^{2+}} = \frac{10^{10.48}\times10^{-2.00\times3}}{1+10^{4.13}\times10^{-2.00}+10^{7.61}\times10^{-2.00\times2}+10^{10.48}\times10^{-2.00\times3}+10^{12.59}\times10^{-2.00\times4}} = 0.41$$

$$\delta_{Cu(NH_3)_4^{2+}} = \frac{10^{12.59}\times10^{-2.00\times4}}{1+10^{4.13}\times10^{-2.00}+10^{7.61}\times10^{-2.00\times2}+10^{10.48}\times10^{-2.00\times3}+10^{12.59}\times10^{-2.00\times4}} = 0.53$$

Cu^{2+}及其各级配位离子的平衡浓度分别为

$$[Cu^{2+}] = c_M\delta_M = 0.10\times1.4\times10^{-5} = 1.4\times10^{-6}\ (mol \cdot L^{-1})$$

$$[Cu(NH_3)^{2+}] = 0.10\times1.8\times10^{-3} = 1.8\times10^{-4}\ (mol \cdot L^{-1})$$

$$[Cu(NH_3)_2^{2+}] = 0.10\times5.6\times10^{-2} = 5.6\times10^{-3}\ (mol \cdot L^{-1})$$

$$[Cu(NH_3)_3^{2+}] = 0.10\times0.41 = 0.041\ (mol \cdot L^{-1})$$

$$[Cu(NH_3)_4^{2+}] = 0.10\times0.53 = 0.053\ (mol \cdot L^{-1})$$

由计算结果可看出，有两种铜氨配离子占较高的比例，其浓度较大。

多数无机配位剂与金属离子发生配位反应时是分步进行的，其各级配合物的稳定常数较小而且接近，因此配位反应不可能分步完成(CN^-与 Ag^+的反应除外)，各级配合物会同时存在，无确定的化学计量关系。显然，这样的反应不能作为配位滴定反应。而有机配位剂多数为多基配体，可与金属离子形成具有环状结构的配合物，此类配合物稳定性好，组成确定，因此在配位滴定中得到广泛的应用。多基配体与金属离子形成环状结构配合物的配位反应称螯合反应，所形成的配合物称为螯合物(chelate)，能提供多基配体的有机配位剂称为螯合剂。常用的螯合剂是一类含有氨基二乙酸基团[$—N(CH_2COOH)_2$]的有机配位剂(氨羧螯合剂)，它们与金属离子的螯合反应可以一步完成，并且生成具有足够稳定性的螯合物。其中应用最广、最重要的是乙二胺四乙酸(ethylene diamine tetraacetic acid，EDTA)，人们常说的配位滴定法主要是指以 EDTA 为配位剂的滴定分析法。

二、EDTA 的性质与配位特征

EDTA 是一种四元有机酸(常用 H_4Y 表示)，溶解度较小(微溶于水)，但易溶于氨水或氢氧化钠溶液，因此实际工作中常用其二钠盐 $Na_2H_2Y \cdot 2H_2O$ 来配制标准溶液，习惯上也称 EDTA，饱和水溶液的浓度约为 0.3 $mol \cdot L^{-1}$。

在水溶液中，EDTA 分子中两端各有一羧羟基氢转移到含有孤对电子的氨基氮上形成双偶极离子，其结构式为

$$\begin{matrix} {}^-OOCCH_2 \diagdown & \overset{+}{N}H—CH_2—CH_2—\overset{+}{N}H & \diagup CH_2COOH \\ HOOCCH_2 \diagup & & \diagdown CH_2COO^- \end{matrix}$$

在酸度较高的溶液中，EDTA 表现为六元酸，存在六级解离平衡，有七种型体 H_6Y^{2+}、H_5Y^+、H_4Y、H_3Y^-、H_2Y^{2-}、HY^{3-}、Y^{4-}：

$$H_6Y^{2+} \rightleftharpoons H^+ + H_5Y^+ \qquad K_{a1} = 10^{-0.9}$$

$$H_5Y^+ \rightleftharpoons H^+ + H_4Y \qquad K_{a2} = 10^{-1.6}$$

$$H_4Y \rightleftharpoons H^+ + H_3Y^- \qquad K_{a3} = 10^{-2.07}$$

$$H_3Y^- \rightleftharpoons H^+ + H_2Y^{2-} \qquad K_{a4} = 10^{-2.75}$$

$$H_2Y^{2-} \rightleftharpoons H^+ + HY^{3-} \qquad K_{a5} = 10^{-6.24}$$

$$HY^{3-} \rightleftharpoons H^+ + Y^{4-} \qquad K_{a6} = 10^{-10.34}$$

EDTA 各型体的分布情况如图 4-1 所示。从图中可以看出，各型体的分布随 pH 变化而变化。当溶液的 pH 为 2.75～6.24 时，主要以 H_2Y^{2-}为主；当溶液的 pH 为 6.24～10.34 时，主要以 HY^{3-}为主；当溶液的 $pH > 10.34$ 时，以 Y^{4-}为主，其分布系数表达式为

$$\delta_{Y}=\frac{[Y]}{c_{Y}}=\frac{K_{a1}K_{a2}K_{a3}K_{a4}K_{a5}K_{a6}}{[H^{+}]^{6}+K_{a1}[H^{+}]^{5}+K_{a1}K_{a2}[H^{+}]^{4}+\cdots+K_{a1}K_{a2}K_{a3}K_{a4}K_{a5}K_{a6}}$$

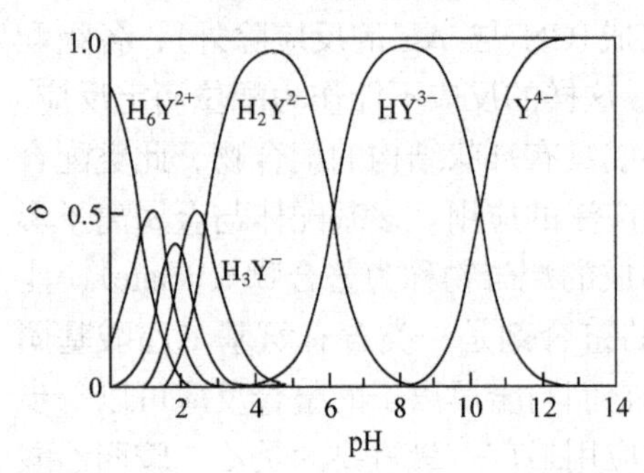

图 4-1　EDTA 溶液的型体分布曲线

由于与 M^{n+} 直接配位的是 EDTA 酸根 Y^{4-}，进行配位滴定时必须控制体系的酸度，以确保 Y^{4-}有足够大的浓度和配位能力。

EDTA 是配位滴定法中应用最广泛的配位剂，是由于它与金属离子的配位反应有如下特征：

(1)普遍性。EDTA 分子中的氨基 N 和羧羟基 O 可作为配位原子，它是一种六基配位剂，具有广泛的配位能力，能跟绝大多数金属离子发生配位反应形成具有环状结构的配合物。EDTA 配位反应的普遍性为配位滴定的广泛应用提供了可能，但也导致滴定的选择性差，因此提高配位滴定的选择性是配位滴定中一个很重要的问题。

(2)配位比恒定性。EDTA 与绝大多数金属离子反应通常形成 1∶1 型的配合物 MY(除六价钼等少数金属离子外)。这是由于 EDTA 的配位原子多，一个 EDTA 分子就可以满足大多数金属离子的配位数要求，使其反应能以 1∶1 的物质的量比进行，计量关系简单。例如，

$$Zn^{2+}+H_2Y^{2-}\rightleftharpoons ZnY^{2-}+2H^{+}$$

$$Al^{3+}+H_2Y^{2-}\rightleftharpoons AlY^{-}+2H^{+}$$

$$Sn^{4+}+H_2Y^{2-}\rightleftharpoons SnY+2H^{+}$$

(3)配合物稳定性高。EDTA 与金属离子形成具有多个五元环的配合物(螯合物)，使这些配合物大多具有高的稳定性(表 4-1)。例如，Ca^{2+}与 EDTA 反应形成螯合离子 CaY^{2-}，其环状结构如图 4-2 所示。

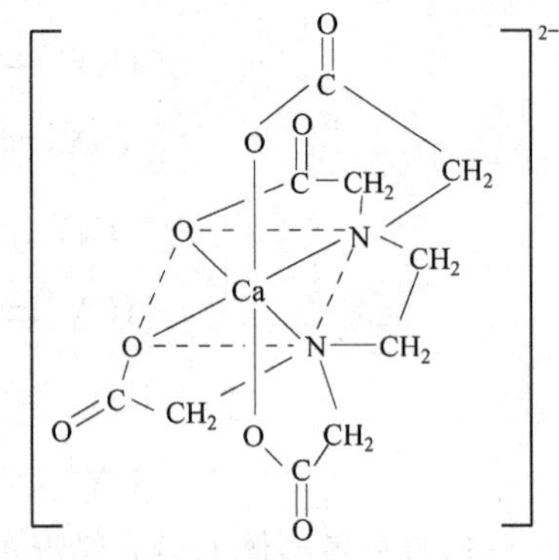

图 4-2　CaY^{2-}的环状结构

(4)配合物水溶性好。配体 Y^{4-}有较强的极性，且其配合物大多带电荷，因此其配合物多数可溶于水。

此外，EDTA 配合物的颜色与金属离子的颜色有关。无色金属离子与 EDTA 反应生成的配合物无色，而有色金属离子与 EDTA 反应生成的配合物一般颜色加深。例如，CuY^{2-}为蓝色，FeY^{-}为黄色，CrY^{-}为深紫色。因此，滴定有色金属离子时，试液浓度不能太大，否则会影响指示剂终点颜色的判断。

三、EDTA 配合物的条件稳定常数

EDTA 与金属离子形成配合物的反应可表示(省略电荷符号，后同)为

$$M + Y \rightleftharpoons MY$$

$$K_{fMY} = \frac{[MY]}{[M][Y]} \tag{4-1}$$

式中，[M]、[Y]和[MY]分别表示没有副反应时游离金属离子、游离 Y^{4-}和配合物的平衡浓度，K_{fMY}为配合物 MY 的绝对稳定常数(由热力学数据得到的常数一般为绝对常数)。某些常见 EDTA 配合物的稳定常数(对数值)如表 4-1 所示。K_{fMY}数值越大，表示无副反应情况下生成的配合物越稳定。

表 4-1　常见金属离子 M 与 EDTA 配合物的稳定常数

M	$\lg K_{fMY}$	M	$\lg K_{fMY}$	M	$\lg K_{fMY}$	M	$\lg K_{fMY}$	M	$\lg K_{fMY}$
Na^{+}	1.7	Sr^{2+}	8.7	Al^{3+}	16.1	Ni^{2+}	18.6	Th^{4+}	23.2
Li^{+}	2.8	Ca^{2+}	10.7	Co^{2+}	16.3	Cu^{2+}	18.8	Cr^{3+}	23.4
Ag^{+}	7.3	Mn^{2+}	14.0	Cd^{2+}	16.5	Ti^{3+}	21.3	Fe^{3+}	25.1
Ba^{2+}	7.8	Fe^{2+}	14.3	Zn^{2+}	16.5	Hg^{2+}	21.8	Bi^{3+}	27.9
Mg^{2+}	8.7	La^{3+}	15.4	Pb^{2+}	18.0	Sn^{2+}	22.1	Sn^{4+}	34.5

从表中可见，碱金属的 EDTA 配合物稳定性差，某些一价离子和碱土金属离子配合物的$\lg K_f$为 8～10，二价过渡金属离子与Al^{3+}、La^{3+}配合物较稳定($\lg K_f$为 14～20)，其他三价或四价金属离子配合物最稳定($\lg K_f > 20$)。EDTA 配合物稳定性的这些差异，为我们设法通过控制条件进行选择性滴定提供了可能。

由于滴定总是在一定条件下进行，因此除了金属离子 M 与 EDTA 酸根(Y^{4-})的配位主反应外，还会发生副反应，其关系可表示(省略电荷符号)为

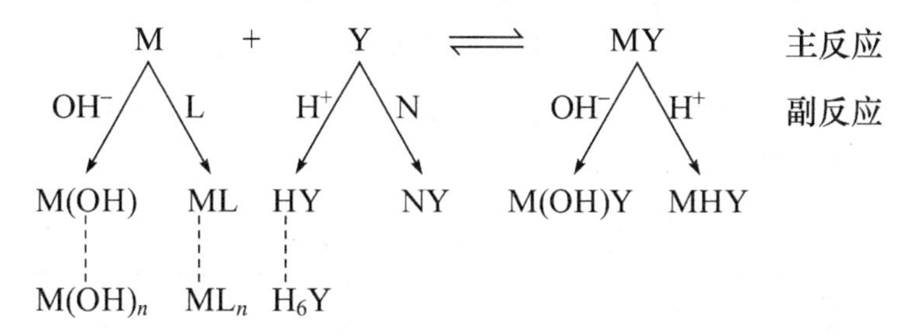

式中，L 为辅助配位剂，N 为共存离子(干扰离子)。

EDTA 配位滴定的副反应主要是 Y 的副反应(酸效应和共存离子效应)、金属离子 M 的副反应(配位效应和水解效应)两个方面，而配合物 MY 的副反应的影响程度一般较轻，故常忽略不计。这里重点讨论配体 Y 与金属离子 M 的副反应。

由于副反应的发生必然影响主反应的进行，因此绝对稳定常数不适用于表示滴定

主反应的完成程度，为定量校正副反应对主反应的影响，需要引入副反应系数。

1. Y 的副反应及副反应系数

Y 的副反应中，其酸效应(acidic effect)是指 Y^{4-}的配位能力随溶液中 H^+ 浓度的增加而降低的现象，而共存离子效应是指其他共存金属离子 N 与 EDTA 反应使 Y^{4-} 参加主反应的能力降低的现象。

Y 的副反应的影响程度用副反应系数 α_Y 表示，α_Y 是指未与金属离子 M 结合的 EDTA 总浓度[Y′]与游离 Y^{4-}平衡浓度[Y]之比，即

$$\alpha_Y = \frac{[Y']}{[Y]} \tag{4-2}$$

α_Y 越大，表示 Y 的副反应越严重，主反应完成程度越低。当 $\alpha_Y = 1$时，$[Y'] = [Y]$，表示 Y 不发生副反应。α_Y 包括酸效应系数 $\alpha_{Y(H)}$ 和共存离子效应系数 $\alpha_{Y(N)}$，其表达式分别为

$$\alpha_{Y(H)} = \frac{[Y'_H]}{[Y]} = \frac{[Y] + [HY] + [H_2Y] + \cdots + [H_6Y]}{[Y]}$$

$$\alpha_{Y(H)} = \frac{[H^+]^6 + K_{a1}[H^+]^5 + K_{a1}K_{a2}[H^+]^4 + \cdots + K_{a1}K_{a2}K_{a3}K_{a4}K_{a5}K_{a6}}{K_{a1}K_{a2}K_{a3}K_{a4}K_{a5}K_{a6}} \tag{4-2a}$$

$$\alpha_{Y(N)} = \frac{[Y] + [NY]}{[Y]} = 1 + [N] \cdot K_{fNY} \tag{4-2b}$$

$$\alpha_Y = \alpha_{Y(H)} + \alpha_{Y(N)} - 1 \tag{4-2c}$$

由式(4-2a)可看出，$\alpha_{Y(H)}$ 与 Y 的分布系数 δ_Y 互为倒数，是$[H^+]$的函数，随溶液的酸度升高而增大，一定 pH 下 $\alpha_{Y(H)}$ 有确定值。酸效应系数 $\alpha_{Y(H)}$ 可通过计算得到，但一般是查表(表 4-2)或查酸效应曲线图(图 4-4)。

EDTA 在不同 pH 时的 $\lg\alpha_{Y(H)}$ 值如表 4-2 所示。由表可看出，溶液酸度对 $\alpha_{Y(H)}$ 的影响很大。$pH = 1$时，$\alpha_{Y(H)} = 10^{18.3}$，此时配体 Y 的酸副反应非常严重，溶液中游离的 Y^{4-}的浓度只有总浓度的$1/10^{18.3}$。随着 pH 的增大，$\alpha_{Y(H)}$ 逐渐减小。当$pH > 12$ 时，$\alpha_{Y(H)} \approx 1$，配体 Y 的酸效应可忽略。

表 4-2　不同 pH 下的 $\lg\alpha_{Y(H)}$

pH	$\lg\alpha_{Y(H)}$	pH	$\lg\alpha_{Y(H)}$	pH	$\lg\alpha_{Y(H)}$	pH	$\lg\alpha_{Y(H)}$	pH	$\lg\alpha_{Y(H)}$
0.0	24.0	2.5	12.1	5.0	6.6	7.5	2.9	10.0	0.5
0.5	21.1	3.0	10.8	5.5	5.7	8.0	2.3	10.5	0.2
1.0	18.3	3.5	9.7	6.0	4.8	8.5	1.8	11.0	0.1
1.5	15.9	4.0	8.6	6.5	4.0	9.0	1.4	11.5	0.03
2.0	13.8	4.5	7.6	7.0	3.4	9.5	0.9	12.0	0.01

若 $\alpha_{Y(H)}$ 与 $\alpha_{Y(N)}$ 相差一个数量级以上，则通常可只考虑其中主要的一项副反应系数。$\alpha_{Y(H)}=1$ 时表示无酸效应，$\alpha_{Y(N)}=1$ 时表示无共存离子效应。

例 4-2　用 EDTA 滴定含 0.01 mol · L^{-1} Mg^{2+}的溶液中的 Zn^{2+}，计算 pH = 4.0 时的 α_Y 值。

解　查表得 $\lg K_{fMgY}=8.7$，pH = 4.0 时，$\lg\alpha_{Y(H)}=8.6$，则

$$\alpha_{Y(Mg)}=1+[Mg]\cdot K_{fMgY}=1+0.01\times10^{8.7}\approx10^{6.7}$$

$$\alpha_Y=\alpha_{Y(H)}+\alpha_{Y(N)}-1=10^{8.6}+10^{6.7}-1\approx10^{8.6}$$

例 4-3　用 EDTA 滴定含 0.01 mol · L^{-1} Mg^{2+}的溶液中的 Ca^{2+}，计算 pH = 8.0 时的 α_Y 值。

解　查表得 $\lg K_{fMgY}=8.7$，pH = 8.0 时，$\lg\alpha_{Y(H)}=2.3$，则

$$\alpha_{Y(Mg)}=1+[Mg]\cdot K_{fMgY}=1+0.01\times10^{8.7}\approx10^{6.7}$$

$$\alpha_Y=\alpha_{Y(H)}+\alpha_{Y(N)}-1=10^{2.3}+10^{6.7}-1\approx10^{6.7}$$

例 4-2 中的滴定主要是受酸效应影响，而例 4-3 中的滴定主要是受共存离子效应影响。

2. 金属离子的副反应及副反应系数

配位滴定中，通常需要使用某些辅助试剂(缓冲剂、配位剂、掩蔽剂)以避免酸效应影响，或防止金属离子水解以及消除共存离子干扰等，这往往会使金属离子 M 发生一些副反应。M^{n+}与其他配位剂(L)作用使其参与主反应的能力降低的现象称为配位效应(coordination effect)，若 M^{n+}与溶液中 OH^-作用生成羟基配合物而使其参与主反应的能力降低，这种现象称为水解效应(hydrolysis effect)，也称为羟基配位效应。

金属离子 M 的副反应的影响程度用副反应系数 α_M 表示，α_M 是指未与 Y 结合的金属离子各型体总浓度[M′]与游离 M^{n+}平衡浓度[M]之比，即

$$\alpha_M=\frac{[M']}{[M]} \tag{4-3}$$

α_M 越大，表示 M 的副反应越严重，主反应完成程度越低。$\alpha_M=1$ 时，$[M']=[M]$，表示 M 不发生副反应。若只考虑配位副反应，则 $\alpha_M=\alpha_{M(L)}$，这时

$$[M']=[M]+[ML]+[ML_2]+\cdots+[ML_n]=[M](1+\beta_1[L]+\beta_2[L]^2+\cdots+\beta_n[L]^n)$$

与 M^{n+}的分布系数式相比，得

$$\alpha_{M(L)}=\frac{1}{\delta_M}=1+\beta_1[L]+\beta_2[L]^2+\cdots+\beta_n[L]^n \tag{4-3a}$$

由式(4-3a)可看出，金属离子的配位效应系数只与溶液中配体的浓度有关，当配体浓度一定时，$\alpha_{M(L)}$ 有确定值。

水解效应系数 $\alpha_{M(OH)}$ 的表达式与上述 $\alpha_{M(L)}$ 式相似。若同时考虑其他配位剂(L)和

OH^-的影响，则金属离子 M 的副反应系数α_M为

$$\alpha_M = \alpha_{M(L)} + \alpha_{M(OH)} - 1 \tag{4-3b}$$

金属离子 M 发生多种副反应时，若最主要的一项副反应系数与其他各项副反应系数相差一个数量级以上，则可只考虑其最主要的一项副反应系数。

例 4-4 用NH_3的总浓度为 0.10 $mol \cdot L^{-1}$的氨性缓冲溶液控制酸度 pH = 10.0，计算以 EDTA 滴定Cu^{2+}时的副反应系数α_{Cu}。

解 查表知NH_3的$pK_b = 4.74$；铜氨配合物的$\lg\beta_1 \sim \lg\beta_4$分别为 4.13、7.61、10.48、12.59；pH = 10.0 时$\alpha_{Cu(OH)} = 10^{1.7}$。

滴定时Cu^{2+}主要与 EDTA 反应，真正与NH_3反应的Cu^{2+}很少，与Cu^{2+}结合的NH_3也很少，可忽略不计，因此

$$[NH_3] = c\delta_0 = \frac{cK_a}{[H^+] + K_a} = \frac{0.10 \times 10^{-(14.00-4.74)}}{10^{-10.0} + 10^{-(14.00-4.74)}} \approx 10^{-1.1}\ (mol \cdot L^{-1})$$

$$\alpha_{Cu(L)} = 1 + \beta_1[NH_3] + \beta_2[NH_3]^2 + \beta_3[NH_3]^3 + \beta_4[NH_3]^4$$

$$\alpha_{Cu(L)} = 1 + 10^{4.13-1.1} + 10^{7.61-1.1\times 2} + 10^{10.48-1.1\times 3} + 10^{12.59-1.1\times 4} \approx 10^{8.2}$$

Cu^{2+}的副反应系数为

$$\alpha_{Cu} = \alpha_{Cu(L)} + \alpha_{Cu(OH)} - 1 = 10^{8.2} + 10^{1.7} - 1 \approx 10^{8.2}$$

由计算结果可看出，溶液中有辅助配位剂存在时，金属离子的水解效应通常可以忽略。本例中，NH_3的平衡浓度也可根据解离平衡关系式求出。

3. 配合物的副反应及副反应系数

由于滴定时生成的配合物 MY 较稳定，其副反应的影响程度较轻，故一般忽略不计，即$\alpha_{MY} \approx 1$，$[MY] = [(MY)']$。

4. 条件稳定常数

定量校正副反应对主反应影响后的反应平衡常数，称为条件平衡常数(conditional equilibrium constant)，简称条件常数，用K'表示。在一定条件下进行 EDTA 滴定时

$$M' + Y' \rightleftharpoons MY'$$

$$K'_{fMY} = \frac{[(MY)']}{[M'][Y']} \tag{4-4}$$

式中，K'_f表示在一定条件下配位反应的完成程度，也能反映配合物的稳定性，故称为配合物的条件稳定常数。

将关系式$[M'] = \alpha_M[M]$、$[Y'] = \alpha_Y[Y]$、$[(MY)'] = [MY]$代入式(4-4)，得

$$K'_{fMY} = \frac{[(MY)']}{[M'][Y']} = K_{fMY}\frac{1}{\alpha_M\alpha_Y} \tag{4-4a}$$

$$\lg K'_{fMY} = \lg K_{fMY} - \lg \alpha_M - \lg \alpha_Y \tag{4-4b}$$

若只考虑 M 的配位效应，则条件常数表达式简化为

$$\lg K'_{fMY} = \lg K_{fMY} - \lg \alpha_{M(L)} \tag{4-4c}$$

若只考虑 Y 的酸效应，则条件常数表达式简化为

$$\lg K'_{fMY} = \lg K_{fMY} - \lg \alpha_{Y(H)} \tag{4-4d}$$

例 4-5　试计算 $pH = 10.0$，NH_3 的总浓度为 0.10 $mol \cdot L^{-1}$ 的缓冲溶液中的 $\lg K'_{fCuY}$。

解　查表知 $\lg K_{fCuY} = 18.8$；$pH = 10.0$ 时，$\lg \alpha_{Y(H)} = 0.5$；又由例 4-4 知本例所给条件下 $\alpha_{Cu} = 10^{8.2}$，即 $\lg \alpha_{Cu} = 8.2$，所以

$$\lg K'_{fCuY} = \lg K_{fCuY} - \lg \alpha_{Cu} - \lg \alpha_{Y(H)} = 18.8 - 8.2 - 0.5 = 10.1$$

【拓展知识】　条件常数不仅用于配位平衡体系，也可应用于其他平衡体系。这种方法可使平衡体系的处理变得较为简便。

例如，求 CaF_2 在 $pH = 2$ 的 HCl 溶液中的溶解度。由于溶液呈酸性，F^-的副反应($F^- + H^+ \rightleftharpoons HF$)影响严重，所以必须考虑酸效应对 CaF_2 溶解度的影响，利用条件溶度积求出 CaF_2 的溶解度。处理过程如下：

$$CaF_2(s) \rightleftharpoons Ca^{2+}(aq) + 2F'(aq)$$

$$\alpha_{F(H)} = \frac{[F']}{[F^-]} = \frac{[HF]+[F^-]}{[F^-]} = \frac{[H^+]+K_{a(HF)}}{K_{a(HF)}} = \frac{10^{-2} + 6.8\times10^{-4}}{6.8\times10^{-4}} = 15.7$$

$$K'_{sp} = [Ca^{2+}][F']^2 = [Ca^{2+}][F^-]^2\alpha^2_{F(H)} = K_{sp}\alpha^2_{F(H)} = 3.4\times10^{-11}\times15.7^2 = 8.4\times10^{-9}$$

因此，CaF_2 的溶解度为

$$S' = [Ca^{2+}] = \frac{1}{2}[F'] = \sqrt[3]{\frac{K'_{sp}}{4}} = \sqrt[3]{\frac{8.4\times10^{-9}}{4}} = 1.3\times10^{-3}\ (mol \cdot L^{-1})$$

若不考虑酸效应，则其溶解度 $S_0 = 2.0\times10^{-4}\ mol \cdot L^{-1}$，与上述结果相比，误差很大。

又如，用副反应系数推导 NaH_2PO_4（多元酸的一级酸式盐）溶液$[H^+]$的近似计算公式。处理过程如下：

组分 $H_2PO_4^-$ 为酸，若只考虑 H^+的副反应（H^+与 $H_2PO_4^-$ 结合为 H_3PO_4），则

$$H_2PO_4^- \rightleftharpoons H' + HPO_4^{2-}$$

$$K'_{a2} = \frac{[H'][HPO_4^{2-}]}{[H_2PO_4^-]} \approx \frac{[H']^2}{c}$$

根据副反应系数的定义，得

$$\alpha_{H(H_2PO_4)} = \frac{[H']}{[H^+]} = \frac{[H^+]+[H_3PO_4]}{[H^+]} = 1 + \frac{[H_2PO_4^-]}{K_{a1}} = \frac{K_{a1}+c}{K_{a1}}$$

$$K'_{a2}=\frac{[H'][HPO_4^{2-}]}{[H_2PO_4^-]}=\frac{[H^+]\alpha_{H(H_2PO_4)}[HPO_4^{2-}]}{[H_2PO_4^-]}=K_{a2}\cdot\alpha_{H(H_2PO_4)}$$

显然

$$K'_{a2}=K_{a2}\cdot\alpha_{H(H_2PO_4)}\approx\frac{[H']^2}{c}=\frac{[H^+]^2\alpha^2_{H(H_2PO_4)}}{c}$$

$$\frac{K_{a2}(K_{a1}+c)}{K_{a1}}=\frac{[H^+]^2}{c}\left(\frac{K_{a1}+c}{K_{a1}}\right)^2$$

$$[H^+]=\sqrt{\frac{K_{a1}K_{a2}c}{K_{a1}+c}}$$

第二节　EDTA 配位滴定基本原理

一、EDTA 配位滴定曲线

在一定条件下以 EDTA 滴定金属离子，整个滴定过程都存在如下平衡状态：

$$M'+Y'\rightleftharpoons MY$$

$$K'_{fMY}=\frac{[MY]}{[M'][Y']}$$

随着 EDTA 的加入，溶液中的金属离子 M 逐渐与 Y 结合成配合物 MY 而减少，若以 EDTA 的加入量为横坐标，溶液中金属离子浓度 M′的负对数为纵坐标，则作得的 pM′与 EDTA 加入量的关系曲线为配位滴定曲线。

如何计算滴定过程金属离子的浓度呢？要解决这个问题，我们可参照酸碱滴定分作四个时段进行讨论。

(1)滴定前：溶液中只有金属离子 M′，$[M']=c_0$，$pM'=pc_0$

(2)滴定开始至计量点前：剩余的金属离子会抑制 MY 的解离，此时

$$[M']=c_{M(余)}=\frac{c_0V_0-c_{EDTA}V_{EDTA}}{V_0+V_{EDTA}}$$

(3)计量点时：加入的 EDTA 与溶液中金属离子的量相等，故$[Y']=[M']$。此时

$$K'_{fMY}=\frac{[MY]}{[M'][Y']}=\frac{[MY]}{[M']^2}$$

$$[M']=\sqrt{\frac{[MY]}{K'_{fMY}}}$$

$$pM'_{sp}=\frac{1}{2}\lg K'_{fMY}+\frac{1}{2}p[MY]$$

对于能准确滴定的体系，$[MY]=c_{M(sp)}-[M']\approx c_{M(sp)}$，所以

$$pM'_{sp}=\frac{1}{2}\lg K'_{fMY}+\frac{1}{2}pc_{M(sp)} \tag{4-5}$$

式(4-5)即配位滴定计量点的计算公式。

(4)计量点后：过量的 EDTA 会抑制 MY 的解离，此时

$$[Y']_{过}=\frac{c_{EDTA}V_{EDTA}-c_0V_0}{V_{EDTA}+V_0}$$

$$[MY]=\frac{c_0V_0}{V_0+V_{EDTA}}$$

$$[M']=\frac{[MY]}{K'_{fMY}\cdot[Y']_{过}}$$

例如，在 pH = 4.5 时，以 0.02 mol · L^{-1} EDTA 滴定 20 mL 0.02 mol · L^{-1} Zn^{2+}，其滴定曲线的计算公式和数据如表 4-3 所示。

表 4-3　在 pH = 4.5 时以 0.02 mol · L^{-1} EDTA 滴定 20 mL 0.02 mol · L^{-1} Zn^{2+}

时段	组成	计算公式	V_{EDTA} /mL	滴定分数	[M']/(mol · L^{-1})	pM'	
滴定前	M'	$[M']=c_0$	0.00	0.00%	$10^{-1.7}$	1.7	
sp 前	M'+MY	$[M']=c_{M(余)}$	10.00	20.0%	$10^{-2.2}$	2.2	
			18.00	90.0%	$10^{-3.0}$	3.0	
			19.80	99.0%	$10^{-4.0}$	4.0	
			19.98	99.9%	$10^{-5.0}$	5.0	突跃范围
sp 时	MY	$[M']^2=c_{M(sp)}/K'_{fMY}$	20.00	100.0%	$10^{-5.4}$	5.4	
sp 后	MY+Y'	$[M']=\frac{[MY]}{K'_{fMY}[Y']_{过}}$	20.02	100.1%	$10^{-5.9}$	5.9	
			20.20	101.0%	$10^{-6.9}$	6.9	
			22.00	110.0%	$10^{-7.9}$	7.9	
			40.00	200.0%	$10^{-8.9}$	8.9	

不同情况下以 EDTA 滴定 Zn^{2+}的滴定曲线如图 4-3 所示。

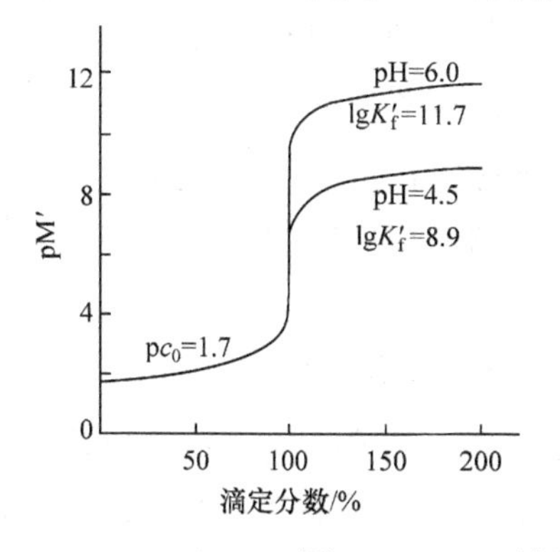

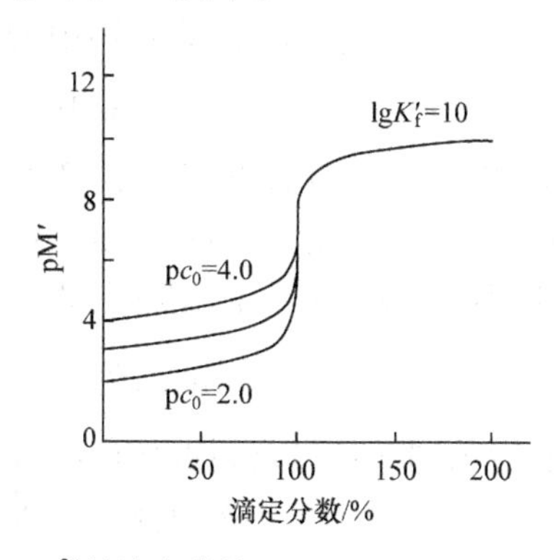

图 4-3　EDTA 溶液滴定 Zn^{2+}的滴定曲线

由图 4-3 可以看出，配位滴定计量点附近的 pM′也像酸碱滴定的 pH 一样出现滴定突跃。滴定突跃的大小是决定配位滴定准确度的重要依据。pM′突跃的大小取决于条件稳定常数和金属离子浓度，条件稳定常数决定突跃范围的上限，而金属离子浓度决定突跃范围的下限。浓度一定时，K'_{fMY} 越大，突跃范围越大；条件稳定常数一定时，金属离子的浓度越大，突跃范围越大。条件稳定常数及金属离子浓度逐渐变小时，突跃范围会逐渐变小。突跃范围太小时，将无法准确滴定。若要求滴定的相对误差小于 0.1%，则滴定终点时，$[M'] \leqslant 0.1\%[MY]$，$[Y'] \leqslant 0.1\%[MY]$，将此代入 K'_{fMY} 表达式，可得

$$K'_{fMY} = \frac{[MY]}{[M'][Y']} \geqslant \frac{1}{0.1\% \times 0.1\%[MY]}$$

$$c_{M(sp)}K'_{fMY} \geqslant 10^6 \quad 或 \quad \lg[c_{M(sp)}K'_{fMY}] \geqslant 6 \tag{4-6}$$

式(4-6)即用 EDTA 准确滴定单一金属离子 M 的判别式。若开始时金属离子的浓度约为 $0.02\ mol \cdot L^{-1}$，计量点时 $c_{M(sp)} \approx 0.01\ mol \cdot L^{-1}$，则配合物的条件稳定常数要达到 10^8 才能准确滴定。一般地，也将 $K'_{fMY} \geqslant 10^8$ 作为准确进行配位滴定的条件。

例 4-6　只考虑 Y 的酸效应时，能否在 pH = 4.5 的条件下用 $0.02\ mol \cdot L^{-1}$ EDTA 溶液准确滴定同浓度的 Zn^{2+}？其计量点 pZn'_{sp} 是多少？

解　$c_{Zn(sp)} = 0.01\ mol \cdot L^{-1}$，pH = 4.5 时，$\lg\alpha_{Y(H)} = 7.6$，则

$$\lg K'_{fZnY} = \lg K_{fZnY} - \lg\alpha_{Y(H)} = 16.5 - 7.6 = 8.9 > 8$$

所以，在 pH = 4.5 下能用 EDTA 溶液准确滴定 Zn^{2+}。滴定的计量点为

$$pZn'_{sp} = \frac{1}{2}\lg K'_{fZnY} + \frac{1}{2}pc_{Zn(sp)} = 4.4 + 1 = 5.4$$

二、金属指示剂

在配位滴定中，通常也使用指示剂来确定滴定终点。颜色能随金属离子浓度变化而变化的指示剂，称为金属指示剂(metallochromic indicator)。金属指示剂(In)是一类有机配位显色剂，在一定条件下能结合金属离子形成与其自身(In)颜色明显不同的有色配合物(MIn)。金属指示剂的作用原理与酸碱指示剂相似，可表示为

$$M + In(甲色) \rightleftharpoons MIn(乙色)$$

滴定时，加入的 EDTA 先与游离的 M 结合成 MY，计量点附近时，EDTA 夺取配合物 MIn 中的 M(转化为 MY)，使指示剂游离出来，溶液的颜色由 MIn 的颜色转变为指示剂的颜色，从而指示滴定终点的到达：

$$MIn(乙色) + Y \rightleftharpoons MY + In(甲色)$$

若要指示剂在计量点附近变色敏锐，其 MIn 应有足够的稳定性，但其稳定性又应比 MY 差一些。否则指示剂可能变色太早，终点提前；或者指示剂配合物不能转化为 MY，过了计量点指示剂也不变色。一般要求，$K'_{fMIn} \geqslant 100$，且 $K'_{fMY} \geqslant 100K'_{fMIn}$。

金属指示剂具有酸碱指示剂的性质，其颜色随 pH 变化而变化，因此指示剂须在适当的 pH 下使用，而所选指示剂的适用 pH 范围应与滴定体系的 pH 范围匹配。例如，铬黑 T，在 pH < 6.4 时呈紫红色，pH = 6.4~11.5 时呈蓝色，pH > 11.5 时呈橙红色。而铬黑 T 配合物一般呈红色。为使铬黑 T 指示剂变色明显，通常在 pH = 8~10 下使用。

选用金属指示剂时，其变色点（$pM'_t = \lg K'_{fMIn}$）应尽可能接近滴定的计量点（pM'_{sp}）。一些金属指示剂的变色点可以查有关表或图得到，表 4-4 中列出配位滴定几种常用的金属指示剂及其部分变色点。

表 4-4　某些常用的金属指示剂

指示剂	适用 pH = 8~10（蓝色）								指示剂	适用 pH < 6（黄色）							
铬黑T	pH	6.0	7.0	8.0	9.0	10.0	11.0	12.0	二甲酚橙	pH	1.0	2.0	3.0	4.0	4.5	5.0	6.0
	$\lg\alpha_{In(H)}$	6.0	4.6	3.6	2.6	1.6	0.7	0.1		$\lg\alpha_{In(H)}$	30.0	25.1	20.7	17.3	15.7	14.2	11.3
	$pCa'_{t(红)}$			1.8	2.8	3.8	4.7	5.3		$pBi'_{t(红)}$	4.0	5.4	6.8				
	$pMg'_{t(红)}$	1.0	2.4	3.4	4.4	5.4	6.3			$pCd'_{t(红)}$					4.0	4.5	5.6
	$pMn'_{t(红)}$	3.6	5.0	6.3	7.8	9.7	11.5			$pPb'_{t(红)}$			4.2	4.8	6.2	7.0	8.2
	$pZn'_{t(红)}$	6.9	8.3	9.3	10.5	12.2	13.9			$pZn'_{t(红)}$					4.1	4.8	6.5
钙指示剂	适用 pH = 12~13（蓝色）								PAN	适用 pH = 2~12（黄色）							
	pH	7.0	8.0	9.0	10.0	11.0	12.0	13.0		pH	4.0	5.0	6.0	7.0	8.0	9.0	10.0
	$\lg\alpha_{In(H)}$	6.8	5.5	4.5	3.5	2.5	1.5	0.6		$\lg\alpha_{In(H)}$	8.2	7.	6.2	5.2	4.2	3.2	2.2
	$pCa'_{t(红)}$			0.8	1.8	2.8	3.8	4.7		$pCu'_{t(红)}$	7.8	8.8	9.8	10.8	11.8	12.8	13.8

试液中通常存在微量的其他离子（干扰离子 N），若这些离子与指示剂形成稳定性大于 MY 的配合物 NIn，则 EDTA 不能从 NIn 中夺取金属离子 N 使指示剂游离出来，即使滴定过了计量点指示剂也不变色，这种现象称为指示剂的封闭（blocking）现象。例如，用 EDTA 滴定自来水中 Ca^{2+}、Mg^{2+} 总量（总硬度）时，水中的微量铝、铁离子会封闭铬黑 T 指示剂。欲消除干扰离子对指示剂的封闭作用，通常采用掩蔽（masking）法。所谓掩蔽是指加入某种试剂与干扰离子反应使之不再干扰测定；掩蔽干扰离子所加的试剂称为掩蔽剂。例如，测定自来水总硬度时，Al^{3+}、Fe^{3+} 的干扰可加掩蔽剂三乙醇胺加以消除。

另外，由于某些原因（如溶解度小等），MIn 转化为 MY 的反应缓慢，终点变色缓慢而难以判断，这种现象称为指示剂的僵化（ossification）现象。指示剂的僵化现象可以通过加入有机溶剂、加热等方法消除。

[课堂活动]

待测金属离子 M 会封闭指示剂时，能否直接滴定？能否用掩蔽剂掩蔽？怎么办？

三、配位滴定的酸度控制

配位滴定中，溶液的酸度会通过 Y 的酸效应系数 $\alpha_{Y(H)}$ 影响条件稳定常数 K'_{fMY}，金属离子 M 也有可能水解产生 $M(OH)_n$ 干扰滴定，而金属指示剂的使用也要受到酸度的制约，可见溶液的酸度对配位滴定影响很大，如果滴定溶液的酸度控制不好，就不可能得到准确的结果，甚至不能滴定。因此，配位滴定中要严格控制溶液的酸度范围。

1. 配位滴定适宜酸度范围

不存在辅助配位剂 L 时，滴定金属离子 M 允许的最高酸度与最低酸度的范围即配位滴定的适宜酸度范围(或适宜 pH 范围)。

1) 最高酸度的确定

若只考虑酸效应，$c_{M(sp)} \approx 0.01\,mol \cdot L^{-1}$ 时，则准确进行配位滴定的要求为

$$\lg[c_{M(sp)}K'_{fMY}] = \lg c_{M(sp)} + \lg K_{fMY} - \lg \alpha_{Y(H)} \geqslant 6$$

$$\lg \alpha_{Y(H)} \leqslant \lg K_{fMY} - 8 \tag{4-7}$$

式中，$\lg \alpha_{Y(H)}$ 最大值对应的酸度即滴定金属离子 M 允许的最高酸度(最小 pH)，这个酸度可查表 4-2 或酸效应曲线得到。以金属离子 M 的 $\lg K_{fMY}$ 或 $\lg \alpha_{Y(H)}$ 为横坐标，能准确滴定允许的最小 pH 为纵坐标绘得的曲线，称为酸效应曲线或林邦(Ringbom)曲线，如图 4-4 所示。从图中可以查得滴定浓度 $c_{M(sp)} \approx 0.01\,mol \cdot L^{-1}$ 的各种金属离子 M 允许的最小 pH。例如，Fe^{3+} 的 $\lg K_{fFeY} = 25.1$，对应的 pH 为 1.2，即准确滴定 Fe^{3+} 允许的最小 pH 为 1.2。

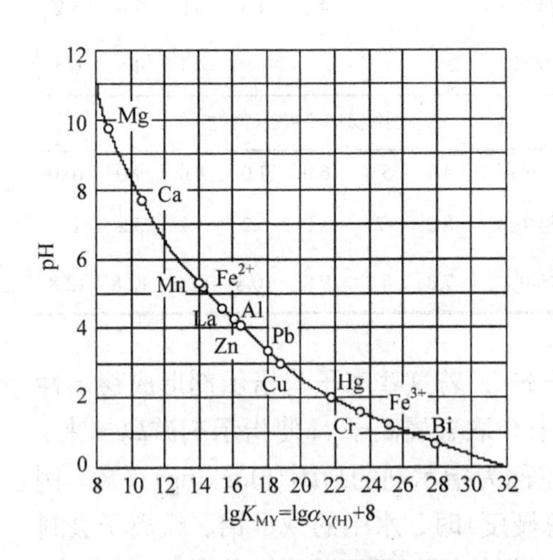

图 4-4　EDTA 的酸效应曲线

2) 最低酸度的确定

随着 pH 的逐渐增大，$\lg \alpha_{Y(H)}$ 逐渐减小，$\lg K_{fMY}$ 逐渐增大，配合物的稳定性增加，滴定的准确度逐渐增加，但当 pH 增大到一定值且没有辅助配位剂存在时，将引起金属离子水解产生氢氧化物沉淀，使滴定反应变慢，终点颜色变化不灵敏，甚至无法准确确定终点。因此，求出配位滴定的最低酸度是必要的。金属离子开始水解生成氢氧化物时的酸度就是滴定该金属离子允许的最低酸度(即最大 pH)。通常可粗略地根据氢氧化物的溶度积常数求出[OH⁻]，再求得 pH：

$$M(OH)_n \rightleftharpoons M^{n+} + nOH^-$$

$$[OH^-]=\sqrt[n]{\frac{K_{sp[M(OH)n]}}{[M^{n+}]}}$$

式中，$[M^{n+}]$为游离金属离子浓度，一般取开始时 M^{n+} 的浓度，可保证开始就无沉淀生成。

例 4-7　计算用 $0.02\ mol\cdot L^{-1}$ EDTA 滴定 $0.02\ mol\cdot L^{-1}$ Zn^{2+}的适宜 pH 范围。

解　$c_{M(sp)}=0.01\,mol\cdot L^{-1}$，查表得 $\lg K_{fZnY}=16.5$，$K_{sp[Zn(OH)_2]}=2.1\times10^{-16}$

$$\lg\alpha_{Y(H)}\leqslant\lg K_{fZnY}-8=16.5-8=8.5$$

查表或酸效应曲线图，得到 $pH\geqslant4.0$

$$[OH^-]\leqslant\sqrt{\frac{K_{sp[Zn(OH)_2]}}{[Zn^{2+}]}}=\sqrt{\frac{2.1\times10^{-16}}{0.02}}=10^{-7.0}\ (mol\cdot L^{-1})$$

$$pOH\geqslant7.0,\quad pH\leqslant7.0$$

因此，滴定 Zn^{2+}时溶液的适宜酸度为 $pH=4.0\sim7.0$。

实际工作中，如果加入适当的辅助配位剂，滴定可以在更低的酸度下进行，如滴定 Zn^{2+}时可在 $pH\approx10$ 的氨性缓冲溶液中进行（NH_3 可防止 Zn^{2+} 水解和沉淀），但应控制辅助配位剂的浓度，以免配位效应影响滴定的准确度。

2. 配位滴定溶液酸度的控制

由于配位滴定过程中 EDTA（H_2Y^{2-}）与滴定金属反应会不断释放出 H^+：

$$M^{2+}+H_2Y^{2-}\rightleftharpoons MY^{2-}+2H^+$$

溶液酸度会随滴定的进行而升高，酸效应会影响滴定反应的完全程度，也会降低指示剂的灵敏度。因此，配位滴定中常用缓冲溶液来控制溶液的酸度，使溶液的 pH 基本保持不变。一般地，要求 $pH<2$ 时，应加入一定量的强酸；要求 $pH>12$ 时，应加入一定量的强碱；要求溶液为弱酸性（$pH=5\sim6$）时，常用 HAc-NaAc 缓冲溶液或六亚甲基四胺-HCl 缓冲溶液；要求溶液为弱碱性（$pH=8\sim10$）时，常用 NH_3-NH_4Cl 缓冲溶液。

第三节　提高配位滴定选择性的方法

实际试样的组成往往比较复杂，可能多种离子共存。由于 EDTA 能与许多金属离子反应生成稳定的配合物，进行滴定时各种共存离子之间可能会相互干扰，因此对混合离子进行选择性滴定就成为配位滴定法中需要解决的重要问题。下面介绍几种常用的提高配位滴定选择性的方法。

一、共存金属离子不干扰配位滴定的条件

溶液中含有金属离子 M、N 时，一般情况下，若同时满足条件

$$\lg[c_{M(sp)}K'_{fMY}] \geqslant 6$$

$$\lg(c_M K'_{fMY}) - \lg(c_N K'_{fNY}) \geqslant 5 \tag{4-8}$$

则可用 EDTA 滴定离子 M，共存离子 N 不干扰(相对误差 $E_r \leqslant \pm 0.5\%$)。

若要准确滴定离子 M(误差 $E_r \leqslant \pm 0.1\%$)，则共存离子 N 不干扰的条件为

$$\lg[c_{M(sp)}K'_{fMY}] \geqslant 6$$

$$\lg(c_M K'_{fMY}) - \lg(c_N K'_{fNY}) \geqslant 6$$

式中，K'_f 为金属离子与 EDTA 反应的条件常数(未考虑其相互影响)；c 为金属离子的分析浓度(c_{sp} 约为滴定前浓度的一半)。

二、提高配位滴定选择性的方法

1. 控制酸度法

只考虑酸效应而不考虑其他配位剂的影响时，酸效应对溶液中金属离子 M、N 与 EDTA 反应的影响相同，因此 $\lg(c_M K'_{fMY}) - \lg(c_N K'_{fNY}) = \lg(c_M K_{fMY}) - \lg(c_N K_{fNY})$。若

$$\lg(c_M K_{fMY}) - \lg(c_N K_{fNY}) \geqslant 5 \tag{4-9}$$

则可以通过控制酸度选择滴定离子 M，而 N 不干扰。若再满足条件 $\lg[c_{N(sp)}K'_{fNY}] \geqslant 6$，则选择滴定 M 后，还可以继续滴定 N。

从式(4-9)可看出，对无其他副反应的同一溶液，尽管溶液的 pH 可能变化，但其 $\alpha_{Y(H)}$ 的改变对式(4-9)的成立无影响。即 pH 改变时，离子 N 一般不会对离子 M 的滴定造成干扰。因此，选择滴定离子 M 的 pH 范围仍然可以用滴定单一离子 M 溶液时的 pH 范围。

例 4-8 用 0.02 mol · L^{-1} EDTA 滴定同浓度的 Pb^{2+}、Ca^{2+}混合液，问：(1)能否用控制酸度的方法分别准确滴定 Pb^{2+}和 Ca^{2+}？(2)若能滴定，则溶液的 pH 应控制在什么范围？

解 查表得 $\lg K_{fPbY} = 18.0$，$\lg K_{fCaY} = 10.7$

(1) $\lg(c_{Pb}K_{fPbY}) - \lg(c_{Ca}K_{fCaY}) = \lg K_{fPbY} - \lg K_{fCaY} = 18.0 - 10.7 = 7.3 > 6$，且 $\lg K_{fPbY} > 8$，$\lg K_{fCaY} > 8$，因此能用控制酸度的方法分步准确滴定 Pb^{2+}和 Ca^{2+}(相对误差 $E_r \leqslant \pm 0.1\%$)。

(2)参照例 4-7 确定溶液 pH 范围的方法计算，可得滴定 Pb^{2+}时应控制溶液的 pH 范围为 3.5~7.0。滴定 Pb^{2+}之后，再调节溶液的 pH 为 7.5~12.2，继续滴定 Ca^{2+}。

应当指出，上述确定滴定时溶液 pH 范围的方法，都没有把指示剂考虑在内。当用指示剂确定终点时，由于指示剂的变色点受溶液 pH 的影响，滴定时选用的 pH 不同，可能使指示剂的变色点与计量点相差较大，造成较大的终点误差，甚至不能确定终点。

同时指示剂也可能受到共存离子干扰，使终点判断困难。因此滴定时不仅应控制溶液的 pH 范围(最佳 pH)，还应当使共存离子与指示剂无作用，并尽可能使指示剂的变色点 pM'_t 与计量点 pM'_{sp} 接近。

2. 掩蔽法

当待测金属配合物与共存离子配合物的稳定性差别不大（$K_{fMY} < 10^5 K_{fNY}$），甚至更小（$K_{fMY} < K_{fNY}$）时，N 对 M 的滴定产生干扰，不能用控制酸度法直接滴定 M。但加入某种掩蔽剂与干扰离子 N 反应，使 N 的浓度大大降低，则可以减小或消除 N 对滴定 M 的干扰。应注意的是，所加掩蔽剂与待测离子 M 不应发生反应，且干扰离子 N 的浓度不能太大。常用的掩蔽法有配位掩蔽法、沉淀掩蔽法和氧化还原掩蔽法，其中最常用的是配位掩蔽法。

1)配位掩蔽法

配位掩蔽法是指加入配位掩蔽剂 L 使干扰离子 N 形成比 EDTA 配合物 NY 更稳定的配合物 NL(不能形成 NY)，从而消除干扰的掩蔽法。例如，用 EDTA 滴定水中的 Ca^{2+}、Mg^{2+}时，加入三乙醇胺与干扰离子 Al^{3+}、Fe^{3+}反应，生成更稳定的配合物，三乙醇胺又不与 Ca^{2+}、Mg^{2+}反应，从而消除 Al^{3+}、Fe^{3+}对滴定的干扰(Al^{3+}、Fe^{3+}不再封闭铬黑 T 指示剂)。一些常用的配位掩蔽剂如表 4-5 所示。

表 4-5　一些常用的配位掩蔽剂

掩蔽剂	被掩蔽的离子	使用条件
三乙醇胺	Al^{3+}、Fe^{3+}、Sn^{4+}、少量 Mn^{2+}	酸性溶液中加入，再调 pH = 10
邻二氮菲	Cu^{2+}、Ni^{2+}、Zn^{2+}、Cd^{2+}、Hg^{2+}、Co^{2+}、Mn^{2+}	pH = 5~6
柠檬酸	Bi^{3+}、Cr^{3+}、Sn^{4+}、Th^{4+}、Ti^{4+}	中性
乙酰丙酮	Al^{3+}、Fe^{3+}	pH = 5~6
氟化物	Al^{3+}、Be^{2+}、Sn^{4+}、Ti^{4+}	pH > 4
氰化钾	Cu^{2+}、Ni^{2+}、Co^{2+}、Zn^{2+}、Cd^{2+}、Hg^{2+}	KCN 剧毒，受控。pH > 8

2)沉淀掩蔽法

沉淀掩蔽法是加入沉淀掩蔽剂使干扰离子生成难溶化合物沉淀(不影响待测离子的滴定)，从而消除干扰的方法。例如，滴定 Ca^{2+}时，加入适量 NaOH 使 Mg^{2+}生成不影响 Ca^{2+}的滴定的 $Mg(OH)_2$ 白色沉淀，从而消除 Mg^{2+}对滴定的干扰。由于有些沉淀有色或溶解度较大、对指示剂吸附严重等原因，限制了沉淀掩蔽法的应用。

3)氧化还原掩蔽法

当干扰离子在某种价态下对滴定干扰时，加入氧化剂或还原剂改变干扰离子的价态，从而消除干扰的方法，称为氧化还原掩蔽法。例如，在 pH = 1 下滴定 Bi^{3+}时，Fe^{3+}存在干扰，若加入抗坏血酸使 Fe^{3+}还原为 Fe^{2+}，则此时 Fe^{2+}不干扰 Bi^{3+}的滴定。

例 4-9 下列各组金属离子中，能否用控制酸度的方法分步滴定？如何滴定？

(1) Fe^{3+}、Zn^{2+}、Ca^{2+}； (2) Pb^{2+}、Al^{3+}、Mg^{2+}

解 (1) $K_{fFeY}/K_{fZnY}=10^{25.1-16.5}>10^6$，$K_{fZnY}/K_{fCaY}=10^{16.5-10.7}>10^5$，故可用控制酸度的方法分步滴定 Fe^{3+}、Zn^{2+}和 Ca^{2+}。测定时，先加 HCl 调节 $pH\approx1$，以磺基水杨酸为指示剂，用 EDTA 滴定 Fe^{3+}；然后加 HAc-NaAc 缓冲溶液控制 $pH\approx5$（也可加 NaAc 调节），以二甲酚橙为指示剂，用 EDTA 滴定 Zn^{2+}；最后加入氨水调节 $pH\approx10$，加入 K-B 指示剂（或铬黑 T 指示剂和适量 EDTA 二钠镁溶液），以 EDTA 滴定 Ca^{2+}至终点。

(2) $K_{fPbY}/K_{fAlY}=10^{18.0-16.1}\ll10^5$，而 $K_{fAlY}/K_{fMgY}=10^{16.1-8.7}>10^5$，故不能用控制酸度的方法分步滴定 Pb^{2+}和 Al^{3+}，但 Mg^{2+}不干扰 Pb^{2+}和 Al^{3+} 的测定。测定时，先加入过量 EDTA 标准溶液，用 HAc-NaAc 缓冲溶液控制 $pH=4.5$，加热，充分反应后，以二甲酚橙为指示剂，以 Zn^{2+}标准溶液返滴过量的 EDTA（测 Pb^{2+}、Al^{3+}总量）；然后加入氨水调节 $pH\approx10$，加入铬黑 T 指示剂，以 EDTA 滴定 Mg^{2+}。另取一份试液，加入适量乙酰丙酮或 NH_4F 作掩蔽剂，在 $pH\approx5$ 下以 EDTA 滴定其中的 Pb^{2+}，用二甲酚橙指示终点。

3. 掩蔽-解蔽法

用适当的试剂（解蔽剂）使被掩蔽的离子重新游离出来的作用称为解蔽。通过掩蔽-解蔽，可以进行选择性滴定。例如，当待测离子 Zn^{2+}、Pb^{2+}共存时，先加 KCN 掩蔽 Zn^{2+}，在 $pH=10$ 的条件下（加酒石酸盐防止 Pb^{2+}水解生成沉淀），用 EDTA 滴定 Pb^{2+}。然后加入甲醛以破坏$[Zn(CN)_4]^{2-}$，再用 EDTA 滴定释放出来的 Zn^{2+}。解蔽反应为

$$[Zn(CN)_4]^{2-}+4HCHO+4H_2O \rightleftharpoons Zn^{2+}+4HOCH_2CN+4OH^-$$

4. 改变滴定方式

如果上述方法都不适用于进行选择性滴定，则此时应当改变滴定方式（或改用其他配位滴定剂）。改变滴定方式，不但能扩大配位滴定法的应用范围，而且是提高配位滴定选择性的方法之一。例如，测定青铜中的 Sn 时，溶液中共存离子 Pb^{2+}、Zn^{2+}、Cu^{2+}、Bi^{3+}等有干扰，采用置换滴定法可消除这些离子的干扰：先加入过量的 EDTA，使所有离子都形成配合物 MY，用 Zn^{2+}标准溶液滴定过量的 EDTA 后，再加入 NH_4F 选择性地置换出 SnY 中的 Y，然后用 Zn^{2+}标准溶液滴定释放出来的 Y，从而测得 Sn 的含量。

例 4-10 称取铜锌镁合金 0.5000 g，溶解后定容为 100.0 mL，移取该试液 25.00 mL，调 $pH=6.0$，用 0.05000 $mol\cdot L^{-1}$ EDTA 滴定 Cu^{2+}和 Zn^{2+}，用去 37.30 mL。另外再量取 25.00 mL 试液调节 $pH=10.0$，加 KCN 掩蔽 Cu^{2+}和 Zn^{2+}，用同浓度的 EDTA 溶液滴定 Mg^{2+}，耗去 4.10 mL，然后加甲醛解蔽 Zn^{2+}，继续用 EDTA 溶液滴定，又消耗 13.40 mL。计算试样中 Cu、Zn 和 Mg 的质量分数。

解　滴定 Cu^{2+}、Zn^{2+}共消耗 EDTA 标准溶液 $V_1 = 37.30\ \text{mL}$，滴定 Mg^{2+}消耗 EDTA 溶液 $V_2 = 4.10\ \text{mL}$，滴定 Zn^{2+}消耗 EDTA 溶液 $V_3 = 13.40\ \text{mL}$。

$$w_{Mg} = \frac{c_{EDTA}V_2M_{Mg}}{m_S \times 1000} \times \frac{100.0}{25.00} = \frac{4.10 \times 0.05000 \times 24.30}{0.5000 \times 1000} \times 4 = 3.99\%$$

$$w_{Zn} = \frac{c_{EDTA}V_3M_{Zn}}{m_S \times 1000} \times \frac{100.0}{25.00} = \frac{13.40 \times 0.05000 \times 65.41}{0.5000 \times 1000} \times 4 = 35.06\%$$

$$w_{Cu} = \frac{c_{EDTA}(V_1 - V_3)M_{Cu}}{m_S \times 1000} \times \frac{100.0}{25.00} = \frac{(37.30 - 13.40) \times 0.05000 \times 63.55}{0.5000 \times 1000} \times 4 = 60.75\%$$

第四节　配位滴定法的应用

配位滴定法应用很广泛，元素周期表中常见的几十种金属元素和某些非金属元素都可以通过配位滴定法直接或间接测定。

一、EDTA 标准溶液的配制和标定

虽然 EDTA 酸(H_4Y)在130～145 ℃下烘干后可作为基准物质直接配制标准溶液，但需要用氨水或氢氧化钠溶液溶解，使用不方便。而其二钠盐($Na_2H_2Y \cdot 2H_2O$)通常含有 0.3%的吸附水，会因环境的温度和相对湿度的不同而稍有变化，作为基准物质时应当考虑到这个问题。因此，配制 EDTA 标准溶液时多用标定法。例如，配制约 $0.02\ \text{mol} \cdot \text{L}^{-1}$ 的 EDTA 溶液：称取其二钠盐 7.5 g，溶于约 300 mL 的温水中，冷却至室温后稀释至 1 L(必要时过滤)，摇匀，然后进行标定以得到其准确浓度。标定 EDTA 溶液的基准物质有纯净的 Zn、Cu、$CaCO_3$、ZnO、$MgSO_4 \cdot 7H_2O$ 等。标定的条件应尽可能与测定条件一致，以免引起误差。最好能用待测元素的基准物质标定，这样可以使某些系统误差基本得以消除。

二、配位滴定应用示例

1. 水的总硬度和 Ca^{2+}、Mg^{2+}含量的测定

水的总硬度是指水中 Ca^{2+}、Mg^{2+}等二价及二价以上金属离子的总浓度，是水质控制的一个重要指标。一般情况下，水的总硬度由水中含有 Ca^{2+}、Mg^{2+}的多少决定，而其他金属离子的量可忽略，因此通常把水中 Ca^{2+}、Mg^{2+}的总浓度当作总硬度。水的总硬度常以 $CaCO_3$ 的质量浓度 ρ ($\text{mg} \cdot \text{L}^{-1}$)或德国度(°d，每升水中含有 10 mg CaO 为 1 °d)表示，其中 Mg^{2+}按计量关系作折算。按德国度划分水质时，大体上 8 °d 以下的水称为软水，8 °d 以上的水称为硬水。

水硬度的测定以配位滴定法最为简便。测定时，取一定量(常取 50.00 mL 或 100.00 mL)水样以氨性缓冲溶液调节 $pH \approx 10$，以铬黑 T(EBT)为指示剂，用 EDTA 标

准溶液滴定至终点，即可测得水的总硬度。滴定过程的反应为

$$Ca^{2+} + H_2Y^{2-} \rightleftharpoons CaY^{2-} + 2H^+$$

$$Mg^{2+} + H_2Y^{2-} \rightleftharpoons MgY^{2-} + 2H^+$$

$$MgIn(红色) + H_2Y^{2-} \rightleftharpoons MgY^{2-} + In(蓝色)$$

反应涉及的配合物的稳定性不同(稳定性 CaY > MgY > MgIn > CaIn)，加入 EBT 后，EBT 与 Mg^{2+}结合生成红色配合物 MgIn，滴定时 EDTA 先后与溶液中大量的游离 Ca^{2+}和 Mg^{2+}结合，计量点附近与微量的 Mg^{2+}反应，最后夺取 MgIn 中的 Mg^{2+}，使 EBT 游离出来，到达滴定终点(蓝色)。根据 EDTA，可计算水的总硬度：

$$水的总硬度 = \frac{c_{EDTA}V_{EDTA}M_{CaO}}{10V_{水样}} \times 1000\ (°d)$$

Ca^{2+}、Mg^{2+}含量的测定：另取等量的水样，加入 NaOH 调节溶液的 pH = 12~13，再加少量钙指示剂，以 EDTA 标准溶液滴定 Ca^{2+}。根据 EDTA 的用量，即可求得 Ca^{2+}含量；由滴定 Ca^{2+}、Mg^{2+}共消耗 EDTA 的量减去滴定 Ca^{2+}消耗 EDTA 的量即为 Mg^{2+}的量。

$$\rho_{Ca} = \frac{c_{EDTA}V'M_{Ca}}{V_{水样}} \times 1000\ (mg \cdot L^{-1})$$

$$\rho_{Mg} = \frac{c_{EDTA}(V - V')M_{Mg}}{V_{水样}} \times 1000\ (mg \cdot L^{-1})$$

由于 CaY 与 MgY 的稳定常数差别不够大，故不能直接分步滴定 Ca^{2+}和 Mg^{2+}。加入 NaOH，既使 Mg^{2+}转化为 $Mg(OH)_2$沉淀而被掩蔽，又可控制溶液的 pH = 12~13，从而选择性滴定 Ca^{2+}。

水中含有 Fe^{3+}、Al^{3+}时，会干扰测定(封闭指示剂)，应加三乙醇胺掩蔽。

2. 铁的测定

硅酸盐、铁矿等的铁含量都可用配位滴定法测定。因为配合物 FeY^-非常稳定($\lg K_{FeY} = 25.1$)，在 pH ≈ 2 的酸性条件下用 EDTA 标准溶液滴定时干扰较少。以磺基水杨酸为指示剂，溶液由紫红色变成黄色为终点：

$$Fe(黄色) + In(无色) \longrightarrow FeIn(紫红色) \xrightarrow{EDTA} FeY(黄色) + In(无色)$$

为保证所有的铁都以 Fe^{3+}存在，滴定前可用硝酸加热煮沸 1 分钟左右，使 Fe^{2+}氧化为 Fe^{3+}。Fe^{3+}与 EDTA 的配位反应较慢，通常是在 60℃左右进行滴定。温度太高，指示剂配合物的稳定性降低，导致终点提前。

3. 硫的测定

样品中的硫可经处理完全氧化后以 SO_4^{2-} 的形式测定。由于 SO_4^{2-} 不能与 EDTA 反

应，故不能直接用 EDTA 滴定，但可间接测定：加入过量的 $BaCl_2$ 标准溶液使 SO_4^{2-} 转化为 $BaSO_4$ 沉淀，然后加入氨性缓冲溶液控制 pH = 10，以 EBT 为指示剂，用 EDTA 标准溶液滴定剩余的 Ba^{2+}。为了提高 EBT 指示剂的灵敏性，常常加入少量的 Mg^{2+}(计算时应扣除)。

$$w_S = \frac{(c_{Ba}V_{Ba} + c_{Mg}V_{Mg} - c_{EDTA}V_{EDTA})M_S}{m_{样} \times 1000}$$

4. 磷的测定

PO_4^{3-} 不能与 EDTA 反应，不能直接用 EDTA 滴定，但可以采用与 SO_4^{2-} 相似的方法测定，即加入过量的 $Bi(NO_3)_3$ 标准溶液使 PO_4^{3-} 转化为 $BiPO_4$ 沉淀，然后用 EDTA 标准溶液滴定剩余的 Bi^{3+}；也可以使 PO_4^{3-} 转化为 $MgNH_4PO_4 \cdot 6H_2O$ 沉淀，通过测定 Mg 的含量而间接测得 P 的含量。

例 4-11　为了测定某试样中可溶性磷的含量，称取试样 0.6842 g 处理成溶液后，将 PO_4^{3-} 全部转化为 $MgNH_4PO_4 \cdot 6H_2O$ 沉淀，沉淀经过滤、洗涤、溶解于 HCl 后，加入 25.00 mL 0.02000 $mol \cdot L^{-1}$ EDTA 溶液，用氨水调节 pH = 12~13，用 0.02000 $mol \cdot L^{-1}$ $MgCl_2$ 标准溶液滴定过量的 EDTA，消耗 $MgCl_2$ 溶液 3.80 mL。计算试样中可溶性 P 的质量分数。

解　计量关系为　$n_P = n_{Mg} = n_{EDTA} - n_{EDTA(余)} = n_{EDTA} - n'_{Mg}$

$$w_P = \frac{n_P M_P}{m_S \times 1000} = \frac{(c_{EDTA}V_{EDTA} - c_{MgCl_2}V_{MgCl_2})M_P}{m_S \times 1000}$$

$$w_P = \frac{(0.02000 \times 25.00 - 0.02000 \times 3.80) \times 30.97}{0.6842 \times 1000} = 1.919\%$$

练　习　题

1. “向 $AgNO_3$ 溶液中滴加氨水就会生成 $[Ag(NH_3)_2]^+$” 这种说法正确吗？什么情况下 $[Ag(NH_3)_2]^+$ 才是主要产物？含 Ag^+ 的各级配离子分布系数的大小由什么决定？

2. 计算 $[NH_3]$ 分别为 0.10、0.0010 $mol \cdot L^{-1}$ 时，Ag^+ 总浓度为 0.010 $mol \cdot L^{-1}$ 的银氨溶液中 Ag^+ 及其配合物的分布系数和平衡浓度。

3. 在配位滴定法中，为什么很少用无机配位剂作配位滴定剂？

4. 配位滴定法主要是指 EDTA 滴定法，试说明其理由。

5. 计算在 pH = 7.0 时 CN^- 的酸效应系数。

6. 配合物的条件稳定常数与稳定常数之间有何区别和联系？

7. 是否“溶液 pH 越高，Y 的酸效应系数越小，金属离子 M 与 Y 反应越完全”？为什么？

8. 下列说法中，哪些是正确的？对错误的，请指出其错误之处。

(1) EDTA 与金属离子进行配位时，一分子 EDTA 可提供 10 个配位原子；

(2) 任何情况下 EDTA 与金属离子只形成 MY 一种形式的配合物；

(3) 所有副反应都会使配合物的稳定性降低；

(4) 以 EDTA 溶液滴定金属离子时，滴定终点的颜色为游离指示剂的颜色；

(5) 所有金属离子 M 与 EDTA 的配合物 MY，其 $\lg K'_{MY}$ 先随溶液 pH 增大而增大，而后又随溶液 pH 增大而减小。

9. 计算在 NH_3 的总浓度为 $0.10\ mol \cdot L^{-1}$、$pH=10.0$ 时形成 CoY 的条件稳定常数。

10. 在 $5.0\times10^{-6}\ mol \cdot L^{-1}$ 的某有色配合物 MR_2 溶液中 $[M']=5.0\times10^{-5}\ mol \cdot L^{-1}$，$[R']=2.0\times10^{-6}\ mol \cdot L^{-1}$。若 $\lg\alpha_{R(H)}=2$，$\lg\alpha_{M(L)}=0$，MR_2 无副反应，试计算该有色配合物的总条件稳定常数和总绝对稳定常数。

11. 计算以 $0.02\ mol \cdot L^{-1}$ EDTA 溶液滴定同浓度的下列金属离子的计量点 pM'_{sp}：

(1) Ca^{2+}，$pH=10.0$；(2) Pb^{2+}，$pH=4.5$；(3) Fe^{3+}，$pH=1.0$。

12. 在 $pH=9.0$，$[NH_3]=0.1\ mol \cdot L^{-1}$ 的条件下，用 $0.02\ mol \cdot L^{-1}$ EDTA 滴定同浓度的 Zn^{2+}。计算计量点时的 pZn' 和 pZn 以及 pY' 和 pY。

13. 分别计算用 $0.02\ mol \cdot L^{-1}$ EDTA 准确滴定 Ca^{2+}、Al^{3+}、Hg^{2+} 的适宜 pH 范围。已知各金属离子的浓度都是 $0.02\ mol \cdot L^{-1}$。

14. 为什么配位滴定必须在一定的酸度范围进行？

15. 为什么说提高配位滴定的选择性是配位滴定法的一个重要问题？提高配位滴定选择性一般应用哪几种方法？

16. 溶液中 Al^{3+} 和 Zn^{2+} 的浓度都是 $0.02\ mol \cdot L^{-1}$，试计算说明能否在 $pH=5.0$，$[NH_4F]=0.01\ mol \cdot L^{-1}$ 的条件下，用 $0.02\ mol \cdot L^{-1}$ EDTA 标准溶液选择性滴定其中的 Zn^{2+}？

17. 将一个脲样准确地稀释至 2000 mL，取其 50.00 mL，加入缓冲溶液使 $pH=10$，然后用 $0.0481\ mol \cdot L^{-1}$ 的 EDTA 标准溶液滴定，消耗 EDTA 溶液 22.19 mL。另取 50.00 mL 试液使其中的钙沉淀为 CaC_2O_4，过滤、洗涤后重新溶于酸，加入 25.00 mL 上述 EDTA 标准溶液，再将溶液调节至 $pH=10$，用 $0.05053\ mol \cdot L^{-1}$ $MgCl_2$ 标准溶液滴定过剩的 EDTA，用去 $MgCl_2$ 溶液 8.31 mL。计算原脲样中 Ca^{2+}、Mg^{2+} 的质量 (mg)。

18. 称取 1.000 g 氧化铝试样，溶解后移入 250 mL 容量瓶定容。量取 25.00 mL，加入对 Al_2O_3 的滴定度为 $1.500\ mg \cdot mL^{-1}$ 的 EDTA 标准溶液 10.00 mL，以二甲酚橙为指示剂，用 Zn^{2+} 标准溶液进行返滴定至紫红色，消耗 Zn^{2+} 标准溶液 10.50 mL。已知 1 mL Zn^{2+} 标准溶液相当于 0.8000 mL EDTA 溶液。计算试样中 Al_2O_3 的质量分数。

19. 将 0.2015 g 含 Al_2O_3 和 Fe_2O_3 的试样溶解后，在 $pH=2$、60℃的条件下以磺基水杨酸为指示剂，用 $0.02008\ mol \cdot L^{-1}$ EDTA 标准溶液滴定至红色消失，消耗 EDTA 溶液 15.20 mL。接着再加入 EDTA 标准溶液 25.00 mL，加热至沸，调节 $pH=4.5$，以 PAN 为指示剂，趁热用 $0.02112\ mol \cdot L^{-1}$ Cu^{2+} 标准溶液返滴定，用去 Cu^{2+} 溶液 8.16 mL。计算试样中 Al_2O_3 和 Fe_2O_3 的质量分数。

20. 称取含磷的试样 0.1000 g，处理成溶液，并使磷沉淀为 $MgNH_4PO_4$，沉淀经过滤、洗涤后再溶解，用 $0.01000\ mol \cdot L^{-1}$ EDTA 标准溶液滴定，消耗 EDTA 溶液 20.00 mL。计算试样中 P_2O_5 的质量分数。

21. 在纯水质量检验中，阳离子主要检验 Ca^{2+}、Mg^{2+}，以 EDTA 法检验时如何进行？

22. 平行取两份某含 $FeCl_3$ 和 HCl 的溶液 25.00 mL，将一份试液的 pH 调为 1.5~2.0，以磺基水杨酸为指示剂，用 $0.02012\ mol \cdot L^{-1}$ EDTA (H_2Y^{2-}) 标准溶液滴定至由紫红变为浅黄色，耗去标准溶液 20.04 mL；向另一份试液加入 20.04 mL 上述 EDTA 标准溶液以配合铁，加热、冷却后，以甲基红为指示剂，用 $0.1015\ mol \cdot L^{-1}$ NaOH 标准溶液滴定，消耗 NaOH 溶液 32.50 mL。计算试液中 HCl 和 Fe^{3+} 的浓度。($Fe^{3+}+H_2Y^{2-}=\!=\!=FeY^{-}+2H^{+}$)

23. 在 $pH=10$ 的氨性溶液中以铬黑 T 为指示剂，用 EDTA 滴定 Ca^{2+} 时需加入乙二胺四乙酸二钠镁(MgY)，为什么？加入 MgY 的量是否需要准确？

24. 用 EDTA 滴定 Ca^{2+}、Mg^{2+}，用铬黑 T 作指示剂，若溶液中含有 Fe^{3+}、Al^{3+}，对测定有什么影响？能否用 NH_4F 消除 Fe^{3+}、Al^{3+}的影响？应如何消除？

25. 用配位滴定法测定 Al^{3+}的含量，应采用什么滴定方式？为什么？

26. 若用于配制 EDTA 溶液的水含 Ca^{2+}，则下列情况对测定结果有何影响？为什么？

(1) 以 $CaCO_3$ 基准物质标定 EDTA，用以滴定试液中的 Zn^{2+}，以二甲酚橙为指示剂；

(2) 以二甲酚橙为指示剂，以金属锌为基准物质标定 EDTA，用以测定试液中的 Ca^{2+}；

(3) $pH=10$，以铬黑 T 为指示剂，以金属锌为基准物质标定 EDTA，用以测定试液中的 Ca^{2+}。

27. 如何用配位滴定法测定下列混合溶液中各组分的浓度？指出滴定剂、酸度、指示剂和掩蔽剂。

(1) Zn^{2+}、Mg^{2+}；(2) Ca^{2+}、EDTA；(3) Pb^{2+}、Zn^{2+}；(4) Fe^{3+}、Al^{3+}、Ca^{2+}、Mg^{2+}。

28. 一种治疗胃病的药物“碱性胃散”为等质量的 MgO、$NaHCO_3$ 和 $CaCO_3$ 的混合粉末，试写出以 EDTA 配位滴定法测定 MgO 和 $NaHCO_3$ 含量的步骤和结果计算公式。

第五章　沉淀滴定法

【学习目标】

(1) 了解沉淀滴定法的特点和影响沉淀滴定突跃大小的因素。

(2) 掌握银量法的原理：指示剂、滴定终点的确定以及滴定条件等。

利用沉淀反应作滴定反应的滴定分析法称为沉淀滴定法。由于许多沉淀反应速率慢、没有固定组成、共沉淀等副反应严重，所以沉淀滴定法并不常用，目前用得最多的是生成难溶银盐沉淀的银量法(argentimetry)。银量法可用于 Cl^-、Br^-、I^-、SCN^-和 Ag^+的测定。

第一节　银量法的滴定曲线

银量法滴定反应及其平衡常数可表示为

$$Ag^+ + X^- \rightleftharpoons AgX\downarrow$$

$$K = \frac{1}{K_{sp(AgX)}}$$

根据滴定分析对滴定反应的要求，当溶液中$[Ag^+]$或$[X^-]$为 0.1 $mol \cdot L^{-1}$ 时，$K_{sp(AgX)} \leqslant 10^{-8}$ 的反应才有足够的完成程度(99.9%以上)。由于滴定过程始终存在关系：

$$[Ag^+][X^-] = K_{sp}$$

由此可以计算滴定过程中的pAg和pX。例如，用0.1000 $mol \cdot L^{-1}$ $AgNO_3$溶液滴定20.00 mL 0.1000 $mol \cdot L^{-1}$ NaCl 和 NaBr 时，其 pX(即 pCl 和 pBr)的变化如表 5-1 和图 5-1 所示。

表 5-1　用 0.1 $mol \cdot L^{-1}$ $AgNO_3$ 滴定 20.00 mL 0.1 $mol \cdot L^{-1}$ NaCl 和 NaBr

加入 $AgNO_3$ 的体积/mL	滴定分数/%	pCl	pAg	pBr	pAg
0	0	1.0		1.0	0
18.00	90.0	2.3	7.5	2.3	10.0
19.80	99.0	2.3	6.5	3.3	9.0
19.98	99.9	4.3	5.5	4.3	8.0
20.00	100.0	4.9	4.9	6.15	6.15
20.02	100.1	5.5	4.3	8.0	4.3
20.20	101.0	6.5	3.3	9.0	3.3
22.00	110.0	7.5	2.3	10.0	2.3
40.00	200.0	8.5	1.3	11.0	1.3

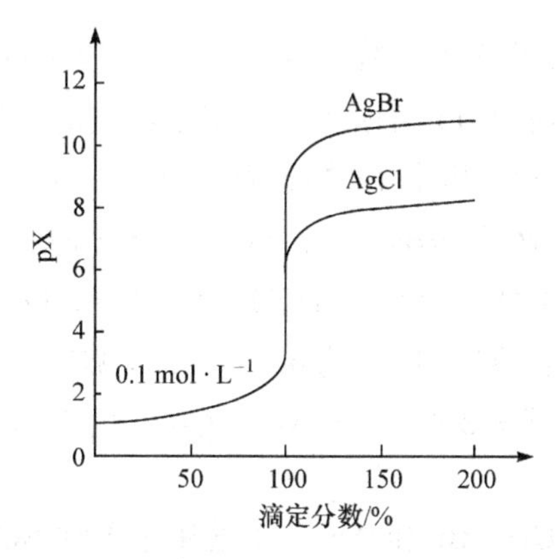

图 5-1　Ag^+滴定 Cl^-、Br^-的滴定曲线

从图中曲线和表中数据看出，与酸碱滴定相似，沉淀滴定的计量点附近也出现一个滴定突跃。滴定突跃的大小与溶液的浓度、沉淀的溶解度（K_{sp}）有关。溶液的浓度越大，突跃范围越大；溶解度越小，突跃范围越大。例如，$K_{sp(AgCl)} > K_{sp(AgBr)}$，用 $AgNO_3$ 滴定 NaCl 时的突跃范围 ΔpX 为 1 左右，而滴定 NaBr 时 ΔpX 则为 4 左右。

第二节　银量法滴定终点的确定

根据确定终点方法的不同，银量法分为莫尔(Mohr)法、福尔哈德(Volhard)法和法扬斯(Fajans)法三种方法。下面分别予以介绍。

一、莫尔法

以 K_2CrO_4 为指示剂的银量法称为莫尔法。莫尔法用 $AgNO_3$ 标准溶液滴定 Cl^-或 Br^-，砖红色沉淀出现时为终点。

例 5-1　用 $AgNO_3$ 标准溶液滴定 NaCl 溶液时，指示剂 K_2CrO_4 的浓度应为多少？

解　计量点时，加入的 Ag^+与溶液中 Cl^-的量相等，残留的$[Ag^+]$和$[Cl^-]$也相等，故

$$[Ag^+]=[Cl^-]=\sqrt{K_{sp(AgCl)}}=\sqrt{1.8\times10^{-10}}=1.3\times10^{-5}\ (mol\cdot L^{-1})$$

此时应产生砖红色 Ag_2CrO_4 沉淀，即

$$[Ag^+]^2[CrO_4^{2-}]=K_{sp(Ag_2CrO_4)}=1.1\times10^{-12}$$

$$[CrO_4^{2-}]\geqslant\frac{K_{sp(Ag_2CrO_4)}}{[Ag^+]^2}=\frac{1.1\times10^{-12}}{(1.3\times10^{-5})^2}=6\times10^{-3}\ (mol\cdot L^{-1})$$

为避免 K_2CrO_4 的深色影响滴定终点的判断，实际使用的浓度以 $5\times10^{-3}\ mol\cdot L^{-1}$ 为宜，这样虽然终点会稍微推迟，使结果有所偏高，但一般不影响测定结果的准确度。

莫尔法测定应在中性或弱碱性(pH 为 6.5~10.5)介质中进行。在酸性介质中，CrO_4^{2-}会结合 H^+变成 $Cr_2O_7^{2-}$ 而降低 CrO_4^{2-}的浓度，使指示终点的砖红色 Ag_2CrO_4 沉淀不出现或出现过晚；若碱性太强，则会析出 Ag_2O 沉淀而多消耗 $AgNO_3$ 标准溶液，结果偏高。

$$2H^+ + 2CrO_4^{2-} \rightleftharpoons 2HCrO_4^- \rightleftharpoons Cr_2O_7^{2-} + H_2O$$

$$2Ag^+ + 2OH^- \rightleftharpoons 2AgOH\downarrow \rightleftharpoons Ag_2O\downarrow + H_2O$$

有 NH_3 存在时，应控制溶液的 pH 为 6.5~7.2，否则 AgCl 和 Ag_2CrO_4 会溶解生成 $[Ag(NH_3)_2]^+$。凡是在中性或弱碱性下与 Ag^+、CrO_4^{2-}反应的物质都干扰滴定，可见莫尔法的选择性较差。

莫尔法只适用于测定 Cl^-、Br^-和 Ag^+，不适用于 I^-和 SCN^-，因为 AgI 和 AgSCN 沉淀强烈吸附 I^-和 SCN^-，使终点过早出现，且变色不敏锐。

二、福尔哈德法

以铁铵矾$[NH_4Fe(SO_4)_2 \cdot 12H_2O]$为指示剂的银量法称为福尔哈德法。福尔哈德法是在 HNO_3 介质中，用 NH_4SCN 或 KSCN 标准溶液滴定 Ag^+，滴定和终点指示反应为

$$Ag^+ + SCN^- \rightleftharpoons AgSCN\downarrow \text{（白色）}, \qquad K_{sp} = 1.0\times10^{-12}$$

$$Fe^{3+} + SCN^- \rightleftharpoons Fe(SCN)^{2+} \text{（红色）}, \qquad K_f = 2.0\times10^{2}$$

为了确保终点在计量点附近，必须控制指示剂 Fe^{3+}的浓度。

例 5-2　当$[Fe(SCN)^{2+}] = 6.0\times10^{-6}\ mol\cdot L^{-1}$时，可以看到红色出现。若想红色刚好在计量点时出现，溶液中 Fe^{3+}的浓度应为多少？

解　计量点时

$$[SCN^-] = [Ag^+] = \sqrt{K_{sp(AgSCN)}} = \sqrt{1.0\times10^{-12}} = 1.0\times10^{-6}\ (mol\cdot L^{-1})$$

$$[Fe^{3+}] = \frac{[Fe(SCN)^{2+}]}{K_f\cdot[SCN^-]} = \frac{6.0\times10^{-6}}{200\times1.0\times10^{-6}} = 0.03\ \ (mol\cdot L^{-1})$$

为了避免 Fe^{3+}的黄色过深而影响滴定终点的判断，实际使用的浓度一般为 $0.015\ mol\cdot L^{-1}$。这时终点会推迟，但其误差在允许范围内。

福尔哈德法除了用直接滴定法测定 Ag^+外，还可以用返滴定法测定 Cl^-、Br^-、I^-、SCN^-。返滴定法测定是在 HNO_3 介质中，向待测溶液中加入过量的 $AgNO_3$ 标准溶液，反应后再用 NH_4SCN 标准溶液滴定过量的 Ag^+。根据 $AgNO_3$ 和 NH_4SCN 两种标准溶液的用量，可计算待测组分的量。

例 5-3　称取水溶性氯化物试样 0.2266 g，加入 30.00 mL $0.1121\ mol\cdot L^{-1}$ $AgNO_3$ 溶液，返滴过量的 $AgNO_3$ 时消耗 $0.1158\ mol\cdot L^{-1}$ NH_4SCN 溶液 6.50 mL。试计算试样中氯的质量分数。

解　有关反应和计量关系为

$$Ag^+ + Cl^- \rightleftharpoons AgCl\downarrow$$

$$Ag^+ + SCN^- \rightleftharpoons AgSCN\downarrow$$

$$n_{Ag} = n_{Cl} + n_{SCN}$$

所以试样中氯的质量分数为

$$w_{Cl} = \frac{(c_{Ag}V_{Ag} - c_{SCN}V_{SCN})M_{Cl}}{m_S \times 1000} = \frac{(0.1121 \times 30.00 - 0.1158 \times 6.50) \times 35.46}{0.2266 \times 1000} = 41.10\%$$

福尔哈德法必须在 HNO_3 介质中进行，一般 HNO_3 的浓度要达 0.3 mol · L^{-1}，以防止 Fe^{3+}水解和其他弱酸根离子(如 PO_4^{3-}、CO_3^{2-}、$C_2O_4^{2-}$等)的干扰。

用福尔哈德法测定 Cl^-时，因为 AgCl 的溶解度大于 AgSCN 的溶解度，滴定时容易发生沉淀的转化而消耗滴定剂，造成测定结果偏低。

$$AgCl(s) + SCN^-(aq) \rightleftharpoons AgSCN(s) + Cl^-(aq)$$

为防止沉淀的转化，最好是分离 AgCl 后再滴定。但为了简化操作，常加入如硝基苯(有毒！)等有机溶剂并充分摇动，使硝基苯覆盖在 AgCl 沉淀表面，防止滴定时 AgCl 与 SCN^-接触而发生反应。

用福尔哈德法测定 I^-时，必须先加 $AgNO_3$ 再加指示剂，否则会发生氧化还原反应而影响结果的准确度。

$$2Fe^{3+} + 2I^- \rightleftharpoons 2Fe^{2+} + I_2$$

另外，强氧化剂、铜盐、汞盐都会与 SCN^-作用而干扰测定，应设法除去。

三、法扬斯法

利用吸附指示剂确定终点的银量法称为法扬斯法。吸附指示剂是一种有机染料，其阴离子在溶液中被带正电荷的胶状沉淀吸附，吸附后结构发生变化而引起颜色的改变，从而确定终点。例如，用 $AgNO_3$ 滴定 Cl^-时，荧光黄指示剂(以 HFIn 表示)的作用过程为

计量点前：$Cl^- + FIn^-$ (黄绿色) $\xrightarrow{+Ag^+(\text{滴定})}$ $Cl^- \cdot AgCl\downarrow + FIn^-$(黄绿色)

计量点时：$Cl^- \cdot AgCl\downarrow + FIn^-$(黄绿色) $\xrightarrow{+Ag^+(\text{滴定})}$ $AgCl\downarrow + FIn^-$(黄绿色)

计量点后：$AgCl\downarrow + FIn^-$ (黄绿色) $\xrightarrow{+Ag^+(\text{滴定})}$ $AgCl \cdot Ag^+ \cdot FIn^-$ (粉红色)

粉红色出现时即为终点。

由滴定过程的变化可看出，沉淀对指示剂的吸附能力应小于对被滴离子的吸附能力，否则指示剂提前变色，但也不能太小，太小则终点延迟，甚至不变色。

卤化银对卤离子和指示剂的吸附能力为

$$I^- > SCN^- > Br^- > \text{曙红} >> Cl^- > \text{荧光黄}$$

因此，滴定 Cl^-时应选用荧光黄为指示剂（pH为7~10），而滴定 Br^-、SCN^-时用曙红为指示剂（pH为2~10）。

练　习　题

1. 福尔哈德法的选择性比莫尔法高，为什么?

2. 说明下列测定中，分析结果是偏高还是偏低，还是没有影响，为什么?

(1) 在 pH = 4 或 pH = 11 时，以莫尔法测定 Cl^-；

(2) 采用福尔哈德法测定 Cl^-或 Br^-，滴定前未加硝基苯；

(3) 用法扬斯法测定 Cl^-，选用曙红为指示剂；

(4) 用莫尔法测定 NaCl、Na_2SO_4 混合液中的 NaCl。

3. 指出测定下列试样中氯含量时所用的银量法：NH_4Cl、$BaCl_2$、$FeCl_3$、NaCl–Na_2SO_4。

4. 用莫尔法测定 Ag^+时，其滴定方式与测定 Cl^- 有何不同? 为什么?

5. 用福尔哈德法测定 Cl^-、Br^-、I^- 时的条件是否相同，为什么?

6. 称取 NaCl 基准物质 0.2000 g，溶于水后加入 $AgNO_3$ 标准溶液 50.00 mL，再以铁铵矾作指示剂，用 NH_4SCN 标准溶液滴定，用去 25.00 mL。已知 1.00 mL NH_4SCN 标准溶液相当于 1.20 mL $AgNO_3$ 标准溶液，计算 $AgNO_3$ 和 NH_4SCN 溶液物质的量浓度。

7. 称取食盐 0.2000 g 溶于水，以 K_2CrO_4 作指示剂，用 0.1500 $mol \cdot L^{-1}$ $AgNO_3$ 标准溶液滴定，用去 22.50 mL。计算食盐中 NaCl 的质量分数。

8. 称取含砷农药 0.1550 g 溶于 HNO_3 转化为 H_3AsO_4，调至中性，沉淀为 Ag_3AsO_4，沉淀经过滤、洗涤后溶于 HNO_3，以铁铵矾为指示剂，用 0.1250 $mol \cdot L^{-1}$ NH_4SCN 标准溶液 24.85mL 滴定至终点。计算该农药中砷的质量分数。

9. 称取只含 KCl、KBr 的混合物 0.3028 g，加水溶解后，用 0.1014 $mol \cdot L^{-1}$ $AgNO_3$ 溶液 30.20 mL 滴定到终点。计算样品中 KCl 和 KBr 的质量分数。

第六章　重量分析法

【学习目标】

(1) 了解重量分析法的分类、方法特点和应用；掌握重量分析的计算。

(2) 掌握沉淀重量法对沉淀形式和称量形式的要求。

(3) 理解同离子效应、酸效应、配位效应等因素对沉淀完全程度和沉淀溶解度的影响。

(4) 了解沉淀的形成过程和影响沉淀纯度的因素，掌握形成晶形沉淀的条件。

(5) 了解沉淀的过滤、洗涤、烘干或灼烧操作技术。

重量分析法(gravimetry)又称称量分析法，是指用适当的物理或化学方法将试样中的待测组分与其他组分分离，然后通过称量来确定被测组分含量的方法。

根据待测组分与其他组分分离方法的不同，重量分析法可分为挥发法、萃取法和沉淀法等，其中沉淀法最为重要，应用最多。

重量分析法直接通过称量获得分析结果，不需要基准物质或标准试样进行比较，因此其准确度较高，相对误差一般为±0.1%~±0.2%，适用于常量组分的测定。但此法操作繁琐、费时，不适用于微量组分的测定。若有其他方法代替，应尽可能不用此方法。目前，重量分析主要用于常量硅、硫、磷、钨、铂、镍、铬、铝和钼等元素的精确测定。

第一节　挥发重量法

挥发重量法又称气化法。这种方法是利用待测组分的挥发性，通过加热或其他方法使其从试样中挥发(volatilization)逸出，然后根据试样质量的减少量计算该组分的含量；或者当待测组分逸出时，用适当的吸收剂吸收，然后根据吸收剂质量的增加量计算该组分的含量。此法常用于土壤水分、植物水分、植物粗灰分等的测定。

一、水分的测定

在科研与生产工作中，无论是土壤、种子、植物叶子或果实，还是饲料、食品以及医药等水分的测定仍是重要的分析项目之一。通过测定，便于提高物质的可比性，了解生物的生理状态，或对生产工艺进行监督。

根据样品中水分的存在状态，可以把水分分为自由水、吸湿水、生理水、结晶水及化学结合水等形式。由于这些水分与样品微粒间作用力的不同，驱除水分的方法可能不同，所需的温度高低及时间的长短也不同。例如，土壤中自由水与吸湿水，需在

105～110 ℃下烘干 4～6 h 才能驱除干净。而种子中的吸湿水和生理水则需在 130℃下烘干 2 h 左右可驱除。有的样品不耐高温，需要在常温下用干燥剂吸收其水分。由此可见，驱净水分的条件，应以样品与水结合的形式及需要而定，不应苛求相同。

水分的测定方法有多种，如烘干法、比重称量法、蒸馏法、滴定法及红外线法等，其中以烘干法最为准确、可靠，到目前为止，国际上仍以烘干法为标准方法第一法。

用烘干法测定水分时，样品在较高的温度下烘烤，可能有部分易挥发组分与水分一起挥发，造成结果偏高，也可能因水分未完全驱尽或部分油脂等物质被氧化增量而造成结果偏低。为了得到准确可靠的结果，必须严格控制操作条件。例如，土壤样品水分的测定，其步骤大致如下：

(1)将干净铝盒烘干至恒量(前后两次称量的质量之差小于测量的允许误差)，准确称出其质量(m_0)。

(2)在已恒量的铝盒中放入一定质量的土壤样品，准确称量(m_1)。

(3)铺平试样，打开盒盖，放进电热烘箱中，在(105±5)℃下烘烤 4～6 h。取出铝盒，待稍冷却后盖好盒盖，放进干燥器中冷却至室温。

(4)称量，然后再放入烘箱中，在相同温度下烘烤 1h，冷却、称量，如此反复直至恒量(m_2)。

按下式计算土壤样品中水分的质量分数：

$$w_{水分} = \frac{m_1 - m_2}{m_1 - m_0}$$

此法也可以用于测定谷物、蔬菜、食品、饲料等样品中的水分。

二、植物粗灰分的测定

有机物经灼烧后的残留物称为灰分，通过灼烧手段分解样品的方法称为干灰化法。

植物样品在 500～600 ℃下灼烧时，水分与挥发性物质以气体放出，有机物中的碳、氢、氮及氧则氧化生成 CO_2、氮的氧化物及水分等挥发出来，而剩下各种金属碳酸盐、硫酸盐、磷酸盐、硅酸盐以及氧化物等不可灼烧部分，即为灰分。样品不同，灼烧条件不同，残留物亦各不同，故常把灼烧后的残留物称为粗灰分。

植物样品的灼烧温度以(525±25)℃为宜，温度太高或灼烧太急速，易引起钠和钾的氯化物挥发而损失，而且会使钠、钾的磷酸盐和硅酸盐熔融而把炭粒包藏起来，使其不能烧尽而造成误差。粗灰分具体测定步骤如下：

(1)将干净的瓷坩埚恒量，准确称出其质量(m_0)。

(2)将一定量的风干植物样品放入已恒量的瓷坩埚内，准确称量(m_1)。

(3)放在电炉上缓缓加热使之炭化，烧至无烟后转入马弗炉内，加热到 525℃左右，保持 1h，瓷坩埚内灰分应呈近白色，关掉电源，让马弗炉温度自然下降到 150℃左右才能打开炉门(否则炉体温度骤然下降易受损坏；冷风进入太快也可能把灰分吹走)。取出坩埚放进干燥器内冷却至室温。

(4)称量，然后再放入马弗炉在相同温度下灼烧 30 min，同法冷却、称量。如此反复直至恒量(m_2)。

按下式计算样品粗灰分的含量：

$$w_{粗灰分}=\frac{m_2-m_0}{m_1-m_0}$$

第二节　萃取重量法

物质在水(W)和与水互不相溶的有机溶剂(O)中都有一定的溶解度，有机溶剂和水同时争夺被萃取物，在一定条件下达到平衡状态，此时被萃取物在两种溶剂中都有一定的浓度。被萃取物在有机相中的总浓度(c_o)与在水相中的总浓度(c_w)之比称为分配比(D)，即：

$$D=\frac{c_o}{c_w}$$

由上式可见，分配比D越大，表明被萃取物在水中溶解度越小，而在有机溶剂中的溶解度越大，越容易被萃取到有机溶剂中。当分配比不大时，一次萃取不能满足分离或测定的要求，可以采用连续萃取法或改变萃取剂(有机溶剂)，以提高萃取效率。

萃取重量法(又称抽提法)是利用被测组分在两种互不相溶的溶剂中分配的不同，经多次萃取达到分离被测组分，进行含量测定的目的。因此，萃取重量法实际上包括两个操作过程：溶剂萃取(solvent extraction)分离过程和挥发干燥后称量的过程。前一过程不仅能够把被测组分从试液(或试样)中分离出来,还能够起富集被测组分的作用；而后一过程实质上是挥发法，只不过挥发的是溶剂(萃取剂)被测组分残留在容器中。称量残留物即得到被测组分的质量。

例如，花生(或大豆)样品中粗脂肪的测定。该测定的主要过程：准确称取一定量经粉碎且烘干的试样(m_S)，加 5g 无水硫酸钠(起脱水作用)混匀，装入滤纸筒中，滤纸筒两端用脱脂棉堵住，将滤纸筒放在索氏提取器内，接上已恒量(m_0)的接收瓶。加萃取剂无水乙醚或低沸点(30～60 ℃)石油醚，于50～60 ℃的水浴中加热提取3～4 h。检查证明提取完成后，取下接收瓶，挥发、回收乙醚，于100～105 ℃烘箱内干燥 2h，放入干燥器内冷却至室温，称量、恒量(m_1)后即可按下式计算粗脂肪的含量：

$$w_{粗脂肪}=\frac{m_1-m_0}{m_S}$$

第三节　沉淀重量法

沉淀重量法是根据溶度积原理和同离子效应，加入过量沉淀剂使待测组分生成难溶沉淀完全析出，经过滤、洗涤、烘干或灼烧沉淀物，使其变成含有被测离子的组成固定的化合物，然后称出其质量和计算待测组分含量的分析方法。例如，要测定某试液中Ba^{2+}的含量，可向试液中滴加过量的H_2SO_4溶液，产生$BaSO_4$沉淀，将沉淀陈化、过滤、洗涤和灼烧，得到纯净的$BaSO_4$，然后称量。根据化学反应的计量关系即可计算试样中Ba^{2+}的质量分数。

一、沉淀重量法的分析过程和对沉淀的要求

利用沉淀重量法进行分析时，首先将试样分解制成试液，然后在一定条件下加入适当的沉淀剂，使被测组分以“沉淀形式”(precipitation form)析出。沉淀经过滤、洗涤，在一定温度下烘干或灼烧，转化为化学组成固定的“称量形式”(weighing form)，然后称量。根据称量形式的化学组成和质量，便可计算出被测组分的含量。沉淀形式与称量形式可能相同，也可能不同。例如：

$$\underset{\text{待测离子}}{SO_4^{2-}} \xrightarrow{BaCl_2(\text{沉淀剂})} \underset{\text{沉淀形式}}{\boxed{BaSO_4}} \xrightarrow{\text{分离}} \xrightarrow{800℃\text{灼烧}} \underset{\text{称量形式}}{\boxed{BaSO_4}}$$

$$\underset{\text{待测离子}}{Mg^{2+}} \xrightarrow{(NH_4)_2HPO_4} \underset{\text{沉淀形式}}{\boxed{MgNH_4PO_4 \cdot 6H_2O}} \xrightarrow{\text{分离}} \xrightarrow{1100℃\text{灼烧}} \underset{\text{称量形式}}{\boxed{Mg_2P_2O_7}}$$

在前一测定中沉淀形式与称量形式相同，而后一测定中则不同。

在沉淀重量法中，为了得到准确的分析结果，沉淀形式和称量形式必须满足以下要求。

1. 沉淀重量法对沉淀形式的要求

(1)沉淀的溶解度要小，保证被测组分完全沉淀析出，使沉淀溶解的损失不至于影响准确度。

(2)沉淀要易于过滤和洗涤。

(3)沉淀的纯度要高，容易避免被杂质沾污。

(4)沉淀应易于转化为称量形式。

2. 沉淀重量法对称量形式的要求

(1)称量形式要具有确定的化学组成，这是定量计算的基本依据。

(2)称量形式必须足够稳定，不易与空气中的CO_2、O_2、水分等作用。

(3)称量形式摩尔质量要大，这样可增大称量形式的质量，以减少称量误差。

二、沉淀剂的选择

根据重量分析对沉淀形式和称量形式的要求，选择沉淀剂时应考虑以下几点：

(1)沉淀剂最好是易挥发的，这样沉淀中夹带的沉淀剂容易在烘干或灼烧时除去。

(2)沉淀剂要有好的选择性，最好只与待测组分生成沉淀，而不与试液中其他组分生成沉淀。

(3)沉淀剂要有较大的溶解度，这样可减小沉淀对其存在的吸附作用。

许多有机沉淀剂的选择性较好，生成的沉淀溶解度小，组成恒定，容易分离和洗涤，大多烘干后可直接称量，且称量形式的摩尔质量一般较大，因此有机沉淀剂在重量分析中获得广泛的应用。常用的有机沉淀剂有两类：

① 生成盐类的有机沉淀剂：这类沉淀剂与金属离子可形成难溶盐，如四苯硼酸钠能与 K^+、NH_4^+、Ti^{4+}、Ag^+等生成难溶盐，其反应为

$$M^+ + NaB(C_6H_5)_4 = MB(C_6H_5)_4\downarrow + Na^+$$

② 生成螯合物的有机沉淀剂：这类沉淀剂与金属离子可形成难溶螯合物，如丁二酮肟与 Ni^{2+}形成二丁二酮肟合镍、8-羟基喹啉与 Al^{3+}形成 8-羟基喹啉合铝等。

三、影响沉淀溶解度的因素

沉淀重量法要求沉淀的溶解度尽可能小，这样被测组分才容易沉淀完全。影响沉淀溶解度的因素很多，如同离子效应、盐效应、酸效应、配位效应等。

1. 同离子效应

向试液或沉淀平衡体系中加入适当过量的、含有组成沉淀晶体的离子的试剂时，可降低沉淀物的溶解度，其中的作用即为同离子效应。例如，用 $BaSO_4$ 重量法测定 SO_4^{2-} 时，若按化学计量关系所需量加入 Ba^{2+}，则在 250 mL 溶液中 $BaSO_4$ 的溶解损失为

$$m_{溶} = \sqrt{6\times10^{-10}}\times250\times233.4 = 1.4\ (\text{mg})$$

此值大大超过重量分析允许的误差范围(不能超过分析天平称量的精确度)。但若加入过量的沉淀剂，使沉淀后溶液中 Ba^{2+}的浓度为 0.01 moi · L^{-1}，则此时 $BaSO_4$ 的溶解损失为

$$m'_{溶} = \frac{6\times10^{-10}}{0.01}\times250\times233.4 = 0.004\ (\text{mg})$$

此时沉淀的溶解损失已经很小了。为了减小计算误差，上述使用离子强度为 0.1 mol · L^{-1} 时 $BaSO_4$ 的 $K_{sp} = 6\times10^{-10}$ 计算。

在实际分析中，通常加入过量的沉淀剂，利用同离子效应使被测组分沉淀完全，减小沉淀的溶解损失。但沉淀剂不能加得过多，否则由于盐效应等影响反而使沉淀的溶解度增大，溶解损失增多。一般来说，挥发性沉淀剂过量 50%～100% 为宜，非挥发性沉淀剂过量 20%～30% 为宜。

2. 盐效应

向难溶电解质的饱和溶液中加入其他强电解质时，会使难溶电解质的溶解度比同温度时在纯水中的溶解度增大，这种现象称为盐效应。例如，AgCl、$BaSO_4$ 在 KNO_3 溶液中的溶解度比在纯水中大，而且溶解度随强电解质 KNO_3 的浓度增大而增大。例

如，溶液中 KNO_3 浓度由 0 增到 0.01 mol · L^{-1} 时，AgCl 的溶解度由 1.28×10^{-5} mol · L^{-1} 增到 1.43×10^{-5} mol · L^{-1}。

3. 酸效应

酸效应主要是指溶液中 H^+ 浓度的大小对弱酸、多元酸或难溶酸解离平衡的影响。若沉淀是强酸盐，如 $BaSO_4$、AgCl 等，其溶解度受酸度影响不大；但若沉淀是弱酸盐（如 CaC_2O_4 等）、氢氧化物或难溶酸（如硅酸、钨酸）以及许多与有机沉淀剂形成的沉淀，则酸效应影响就很显著。例如，CaC_2O_4 沉淀，它解离出的阴离子是弱碱，可以与溶液中的 H^+ 结合变成其共轭酸，使沉淀的溶解度增大：

$$
\begin{array}{ccccc}
CaC_2O_4 & \rightleftharpoons & Ca^{2+} & + & C_2O_4^{2-} \\
 & & & & -H^+ \Big\uparrow\Big\downarrow H^+ \\
 & & & & HC_2O_4^- \xrightarrow{H^+} H_2C_2O_4
\end{array}
$$

若知道平衡时溶液的 pH，则可以求出 $C_2O_4^{2-}$ 的酸效应系数 α 和条件溶度积，从而计算难溶物的溶解度。

例 6-1 计算 CaC_2O_4 在 pH=1.0 的 HCl 溶液中的条件溶度积和溶解度。(I=0.1 mol · L^{-1} 时，CaC_2O_4 的 $K_{sp}=10^{-7.8}$，$H_2C_2O_4$ 的 $pK_{a1}=1.1$，$pK_{a2}=4.0$）

解 因为溶液为强酸性，所以 $C_2O_4^{2-}$ 的副反应（酸效应）影响严重

$$\alpha_{C_2O_4^{2-}(H)}=1+\frac{[H^+]}{K_{a2}}+\frac{[H^+]^2}{K_{a1}K_{a2}}=1+\frac{10^{-1.0}}{10^{-4.0}}+\frac{10^{-1.0\times2}}{10^{-1.1-4.0}}=10^{3.4}$$

$$K'_{sp}=K_{sp}\alpha_{C_2O_4^{2-}(H)}=10^{-7.8}\times10^{3.4}=10^{-4.4}$$

$$S=\sqrt{K'_{sp}}=10^{-2.2}=6\times10^{-3}\ (\text{mol}\cdot\text{L}^{-1})$$

与不考虑酸效应（$S^\circ=1.3\times10^{-4}$ mol · L^{-1}）相比，两者相差近 50 倍。

4. 配位效应

溶液中存在的某些配位剂能与构成沉淀的离子形成可溶配合物时，也会促使沉淀溶解，这种现象称为配位效应。

例 6-2 计算 PbC_2O_4 沉淀在 pH = 4.0、过量的草酸浓度为 0.1mol · L^{-1}、未与 Pb^{2+} 结合的 EDTA 浓度为 0.01mol · L^{-1} 时的溶解度。（I = 0.1 mol · L^{-1} 时，PbC_2O_4 的 K_{sp} = $10^{-9.7}$，$H_2C_2O_4$ 的 $pK_{a1}=1.1$，$pK_{a2}=4.0$）

解 溶液的平衡关系为

$$
\begin{array}{ccccccc}
 & PbC_2O_4 & \rightleftharpoons & Pb^{2+} & + & C_2O_4^{2-} & \text{(主反应)} \\
H_iY \xleftarrow{H^+} Y & & & \Big\uparrow\Big\downarrow -Y & & -H^+ \Big\uparrow\Big\downarrow H^+ & \text{(副反应)} \\
 & & & PbY & & HC_2O_4^- \xrightarrow{H^+} H_2C_2O_4 &
\end{array}
$$

pH = 4.0 时

$$\lg\alpha_{Y(H)} = 8.6\text{，}\ [Y] = \frac{[Y']}{\alpha_{Y(H)}} = \frac{10^{-2}}{10^{8.6}} = 10^{-10.6}$$

$$\alpha_{PbY} = \frac{[Pb]+[PbY]}{[Pb]} = 1+[Y]K_{fPbY} = 1+10^{-10.6+18.0} = 10^{7.4}$$

而

$$\alpha_{C_2O_4^{2-}(H)} = 1+\frac{[H^+]}{K_{a2}}+\frac{[H^+]^2}{K_{a1}K_{a2}} = 1+\frac{10^{-4.0}}{10^{-4.0}}+\frac{10^{-4.0\times2}}{10^{-1.1-4.0}} = 10^{0.3}$$

$$K'_{sp} = K_{sp}\alpha_{PbY}\alpha_{C_2O_4^{2-}(H)} = 10^{-9.7}\times10^{7.4}\times10^{0.3} = 10^{-2.0}$$

故

$$S = [Pb'] = \frac{K'_{sp}}{[(C_2O_4^{2-})']} = \frac{10^{-2.0}}{0.1} = 0.1\ (\text{mol}\cdot\text{L}^{-1})$$

此时的溶解度很大，说明此条件下 PbC_2O_4 不会沉淀出来。

有时沉淀剂也是该金属离子的配位剂，过量沉淀剂的同离子效应和配位效应同时存在。例如，用 Cl^- 沉淀 Ag^+ 时，过量的 Cl^- 可与 AgCl 作用生成 $AgCl_2^-$、$AgCl_3^{2-}$、$AgCl_4^{3-}$ 配合物。当 Cl^- 适当过量时，同离子效应影响明显，AgCl 沉淀溶解度降低，但若 Cl^- 浓度太大，则配位效应显著，AgCl 沉淀的溶解度增大，如表 6-1 所示。

表 6-1　AgCl 在不同浓度 Cl^- 溶液中的溶解度

Cl^- 浓度/$(\text{mol}\cdot\text{L}^{-1})$	AgCl 溶解度/$(\text{mol}\cdot\text{L}^{-1})$	Cl^- 浓度/$(\text{mol}\cdot\text{L}^{-1})$	AgCl 溶解度/$(\text{mol}\cdot\text{L}^{-1})$
0	1.3×10^{-5}	8.8×10^{-2}	3.6×10^{-6}
3.9×10^{-3}	7.2×10^{-7}	3.5×10^{-1}	1.7×10^{-5}
9.2×10^{-3}	9.1×10^{-7}	5.0×10^{-1}	2.8×10^{-5}

5. 其他影响因素

溶解一般是吸热过程，大多数沉淀的溶解度随温度升高而增大，因此对于一些在热溶液中溶解度较大的沉淀(如 CaC_2O_4、$MgNH_4PO_4$ 等)，应冷却后再过滤、洗涤。而如 $Fe(OH)_3$、$Al(OH)_3$ 等一些无定形沉淀，其溶解度很小，而且冷却后难以过滤，应趁热过滤，并用热的洗涤剂洗涤。

大多数无机沉淀在有机溶剂中的溶解度比在水中小，向水溶液中加入适量与水互溶的有机溶剂如乙醇、丙酮等，可显著降低沉淀的溶解度。例如，重量法测定 K^+ 时，生成的 K_2PtCl_2 沉淀，在水中溶解度较大，加入乙醇则可使其溶解度大大减小，减小沉淀的溶解损失。但需要指出的是，如采用有机沉淀剂，所得的沉淀在加入有机溶剂后反而使溶解度增大，将增大沉淀的溶解损失。

沉淀的颗粒大小对溶解度也有影响。同种沉淀，颗粒越小，溶解度越大。这是因为颗粒小的沉淀有更多的角、边和表面，处于这些位置的离子受到晶体内部的引力小，更易受到溶剂的作用而进入溶液。因此，有的沉淀形成后，应与母液放置一段时间(陈化)，使小晶体转变为大晶体，有利于过滤和洗涤，吸附杂质也少。

四、沉淀的形成和影响沉淀纯度的因素

为了获得纯净且易于过滤、洗涤的沉淀，必须了解沉淀的形成过程、杂质混入沉淀的原因以及纯化沉淀的方法。

1. 沉淀的类型和形成过程

按沉淀颗粒直径的大小，可将其分为晶形沉淀(crystalline precipitate)和无定形沉淀(amorphous precipitate)两大类。典型的晶形沉淀有如CaC_2O_4、$MgNH_4PO_4$等粗晶形沉淀和$BaSO_4$等细晶形沉淀，典型的无定形沉淀(又称胶状沉淀)有如$Fe_2O_3 \cdot xH_2O$、$Al_2O_3 \cdot xH_2O$等。介于两者之间的是凝乳状沉淀，如AgCl等。从颗粒直径看，晶形沉淀的颗粒直径比较大(0.1~1 μm)，无定形沉淀的颗粒直径较小(< 0.02 μm)。但从沉淀整体看，晶形沉淀内部颗粒排列整齐、结构紧密，体积较小，易于沉降，有利于过滤和洗涤；而无定形沉淀是由许多微小的沉淀颗粒疏松地聚集在一起组成的，沉淀颗粒的排列杂乱无章，其中又包含大量数目不定的水分子，体积庞大疏松，不易沉降，不利于过滤和洗涤。

在沉淀重量法中，最希望获得颗粒粗大的晶形沉淀。但生成何种类型的沉淀，除取决于沉淀的性质外，还与沉淀形成的条件及沉淀后的处理有密切关系。了解了这些，就可通过控制适当的沉淀条件，以改善沉淀的物理性质。

沉淀的形成是一个复杂过程，目前尚缺乏成熟的理论。一般认为，沉淀的形成包括晶核形成和晶核长大两个过程：在过饱和溶液中，组成沉淀的离子(构晶离子)由于静电作用缔合起来形成含有2~4个离子对的晶核，然后溶液中过饱和的溶质就可在晶核上按一定规则定向排列，使晶核逐渐成长为沉淀颗粒。在沉淀的形成过程中，构晶离子聚集形成晶核和进一步聚集成为沉淀颗粒的速度称为聚集速度，构晶离子在晶核周围定向排列使晶核长大成为沉淀颗粒的速度称为定向速度。沉淀类型是由聚集速度和定向速度的相对大小决定的。定向速度大于聚集速度时，将形成数目少而颗粒大的晶形沉淀；反之则因极快生成大量晶核，来不及进行晶格排列而聚集形成无定形沉淀。

定向速度主要取决于沉淀物的性质，而聚集速度主要取决于沉淀时的条件(溶液过饱和度的大小)。过饱和度越低，聚集速度越小，有利于晶形沉淀的生成。因此，为了得到易于过滤、洗涤的粗大晶形沉淀，一般总是边搅拌、边缓慢加入稀的沉淀剂。但有些沉淀物，如$Fe_2O_3 \cdot xH_2O$、$Al_2O_3 \cdot xH_2O$等，只能形成无定形沉淀，这是由于其溶解度极低，溶液的过饱和度太大，聚集速度总是比较大，且由于其极性小、定向速度很低而造成的。

2. 影响沉淀纯度的因素

沉淀形成时，不可避免地会带进一些母液中的其他组分，从而使沉淀被沾污。为

了获得符合质量分析要求的沉淀，必须了解沉淀生成过程中混入杂质的各种原因，以便采取适当措施，尽量减少沉淀沾污。

(1)共沉淀:在一定条件下,溶液中某些可溶性组分会随同生成的沉淀物一起析出，这种现象叫共沉淀(coprecipitation)。例如，$BaSO_4$沉淀时，本来可溶的Na_2SO_4、$BaCl_2$等也与$BaSO_4$沉淀一起析出。产生共沉淀的原因主要有以下三个：

① 表面吸附。与沉淀晶体内部的构晶离子不同，晶体表面的每一个构晶离子所受到的静电引力是不平衡的，存在剩余引力，因而沉淀表面上的构晶离子就有选择性吸附溶液中带相反电荷离子的能力。被吸附的离子再通过静电引力吸引溶液中的其他离子，形成双电层。例如，$BaSO_4$沉淀表面吸附了$BaCl_2$而使沉淀不纯，就是表面吸附引起的。这种由于沉淀表面吸附杂质引起的共沉淀现象称表面吸附共沉淀。表面吸附共沉淀是无定形沉淀沾污的主要原因。吸附是放热过程，在较高的温度下沉淀，可以降低总吸附量。表面吸附的杂质离子一般可通过洗涤除去，也可用挥发性离子取代以便在烘干时除去。

② 生成混晶或固溶体。若杂质离子与构晶离子的半径相近、所形成的晶体结构相似，则极易生成混晶共沉淀，使沉淀严重不纯。例如，$BaSO_4$-$PbSO_4$、$MgNH_4PO_4$-$MgNH_4AsO_4$、AgCl-AgBr等混晶。通过陈化、洗涤、再沉淀等方法很难除去混晶共沉淀杂质离子。减少或消除混晶共沉淀的最好方法是将这些杂质离子事先分离除去。

③ 吸留或包藏。进行沉淀时，若沉淀物生成太快，则表面吸附的杂质离子来不及离开沉淀表面就被沉淀上来的构晶离子覆盖，使杂质或母液被包藏在沉淀内部，这种因吸附而使杂质留在沉淀内部的现象称为吸留。吸留或包藏的杂质，不能用洗涤的方法除去，但可通过陈化或重结晶的方法予以减少。

(2)后沉淀：某些组分以沉淀物析出之后，另一种本来难于沉淀析出的组分，也在该沉淀的表面慢慢析出，这种现象称为后沉淀(postprecipitation)。例如，在一定条件下，向含Ca^{2+}、Mg^{2+}的溶液中加入过量的$C_2O_4^{2-}$，MgC_2O_4应该不能以沉淀形式析出。但是CaC_2O_4沉淀析出后，本来并不能沉淀的MgC_2O_4也会慢慢在CaC_2O_4沉淀表面上析出。产生后沉淀的原因可能是当CaC_2O_4沉淀形成后，由于沉淀表面吸附大量的$C_2O_4^{2-}$(浓度比溶液中大得多)，从而导致了MgC_2O_4沉淀的析出。

后沉淀引入的杂质量往往比共沉淀还要多，且随着沉淀与母液共置(称为陈化)时间的延长而增多。减少后沉淀的主要方法是缩短陈化时间，不用陈化的沉淀应尽快过滤。

3. 提高沉淀纯度的方法

为了提高沉淀的纯度，可采用如下措施：

(1)选择适当的分析步骤。例如，测定试样中少量组分的含量时，不要先沉淀主要成分，以防少量待测组分混入沉淀中，引起分析误差。

(2)降低易被吸附杂质离子的浓度或改变杂质离子的存在形式。例如，沉淀$BaSO_4$

时，在 HCl 介质中进行而不在 HNO_3 介质中进行，可减少 $Ba(NO_3)_2$ 共沉淀。有 Fe^{3+} 存在时，将其还原为 Fe^{2+} 或用 EDTA 掩蔽，可使 Fe^{3+} 的共沉淀大大减少。

(3)选择合适的沉淀剂和沉淀条件。例如，选用有机沉淀剂常可减少共沉淀。

(4)用适当的洗涤剂洗涤沉淀(减少表面吸附共沉淀)。如果杂质较多，可将所得沉淀过滤、洗涤后，将其再溶解，进行第二次沉淀(再沉淀)。此时杂质离子浓度已降低，共沉淀及后沉淀现象会减少，使沉淀纯度得到提高。

五、沉淀条件的选择

为了获得纯净、易于过滤和洗涤的沉淀，必须根据沉淀的类型选择沉淀条件。

1. 晶形沉淀的沉淀条件——“稀、热、搅、慢、陈”

(1)沉淀时应在适当稀、热的溶液中进行。稀、热溶液的过饱和度小，聚集速度小，有利于得到大颗粒的、易于过滤和洗涤的晶形沉淀；同时有利于减少杂质的吸附量和得到纯净的沉淀。当然，溶液也不能太稀，否则沉淀溶解损失过大。沉淀完全后，应将溶液冷却后再进行过滤，以减少沉淀的溶解损失。

(2)在不断搅拌下缓慢地滴加沉淀剂。在不断搅拌下缓慢地滴加沉淀剂，可使沉淀剂迅速扩散，防止溶液局部过饱和度过大(局部过浓)而产生大量小晶粒。

(3)陈化。沉淀完全后，将沉淀与母液一起放置一段时间的过程称为陈化(aging)。陈化可使小晶粒变为大晶粒，同时使沉淀变得更加纯净。在大小晶粒共存的母液中，微小晶粒比大晶粒溶解度大，溶液对大晶粒为饱和时，对小晶粒尚未饱和，因此小晶粒沉淀逐渐溶解达到饱和，这时溶液对大晶粒为过饱和，溶液中的构晶离子就会在大晶粒上沉淀下来。当溶液对大晶粒变为饱和时，对小晶粒又变为未饱和，小晶粒又要继续溶解。如此反复进行，小晶粒逐渐消失，大晶粒不断长大。伴随这一过程，原来包藏在沉淀里的一部分杂质重新进入溶液，从而减少了杂质吸附，纯化了沉淀。

加热和搅拌可加快陈化的进行。一些在室温下需陈化几小时或十几小时的沉淀在加热和搅拌下，陈化时间可缩短为1～2 h或更短。

2. 无定形沉淀的沉淀条件

无定形沉淀一般溶解度很小，沉淀过程中溶液的过饱和度很大，因此对于这类沉淀，选择沉淀条件并不是为了降低溶液的过饱和度，而主要是为了设法破坏胶体，防止胶溶和促使沉淀凝聚，从而易于过滤和洗涤。无定形沉淀的沉淀条件为

(1)沉淀应在较浓的溶液中进行。在较浓的溶液中进行沉淀时，离子水化程度较小，得到的沉淀含水量少，体积较小，结构较紧密，容易聚沉，有利于过滤和洗涤。但此时沉淀吸附杂质的量有可能增加，因而常在沉淀完毕后加入较大量的热水并充分搅拌，使部分杂质解吸而重新转入溶液。

(2)沉淀应在有适量强电解质存在的热溶液中进行。在热溶液中进行沉淀可防止生

成胶体，以及减少沉淀表面对杂质的吸附。适量强电解质(通常为挥发性铵盐)的存在可促使带电荷的胶体粒子相互凝聚，加快沉降。

(3)沉淀完全后，应趁热过滤，不要陈化。这样可以防止无定形沉淀久置逐渐失去水分，凝聚得更紧密黏结而使杂质难以洗净。洗涤沉淀时，通常用热、稀的挥发性电解质溶液(如 NH_4NO_3、NH_4Cl 等)作洗涤液，以防止洗涤时沉淀发生胶溶现象。

3. 均相沉淀法

为了消除加入沉淀剂时难以避免的局部过浓现象，可采用均相沉淀法(homogeneous precipitation)。这种方法是通过化学反应使沉淀剂在溶液中缓慢、均匀地产生，使沉淀在整个溶液中缓慢地、均匀地析出，形成颗粒较大，吸附杂质少，易于过滤和洗涤的沉淀。

例如，测定 Ca^{2+}时，可向 Ca^{2+}的酸性溶液中加入草酸(此时 $C_2O_4^{2-}$浓度很小，不足以使 Ca^{2+}沉淀)，再向溶液中加入尿素，并加热至 90℃左右，使尿素逐渐水解：

$$CO(NH_2)_2 + H_2O \xrightarrow{\Delta} 2NH_3 + CO_2\uparrow$$

水解产生的 NH_3 均匀分布在整个溶液中，随 NH_3 不断产生，溶液的酸度逐渐降低，$C_2O_4^{2-}$浓度逐渐增大，于是 CaC_2O_4 均匀地、缓慢地析出，形成颗粒较大的晶形沉淀。

除可利用酸碱反应外，均相沉淀也可利用配合物的分解和氧化还原反应来进行。

六、称量形式的获得过程

1. 沉淀的过滤

过滤是为了使沉淀与母液分开，过滤需要灼烧的沉淀时需用定量滤纸(又称无灰滤纸，即灼烧后灰分很少的滤纸)。通常，无定形沉淀选用疏松的快速滤纸，粗晶形沉淀选用较紧密的中速滤纸，而细晶形沉淀应选最紧密的慢速滤纸。过滤不需要灼烧的沉淀时采用玻璃砂芯漏斗(或坩埚)。玻璃砂芯漏斗按孔径的大小分1～6号，号数小的孔径大。无定形和粗晶形沉淀选用 3 号，细晶形沉淀选用 4～5 号。用玻璃砂芯漏斗过滤前，应将其洗净、烘干、冷却、准确称量，直至恒重(前后两次称量结果相差小于 0.2 mg)。

2. 沉淀的洗涤

洗涤沉淀是为了除去沉淀表面吸附的不挥发杂质和残留母液。但洗涤时应尽可能减少沉淀的溶解损失和避免形成溶胶。为此要选用合适的洗涤剂。洗涤剂的一般选择原则：溶解度小又不易形成溶胶的沉淀，可选纯水洗涤；溶解度大的晶形沉淀，应选用在烘干或灼烧时可除去的挥发性沉淀剂稀溶液洗涤；对于溶解度小而又易形成溶胶的沉淀，应选用挥发性电解质稀溶液洗涤。

洗涤沉淀时应采用“少量多次”的洗涤方法，洗净与否，应以检查最后流出的洗涤液是否含有母液中的某种离子为依据。例如，用 $BaSO_4$ 重量法测定 SO_4^{2-}时，$BaSO_4$ 沉淀应用纯水洗至最后流出的洗涤液不含 Cl^-为止。

3. 沉淀的烘干和灼烧

烘干是为了除去沉淀中的水分和挥发性物质，使沉淀变为纯净、干燥、组成固定的称量形式。烘干在恒量过的玻璃砂芯漏斗(或坩埚)内进行，烘干的温度和时间随沉淀的不同而不同，沉淀也应烘干至恒量。玻璃砂芯漏斗恒量的温度和时间应与沉淀烘干的温度和时间相同。

灼烧除了能除去沉淀中的水分和挥发性物质外，有时还能使沉淀形式在高温下分解为组成固定的称量形式，以便于称量。例如，沉淀得到的$SiO_2 \cdot xH_2O$含有不确定的化合水，烘干难以除尽，必须经高温灼烧才能除尽。需要灼烧的沉淀，一般用无灰滤纸包裹置于已恒量的瓷坩埚中，依次加热烘干、炭化、灰化、灼烧直至恒量。

有关过滤、洗涤、烘干和灼烧的操作规程，可参阅相关的实验教材。

练　习　题

1. 重量分析中“恒量”的含义是什么?

2. 沉淀重量法对称量形式有哪些要求?

3. 沉淀重量法中的沉淀形式与称量形式是否必须相同? 为什么?

4. 有机沉淀剂有哪些特点?

5. 沉淀重量法与配位滴定法中的酸效应、配位效应各有何区别和联系?

6. 沉淀重量法中，所加沉淀剂必须过量，但又不能过量太多，这是为什么?

7. 解释名词：晶形沉淀、无定形沉淀、聚集速度、定向速度、共沉淀、后沉淀。

8. 沉淀是怎样形成的? 形成何种类型沉淀主要与哪些因素有关? 要获得颗粒粗大的晶形沉淀需要采取什么措施?

9. 要获得纯净的沉淀，需要采取哪些措施?

10. 沉淀重量法中，称取试样量的大小对测定是否有影响? 为什么?

11. 什么是均相沉淀法? 它与一般沉淀法相比有何优点?

12. 计算下表中各待测组分的换算因数F(准确值)：

称量形式	待测组分	换算因数	称量形式	待测组分	换算因数
Al_2O_3	Al		$(NH_4)_3PO_4 \cdot 12MoO_3$	P_2O_5	
$BaSO_4$	S		$Mg_2P_2O_7$	$MgSO_4 \cdot 7H_2O$	
Pt	$KCl(\rightarrow K_2PtCl_6 \rightarrow Pt)$		$Al(C_9H_6ON)_3$	Al_2O_3	

13. 测定Ba^{2+}时，若$BaSO_4$沉淀中有少量$BaCl_2$共沉淀，测定结果偏高还是偏低? 若混有少量H_2SO_4呢? 测定SO_4^{2-}时，若$BaSO_4$沉淀混有少量H_2SO_4，测定结果将偏高还是偏低?

14. 以$BaSO_4$沉淀重量法测定SO_4^{2-}时，下列操作对测定结果有什么影响?

(1)在强酸性溶液中进行沉淀；

(2)灼烧时将部分$BaSO_4$还原为BaS。

15. 称取磷矿石试样 0.4530 g，溶解后以$MgNH_4PO_4 \cdot 6H_2O$形式沉淀其中的磷，沉淀灼烧后得到 0.2825 g $Mg_2P_2O_7$。计算试样中P和P_2O_5的质量分数。

16. 称取某硅酸盐试样 0.5000 g，将其熔融处理并分离其他金属离子后，得到 KCl 和 NaCl 的混合物 0.1803 g，以 $AgNO_3$ 处理后得到 AgCl 沉淀 0.3904 g。计算该硅酸盐试样中 K_2O 和 Na_2O 的质量分数。

17. 称取某纯有机硫化合物 1.000 g，首先用 Na_2O_2 熔融，使其中的硫定量转化为 Na_2SO_4，然后溶于水，用 $BaCl_2$ 溶液处理后得到 $BaSO_4$ 沉淀 1.0890 g。计算：

(1)有机物中硫的质量分数；

(2)若有机物的相对分子质量为 214.33，计算有机物分子中硫的原子个数。

18. 用条件溶度积计算下列物质在给定介质中的溶解度：

(1) ZnS ($pK_{sp} = 23.8$) 在纯水中 (H_2S 的 $pK_{a1} = 7.1$， $pK_{a2} = 12.9$)；

(2) AgBr ($pK_{sp} = 12.1$) 在 0.1 $mol \cdot L^{-1}$ NH_3 溶液中 (NH_3 的 $pK_b = 4.6$)；

(3) $BaSO_4$ ($pK_{sp} = 9.2$) 在 pH = 7.0 的 EDTA (总浓度为 0.01 $mol \cdot L^{-1}$) 溶液中。

19. 称取风干（空气干燥）的石膏样品 1.2030 g，烘干时失去吸附水 0.0208 g，灼烧时失去结晶水 0.2424 g。计算干基样品（不含吸附水的样品）中 $CaSO_4 \cdot 2H_2O$ 的质量分数。

20. 称取某硅酸盐试样 0.4817 g，获得 0.2630 g 不纯的 SiO_2（主要含 Fe_2O_3、Al_2O_3）。将不纯的 SiO_2 以 H_2SO_4-HF 处理，使 SiO_2 转化为 SiF_4 挥发除去，残渣经灼烧后的质量为 0.0013 g。计算试样中 SiO_2 的质量分数。若不经过处理，杂质造成的误差有多大？

21. 测定 Mg 时，将 Mg^{2+} 以沉淀 $MgNH_4PO_4 \cdot 6H_2O$ 析出，若沉淀中有 1%的 NH_4^+ 被等物质的量的 K^+ 取代，将沉淀烘干为 $MgNH_4PO_4 \cdot 6H_2O$ 时称量，测定结果产生多大的误差？若将沉淀经高温灼烧为 $Mg_2P_2O_7$ 时称量，结果又产生多大的误差？

第七章　氧化还原滴定法

【学习目标】

(1) 了解条件电位概念和影响因素、条件电位对反应完全程度的影响。

(2) 了解影响氧化还原反应速度的因素。

(3) 理解氧化还原滴定原理，掌握滴定曲线(特别是对称电对间滴定的计量点)的计算。

(4) 理解氧化还原滴定中各类指示剂的作用原理，能正确选择指示剂。

(5) 掌握各常用氧化还原滴定法的基本原理、基本反应、反应条件的控制及应用。

(6) 掌握氧化还原滴定结果的计算。

第一节　氧化还原滴定法概述

以氧化还原反应为滴定反应的滴定分析法称氧化还原滴定法。由于氧化还原反应比较复杂，常有副反应，反应速度比较慢，所以滴定时需要严格控制反应条件。根据氧化剂和还原剂的不同，常用的氧化还原滴定法有高锰酸钾法、重铬酸钾法和碘量法。下面先讨论几个相关的问题。

一、条件电位

我们已经学过，定量研究氧化还原反应需用到电极电势。对于可逆电对 Ox/Red，其电极反应和常温下的能斯特方程式为

$$\mathrm{Ox}+ne^- \rightleftharpoons \mathrm{Red}$$

$$\varphi=\varphi^{\ominus}+\frac{0.059}{n}\lg\frac{a_{\mathrm{Ox}}}{a_{\mathrm{Red}}}$$

式中，a_{Ox}、a_{Red} 分别为氧化型(Ox)、还原型(Red)的相对活度。

当以浓度代替活度时，应考虑溶液的离子强度和 Ox、Red 各种副反应的影响。根据活度与活度系数 f、平衡浓度的关系 $a_{\mathrm{Ox}}=f_{\mathrm{Ox}}\cdot[\mathrm{Ox}]$、$a_{\mathrm{Red}}=f_{\mathrm{Red}}\cdot[\mathrm{Red}]$，以及副反应系数 α 的定义式 $\alpha_{\mathrm{Ox}}=c_{\mathrm{Ox}}/[\mathrm{Ox}]$、$\alpha_{\mathrm{Red}}=c_{\mathrm{Red}}/[\mathrm{Red}]$，得

$$\varphi=\varphi^{\ominus}+\frac{0.059}{n}\lg\frac{c_{\mathrm{Ox}}\cdot f_{\mathrm{Ox}}\cdot\alpha_{\mathrm{Red}}}{c_{\mathrm{Red}}\cdot f_{\mathrm{Red}}\cdot\alpha_{\mathrm{Ox}}}$$

$$\varphi=\varphi^{\ominus}+\frac{0.059}{n}\lg\frac{f_{\mathrm{Ox}}\cdot\alpha_{\mathrm{Red}}}{f_{\mathrm{Red}}\cdot\alpha_{\mathrm{Ox}}}+\frac{0.059}{n}\lg\frac{c_{\mathrm{Ox}}}{c_{\mathrm{Red}}}$$

在不同条件下，活度系数 f_{Ox}、f_{Red} 和副反应系数 α_{Ox}、α_{Red} 具有不同值，但条件一定时，它们都有确定的值，即 $\varphi^{\ominus}+\dfrac{0.059}{n}\lg\dfrac{f_{\text{Ox}}\cdot\alpha_{\text{Red}}}{f_{\text{Red}}\cdot\alpha_{\text{Ox}}}$ 为定值，用 $\varphi^{\ominus\prime}$ 代替。得

$$\varphi=\varphi^{\ominus\prime}+\frac{0.059}{n}\lg\frac{c_{\text{Ox}}}{c_{\text{Red}}} \tag{7-1}$$

$\varphi^{\ominus\prime}$ 称为电对 Ox/Red 的条件电位(conditional potential)，它表示在一定条件下，当氧化型分析浓度 c_{Ox} 和还原型分析浓度 c_{Red} 都为 $1\ \text{mol}\cdot\text{L}^{-1}$ 时经校正过的电极电势。

通常，我们能知道的是一定条件下的分析浓度而非活度，因此计算时都应使用条件电位，否则可能会产生较大的误差。但由于条件电位的数据较少，所以实际应用中只有要求精确且有条件电位数据时，才使用条件电位(或用相似条件下的条件电位代替)计算，如果要求不高或没有条件电位，则用标准电极电势代替。

二、氧化还原反应进行的程度

氧化还原反应实际进行的程度，可用反应的条件平衡常数(conditional equilibrium constant，K')衡量。条件平衡常数的大小取决于氧化剂、还原剂与其反应产物所构成电对的条件电位之差 $\Delta\varphi^{\ominus\prime}$ (即对应原电池的条件电动势)的大小和转移电子数。

例如，由两个对称电对构成的氧化还原反应，其通式为

$$p\text{Ox}_1+q\ \text{Red}_2 \rightleftharpoons p\text{Red}_1+q\text{Ox}_2 \quad (ne^-\ \text{from Red}_2\ \text{to Ox}_1)$$

电对 Ox_1/Red_1、Ox_2/Red_2 的电位 φ_1、φ_2 相等时，反应达到平衡状态。根据 $\varphi_1=\varphi_2$ 及其能斯特方程式，可导出条件平衡常数与两电对的条件电位之差的关系：

$$\lg K'=\lg\left[\left(\frac{c_{\text{Red}_1}}{c_{\text{Ox}_1}}\right)^p\cdot\left(\frac{c_{\text{Ox}_2}}{c_{\text{Red}_2}}\right)^q\right]=\frac{n(\varphi_1^{\ominus\prime}-\varphi_2^{\ominus\prime})}{0.059} \tag{7-2}$$

式中，n 为半反应转移电子数 n_1 与 n_2 的最小公倍数，$n=n_1q=n_2p$。

由上式可见，氧化还原反应所涉及的两个电对的条件电位之差 $\Delta\varphi^{\ominus\prime}$ 越大，其条件平衡常数越大，反应进行得越完全($\Delta\varphi^{\ominus\prime}$ 为负值时，K' 很小，逆向反应进行程度高)。对于滴定反应，要求其完成程度达到 99.9%以上，即反应到达计量点时

$$\frac{c_{\text{Red}_1}}{c_{\text{Ox}_1}}\geqslant\frac{99.9\%}{0.1\%}\approx10^3,\qquad \frac{c_{\text{Ox}_2}}{c_{\text{Red}_2}}\geqslant\frac{99.9\%}{0.1\%}\approx10^3$$

$$K'=\left(\frac{c_{\text{Red}_1}}{c_{\text{Ox}_1}}\right)^p\cdot\left(\frac{c_{\text{Ox}_2}}{c_{\text{Red}_2}}\right)^q\geqslant10^{3(p+q)}$$

$$\frac{n(\varphi_1^{\ominus\prime}-\varphi_2^{\ominus\prime})}{0.059}\geqslant3(p+q) \tag{7-3}$$

若$n_1 = n_2 = 1$，则$p = q = 1$，$K' \geqslant 10^6$，$\Delta\varphi^{\ominus\prime} = \varphi_1^{\ominus\prime} - \varphi_2^{\ominus\prime} \geqslant 3 \times (1+1) \times 0.059 \approx 0.4$（V）。

由于电子转移数n值不同，氧化还原反应条件平衡常数不同，所以氧化还原滴定对滴定反应的条件电位之差$\Delta\varphi^{\ominus\prime}$的要求也不同。不过，一般认为氧化还原滴定反应涉及两电对的条件电位之差应当大于 0.4 V。这就是氧化还原滴定对条件电位的要求。

[课堂活动]

条件平衡常数$K' \geqslant 10^6$的氧化还原反应是否进行得很完全？试举例说明。

三、氧化还原反应的速率和副反应对滴定分析的影响

许多氧化还原反应进行的速率较慢，即使两电对的条件电位之差大于 0.4 V，也不一定符合滴定分析的要求，不一定能作为滴定反应。应当设法提高其反应速率，或者改变滴定方式，使其适应滴定分析的要求。

氧化还原反应比较复杂，常伴有副反应，有的副反应会使滴定产生较大的误差。例如，$KMnO_4$ 通常不会氧化溶液中少量的 Cl^-（反应极慢），但溶液中存在 Fe^{2+}时，$KMnO_4$与 Fe^{2+}的反应会诱发 $KMnO_4$ 氧化 Cl^-反应的发生（这种作用称为诱导效应或诱导反应），在这种情况下用 $KMnO_4$ 滴定 Fe^{2+}就会消耗更多的 $KMnO_4$ 标准溶液，使测定结果偏高。诱导反应对分析结果的影响往往很难预测。应尽可能控制好滴定的条件，预防诱导反应和其他副反应的发生，提高滴定的准确度。

第二节　氧化还原滴定基本原理

一、氧化还原滴定曲线

在氧化还原滴定过程中，随着滴定剂的加入，溶液中氧化剂和还原剂的浓度在不断变化，有关电对的电势也随之不断变化，这种变化可用氧化还原滴定曲线来描述。

在滴定过程中，溶液电势的变化可用仪器测定，也可根据能斯特方程式作近似计算。为了减少与实际测定之间的误差，计算时应采用条件电位。下面以在 0.5 $mol \cdot L^{-1}$ H_2SO_4介质中用 0.1000 $mol \cdot L^{-1}$ $Ce(SO_4)_2$溶液滴定 20.00 mL 0.1000 $mol \cdot L^{-1}$ $FeSO_4$溶液为例，说明滴定过程电极电势的变化。

以 $Ce(SO_4)_2$溶液滴定 $FeSO_4$溶液的滴定反应为

$$Ce^{4+} + Fe^{2+} \rightleftharpoons Ce^{3+} + Fe^{3+} \quad (e^- \text{ 由 } Fe^{2+} \text{ 转移至 } Ce^{4+})$$

$$\varphi_1^{\ominus\prime} = \varphi^{\ominus\prime}_{Ce^{4+}/Ce^{3+}} = 1.44 \text{ V}, \quad \varphi_2^{\ominus\prime} = \varphi^{\ominus\prime}_{Fe^{3+}/Fe^{2+}} = 0.68 \text{ V}$$

电对 Ce^{4+}/Ce^{3+}、Fe^{3+}/Fe^{2+}的能斯特方程式分别为

$$\varphi_1 = \varphi_1^{\ominus\prime} + \frac{0.059}{1}\lg\frac{c_{Ce(IV)}}{c_{Ce(III)}} \tag{a}$$

$$\varphi_2 = \varphi_2^{\ominus\prime} + \frac{0.059}{1}\lg\frac{c_{Fe(III)}}{c_{Fe(II)}} \tag{b}$$

滴定开始后，随着 $Ce(SO_4)_2$ 溶液的加入，Fe^{2+}被氧化为 Fe^{3+}，电对 Fe^{3+}/Fe^{2+}的浓度比值逐渐增大，其电势 φ_2 也逐渐增大；同时，Ce^{4+}被还原为 Ce^{3+}，电对 Ce^{4+}/Ce^{3+}的浓度比值逐渐减小，其电势 φ_1 也逐渐减小，直到 $\varphi_2 = \varphi_1$，反应达到平衡状态。在滴定过程中，每加入一滴 $Ce(SO_4)_2$ 溶液后，体系中的 Ce^{4+}浓度会瞬间升高，电对 Ce^{4+}/Ce^{3+}的电势随之增大，原平衡被打破，反应会继续进行，直到溶液中两电对的电势再度相等而形成一个新的平衡状态(新平衡态电势大于前平衡态电势)。由于滴定过程中任一平衡点，两电对的电势相等，因此溶液的电势既可用式(a)计算，也可用式(b)计算得到。但是，在滴定的不同阶段，应选择氧化型、还原型的浓度比便于计算的电对来计算体系的电势。滴定各时段电极电势的具体计算如下：

(1)滴定前，体系中只存在电对 Fe^{3+}/Fe^{2+}(Fe^{3+}由空气氧化 Fe^{2+}产生)，但 Fe^{3+}的浓度无法知道，故此时溶液的电势无法计算。

(2)滴定开始至计量点前，溶液的电势应选择被滴物电对来计算。因为此阶段体系中虽然同时存在 Fe^{3+}/Fe^{2+}和 Ce^{4+}/Ce^{3+}两个电对，但由于所加的 Ce^{4+}几乎全部被还原为 Ce^{3+}，Ce^{4+}的浓度很小且难以确定，故此时不宜用式(a)计算。相反，只要知道滴定分数，就可知道溶液中 Fe^{3+}、Fe^{2+}的浓度比(即滴定分数与未被滴分数之比)，应用式(b)计算溶液的电势比较方便。例如，当滴加 $Ce(SO_4)_2$ 溶液 10.00 mL 时，Fe^{2+}被滴定了50%，生成的 Fe^{3+}的浓度与剩下的 Fe^{2+}的浓度相等(各占总量的 50%)，此时

$$\varphi = \varphi_2 = \varphi_2^{\ominus\prime} + \frac{0.059}{1}\lg\frac{c_{Fe(III)}}{c_{Fe(II)}} = 0.68 + \frac{0.059}{1}\lg\frac{50\%}{50\%} = 0.68\ (V)$$

同理，当加入 $Ce(SO_4)_2$ 溶液 19.98 mL 时，Fe^{2+}被滴定了 99.9% (剩余 0.1%)，此时

$$\varphi = \varphi_2 = 0.68 + \frac{0.059}{1}\lg\frac{99.9\%}{0.1\%} = 0.86\ (V)$$

(3)计量点时，Fe^{2+}几乎全部被氧化为 Fe^{3+}，Fe^{2+}和 Ce^{4+}的浓度都很小且难以确定，因此单独用式(a)或式(b)都无法计算溶液的电势，必须将两式结合起来才能求解。

将式(a)和式(b)相加，得

$$2\varphi_{sp} = \varphi_1^{\ominus\prime} + \varphi_2^{\ominus\prime} + \frac{0.059}{1}\lg\frac{c_{Ce(IV)}c_{Fe(III)}}{c_{Ce(III)}c_{Fe(II)}}$$

因为计量点时 $c_{Ce(IV)} = c_{Fe(II)}$，$c_{Ce(III)} = c_{Fe(III)}$，所以

$$\varphi_{sp}=\frac{\varphi_1^{\ominus\prime}+\varphi_2^{\ominus\prime}}{2}=\frac{1.44+0.68}{2}=1.06\ (V)$$

一般地，对于对称电对间的氧化还原滴定反应，其计量点电势的计算通式为

$$\varphi_{sp}=\frac{n_1\varphi_1^{\ominus\prime}+n_2\varphi_2^{\ominus\prime}}{n_1+n_2} \tag{7-4}$$

式中，$\varphi_1^{\ominus\prime}$ 和 $\varphi_2^{\ominus\prime}$ 分别为氧化剂对应的电对和还原剂对应的电对的条件电位(无条件电位时则用标准电极电势代替)；n_1 和 n_2 分别为相应电极反应的得失电子数。滴定反应中包含不对称电对(半反应中氧化型、还原型系数不相等的电对，如 I_2/I^- 电对等)时，计量点电势还与浓度有关，但作近似计算时仍能使用上式。

(4)计量点后，溶液的电势应选择滴定剂对应的电对来计算。因为此阶段 $Ce(SO_4)_2$ 过量，溶液中的 Fe^{2+} 浓度更小且难以确定，而溶液中 Ce^{4+}、Ce^{3+} 的浓度比可根据多加 $Ce(SO_4)_2$ 的量计算，故溶液的电势用式(a)计算较方便。例如，滴入 $Ce(SO_4)_2$ 溶液 20.02 mL 时，Ce^{4+} 过量 0.1%，Ce^{3+} 的量仍为 100.0%(即计量点时的量)，此时

$$\varphi=\varphi_1=\varphi_1^{\ominus\prime}+\frac{0.059}{1}\lg\frac{c_{Ce(IV)}}{c_{Ce(III)}}=1.44+\frac{0.059}{1}\lg\frac{0.1\%}{100\%}=1.26\ (V)$$

以类似的方法，可计算滴定过程中各点的电势值，现将其列于表 7-1 中。以溶液的电势为纵坐标，滴定剂加入量为横坐标作出的滴定曲线即氧化还原滴定曲线，如图 7-1 所示。

表 7-1　以 0.1000 mol · L^{-1} $Ce(SO_4)_2$ 溶液滴定 20.00 mL 0.1000 mol · L^{-1} $FeSO_4$ 溶液

时段	计算公式	加入 Ce^{4+} 溶液/mL	剩余 Fe^{2+}(过量 Ce^{4+})溶液/mL	滴定分数	电势 φ/V	
sp 前	$\varphi=\varphi_2^{\ominus\prime}+\frac{0.059}{n_2}\lg\frac{c_{Fe(III)}}{c_{Fe(II)}}$	10.00	10.00	50.00%	0.68	
		18.00	2.00	90.0%	0.74	
		19.80	0.20	99.0%	0.80	
		19.98	0.02	99.9%	0.86	突跃范围
sp 时	$\varphi=(n_1\varphi_1^{\ominus\prime}+n_2\varphi_2^{\ominus\prime})/(n_1+n_2)$	20.00	0.00	100.0%	1.06	
sp 后	$\varphi=\varphi_1^{\ominus\prime}+\frac{0.059}{n_1}\lg\frac{c_{Ce(IV)}}{c_{Ce(III)}}$	20.02	(0.02)	100.1%	1.26	
		20.20	(0.20)	101.0%	1.32	
		22.00	(2.00)	110.0%	1.38	
		40.00	(20.00)	200.0%	1.44	

从表 7-1 和图 7-1 可看出，在以 $Ce(SO_4)_2$ 溶液滴定 $FeSO_4$ 溶液的计量点附近，产生一个相当大的电势突跃($\Delta\varphi=1.26\ V-0.86\ V=0.4\ V$)。

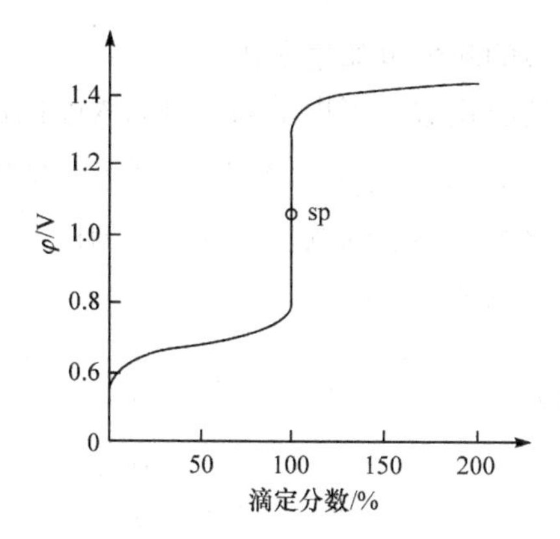

图 7-1　$0.1000\ mol \cdot L^{-1}Ce(SO_4)_2$滴定 $0.1000\ mol \cdot L^{-1}FeSO_4$的滴定曲线

在氧化还原滴定中，影响滴定突跃范围$\left[(\varphi_2^{\ominus\prime}+0.059\times3/n_2)\sim(\varphi_1^{\ominus\prime}-0.059\times3/n_1)\right]$的主要因素是滴定反应所涉及两个电对的条件电位之差（$\Delta\varphi^{\ominus\prime}=\varphi_1^{\ominus\prime}-\varphi_2^{\ominus\prime}$）。两个电对的$\Delta\varphi^{\ominus\prime}$值越大，反应完成程度越高（$K'$越大），滴定突跃$\Delta\varphi$就越大。反之，滴定突跃就越小。一般认为，两个电对的$\Delta\varphi^{\ominus\prime}\geqslant 0.4\ V$ 时，才可以使用指示剂确定终点，准确地滴定。

此外，由不对称电对组成的滴定反应，其突跃范围还受浓度影响，但影响程度不大。

从计量点的计算公式可以看出，当$n_1=n_2$时，计量点落在滴定突跃的中点；当$n_1\neq n_2$时，计量点靠近n_1、n_2较大的电对的$\varphi^{\ominus\prime}$一方。选择指示剂时应注意这一点。

二、氧化还原滴定中的指示剂

多数氧化还原反应在计量点时外观特征没有明显的变化，因此氧化还原滴定常用指示剂等确定终点。氧化还原滴定中使用的指示剂，按其变色原理不同分为以下三类。

(1) 氧化还原指示剂(redox indicator)：这类指示剂本身是弱氧化剂或弱还原剂，通过发生氧化还原反应来指示滴定终点，其氧化型 In(O)和还原型 In(R)具有明显不同的颜色。

指示剂电对 In(O/R)的电极反应为

$$In(O)+ne^- \rightleftharpoons In(R)$$

其能斯特方程式可表示为

$$\varphi_{In(O/R)}=\varphi^{\ominus\prime}{}_{In(O/R)}+\frac{0.059}{n}\lg\frac{c_{In(O)}}{c_{In(R)}}$$

指示剂在滴定过程中参加氧化还原反应，当反应达到平衡时，指示剂电对的电势与滴定体系的电势相等。滴定体系的电势随滴定的进行发生变化，指示剂电对的浓度比随之发生变化，因而溶液的颜色也随之变化。

与酸碱指示剂的变色情况相似，当指示剂电对的浓度比 $c_{In(O)}/c_{In(R)} \geqslant 10$ 时，溶液呈现指示剂氧化型的颜色；而 $c_{In(O)}/c_{In(R)} \leqslant 0.1$ 时，则溶液呈现指示剂还原型的颜色；当 $c_{In(O)}/c_{In(R)}$ 在 0.1～10 变化时，溶液的颜色能从指示剂还原型颜色变成氧化型颜色，或从氧化型颜色变成还原型颜色，此时

$$\varphi^{\ominus\prime}{}_{In(O/R)}-\frac{0.059}{n}\leqslant\varphi_{In(O/R)}\leqslant\varphi^{\ominus\prime}{}_{In(O/R)}+\frac{0.059}{n}$$

$$\varphi_{In(O/R)}=\varphi^{\ominus\prime}{}_{In(O/R)}\pm\frac{0.059}{n} \tag{7-5}$$

式中的电位范围称为氧化还原指示剂的理论变色范围，而 $\varphi^{\ominus\prime}{}_{In(O/R)}$ 称为指示剂的理论变色点。

显然，只要指示剂变色的电位范围落在滴定突跃范围之内时，这种指示剂就可以用来确定氧化还原滴定的终点。在选择指示剂时，应使指示剂的条件电位与计量点电势尽可能一致，以减小终点误差。例如，用硫酸铈滴定硫酸亚铁时，最好选用邻二氮菲亚铁指示剂。表 7-2 列出了一些常用氧化还原指示剂的条件电位。

表 7-2　一些常用的氧化还原指示剂

指示剂	$\varphi^{\ominus\prime}{}_{In}(O/R)$ / V $[H^+]=1\ mol\cdot L^{-1}$	颜色变化		配制方法
		氧化型	还原型	
次甲基蓝	0.53	蓝色	无色	0.05%的水溶液
二苯胺	0.76	紫色	无色	$10\ g\cdot L^{-1}$ 的浓 H_2SO_4 溶液
二苯胺磺酸钠	0.85	紫红	无色	$5\ g\cdot L^{-1}$ 的水溶液
邻苯氨苯基甲酸	0.89	紫红	无色	$1\ g\cdot L^{-1}$ 的 $10\ g\cdot L^{-1}Na_2CO_3$ 水溶液
邻二氮菲亚铁	1.06	浅蓝	红紫	$0.025\ mol\cdot L^{-1}$ 水溶液
硝基邻二氮菲亚铁	1.25	浅蓝	红色	$0.025\ mol\cdot L^{-1}$ 水溶液

(2) 特殊指示剂：这类指示剂能与滴定剂或被滴定物质结合形成特殊颜色的物质，能以此特殊颜色的出现或消失指示滴定终点的到达。例如，可溶性淀粉与碘反应生成蓝色的吸附物，显色反应极为灵敏，当 I_2 的浓度为 $1\times10^{-5}\ mol\cdot L^{-1}$ 时即能看到蓝色，而当 I_2 被还原为 I^- 时蓝色消失。因此，在碘量法中常用淀粉溶液作指示剂。

(3) 自身指示剂：在氧化还原滴定中，若滴定剂或被滴物具有很深的颜色而滴定反应产物无色或颜色很浅，则滴定时无需另外加入指示剂，滴定剂或被滴物本身的颜色变化就能指示终点的到达。滴定过程中起到指示剂作用的滴定剂或被滴物，称为自身指示剂(self indicator)。例如，高锰酸钾法中就常用自身指示剂($KMnO_4$)，滴定剂 $KMnO_4$ 溶液呈紫红色，其还原产物 Mn^{2+} 几乎无色，若其他滴定反应产物无色或颜色

很浅，则滴定到达计量点后，稍微过量的 MnO_4^-(浓度约为 2×10^{-6} mol · L^{-1})，就能使溶液呈现明显的微红色，表示滴定终点已到达。

第三节　常用的氧化还原滴定法

一、重铬酸钾法

1. 方法简介

重铬酸钾法是指滴定反应中以 $K_2Cr_2O_7$ 为氧化剂的氧化还原滴定法。在强酸性溶液中，$K_2Cr_2O_7$ 的半反应为

$$Cr_2O_7^{2-} + 14H^+ + 6e^- \rightleftharpoons 2Cr^{3+} + 7H_2O \qquad \varphi^{\ominus\prime} = 1.08\ \text{V}\ (\text{在 } 3\ \text{mol}\cdot\text{L}^{-1}\ \text{HCl 中})$$

重铬酸钾法具有以下优点：

(1) $K_2Cr_2O_7$ 容易提纯且性质稳定，在140～150 ℃干燥 2 h 后，其标准溶液可用直接法配制，不需要标定。

(2) $K_2Cr_2O_7$ 溶液非常稳定，于密闭容器中长期保存而浓度不变，在酸性条件下煮沸也不分解。

(3) 在室温下，$K_2Cr_2O_7$ 不能氧化 3 mol · L^{-1} 以下的 HCl，因此，滴定可以在稀盐酸介质中进行。

重铬酸钾法的缺点是 $K_2Cr_2O_7$ 的电极电势较低，其氧化性不是很强，因此应用范围较窄。另外，虽然 $K_2Cr_2O_7$ 呈橙黄色，但其还原产物 Cr^{3+} 呈绿色，难以根据其本身的颜色变化来确定滴定终点，故在滴定过程中必须另加氧化还原指示剂。

2. 应用示例

重铬酸钾法最典型的应用是测定铁的含量。通过 $Cr_2O_7^{2-}$ 与 Fe^{2+} 的反应还可测定其他氧化性和还原性物质，如土壤中的有机质等。下面以土壤中铁含量的测定为例说明重铬酸钾法的应用。

采用重铬酸钾法测定土壤中铁含量时，一般是在分离 SiO_2 后的强酸性试液中加入过量 $SnCl_2$ 溶液，使其中的 Fe^{3+} 定量地还原为 Fe^{2+}，然后用 $K_2Cr_2O_7$ 标准溶液滴定：

$$2Fe^{3+} + Sn^{2+} \rightleftharpoons 2Fe^{2+} + Sn^{4+}$$
$$Cr_2O_7^{2-} + 6Fe^{2+} + 14H^+ = 2Cr^{3+} + 6Fe^{3+} + 7H_2O$$

为确保 Fe^{3+} 完全还原，$SnCl_2$ 应在溶液温度不低于 70 ℃下逐滴加入至稍过量。过量的 $SnCl_2$，可滴加 $HgCl_2$ 消除其干扰：

$$SnCl_2 + 2HgCl_2 \rightleftharpoons SnCl_4 + Hg_2Cl_2\downarrow\ (\text{白色})$$

$SnCl_2$ 过量太多时，会消耗较多 $HgCl_2$ 和使 Hg_2Cl_2 进一步还原生成黑色或灰色的微细金属汞沉淀，影响终点的观察：

$$Hg_2Cl_2 + SnCl_2 \rightleftharpoons 2Hg\downarrow + SnCl_4$$

由于汞盐剧毒，会污染环境和危害人体健康，因此提倡采用无汞重铬酸钾法来测定铁。例如，以甲基橙为指示剂，在热的3～5 mol · L^{-1}HCl 溶液中用 $SnCl_2$将 Fe^{3+}还原为 Fe^{2+}。过量的 $SnCl_2$可将甲基橙还原而使其褪色，据此可判断和控制 $SnCl_2$的滴加量。甲基橙的还原反应为

$$(CH_3)_2N{=}C_6H_4{=}N{-}NHC_6H_4SO_3Na \xrightarrow{H^+} (CH_3)_2NC_6H_4NH{-}NHC_6H_4SO_3Na$$

$$(CH_3)_2NC_6H_4NH{-}NHC_6H_4SO_3Na \xrightarrow{2H^+} (CH_3)_2NC_6H_4NH_2 + H_2NC_6H_4SO_3Na$$

滴定时一般用二苯胺磺酸钠(变色点 $\varphi^{\ominus\prime}$= 0.85 V)作指示剂，在1～2 mol · L^{-1} 的 H_2SO_4-H_3PO_4介质中进行。加入 H_3PO_4的目的是使滴定产物 Fe^{3+}与之结合生成无色的 $Fe(HPO_4)_2^-$，降低 Fe^{3+}的浓度和电对 Fe^{3+}/Fe^{2+}的电势，增大滴定的突跃范围和消除 Fe^{3+}的黄色对终点观察的干扰，提高滴定的准确度。

二、高锰酸钾法

1. 方法简介

高锰酸钾法是指以高锰酸钾作滴定剂的氧化还原滴定法。$KMnO_4$在强酸性介质中的半反应为

$$MnO_4^- + 8H^+ + 5e^- \rightleftharpoons Mn^{2+} + 4H_2O \quad \varphi^{\ominus\prime} = 1.45\ \text{V}\ (\text{在 } 1\ \text{mol} \cdot \text{L}^{-1}\ HClO_4\ \text{中})$$

由于 $KMnO_4$在强酸性介质中电极电势较高，氧化能力较强，生成的 Mn^{2+}近于无色，有利于滴定终点的观察，所以滴定一般在强酸性溶液中进行。若酸度不足，则会生成 MnO_2沉淀而产生误差，并妨碍终点观察。滴定介质通常选用0.5 mol · L^{-1}的硫酸溶液而不用盐酸或硝酸溶液，因为 Cl^-可能还原 $KMnO_4$，而 HNO_3可能与还原性物质作用，都可能造成干扰。

与重铬酸钾法相比，高锰酸钾法的优点是 $KMnO_4$ 氧化能力强，应用范围广；$KMnO_4$溶液本身有很深的颜色，若滴定产物无色或颜色很浅时，则不需要另外加入指示剂。高锰酸钾法的主要缺点是 $KMnO_4$ 标准溶液不够稳定，需要经常标定；又由于 $KMnO_4$氧化能力强，可与很多还原性物质发生反应，滴定的选择性较差，因此干扰比较严重。

2. $KMnO_4$溶液的配制和标定

商品 $KMnO_4$含有少量 MnO_2等杂质，所用蒸馏水(或去离子水)所含的微量有机物等还原性物质也会使 $KMnO_4$还原成 MnO_2，而 MnO_2会加速 $KMnO_4$分解，因此 $KMnO_4$标准溶液不能用直接法配制。此外，热、光、酸、碱等也会加速 $KMnO_4$ 水溶液的分解：

$$4MnO_4^- + 2H_2O = 4MnO_2\downarrow + 3O_2\uparrow + 4OH^-$$

为了得到较稳定的 $KMnO_4$ 溶液，配制时应将溶液加热至沸，并保持微沸状态约 1 h(或于暗处放置数天)，使溶液中可能存在的还原性物质完全氧化，冷却后用微孔玻璃漏斗过滤除去析出的 MnO_2 沉淀等不溶物(过滤时不能使用滤纸，因其能与 $KMnO_4$ 反应)，然后将配得的 $KMnO_4$ 溶液储存于棕色试剂瓶中并存放到暗处。一般使用前进行标定。

标定 $KMnO_4$ 溶液的基准物质相当多，如 $Na_2C_2O_4$、As_2O_3 和纯铁丝等。其中以 $Na_2C_2O_4$ 较为常用，因为它容易提纯，性质稳定，不含结晶水。$Na_2C_2O_4$ 在 (110±5) ℃烘干约 2 h 后冷却，即可使用。

在 H_2SO_4 溶液中，$KMnO_4$ 与 $Na_2C_2O_4$ 的反应为

$$2MnO_4^- + 5C_2O_4^{2-} + 16H^+ = 2Mn^{2+} + 10CO_2\uparrow + 8H_2O$$

这个反应在室温下反应速率较缓慢，需要将溶液加热至 75～85 ℃时才进行滴定。滴定完毕时，溶液温度不应低于 60 ℃。但是，温度也不宜过高，若高于 90 ℃，则 $H_2C_2O_4$ 部分发生分解：

$$H_2C_2O_4 = H_2O + CO_2\uparrow + CO\uparrow$$

导致标定结果(浓度)偏高。

在强酸性介质中，$KMnO_4$ 才有较强的氧化性，滴定一般在 $0.5\ mol\cdot L^{-1}$ 的 H_2SO_4 介质中进行，结束时酸度不应低于 $0.2\ mol\cdot L^{-1}$。酸度不够时容易生成 $MnO(OH)_2$ 沉淀，酸度过高时又会促使 $H_2C_2O_4$ 分解，两者都会导致较大的误差。

即使在 75～85 ℃下的强酸性介质中，开始时 $KMnO_4$ 与 $Na_2C_2O_4$ 的反应仍然很慢，所以开始时不能按正常速度滴定，应等加入的第一滴 $KMnO_4$ 溶液褪色后再加第二滴，否则所加的 $KMnO_4$ 会来不及与 $H_2C_2O_4$ 反应，就会在热的酸性溶液中发生分解：

$$4MnO_4^- + 12H^+ = 4Mn^{2+} + 5O_2\uparrow + 6H_2O$$

导致标定结果偏低。

Mn^{2+} 能催化滴定反应，因此随着滴定产物 Mn^{2+} 的生成，反应就能以较快的速度进行，此时滴定可以适当快些，但也不能太快。

以 $Na_2C_2O_4$ 为基准物质标定高锰酸钾溶液的计量关系与浓度计算式为

$$5n_{KMnO_4} = 2n_{Na_2C_2O_4}$$

$$c_{KMnO_4} = \frac{2m_{Na_2C_2O_4} \times 1000}{5M_{Na_2C_2O_4} \times V_{KMnO_4}}\ (mol\cdot L^{-1})$$

3. 高锰酸钾法的应用示例

高锰酸钾法的应用比重铬酸钾法广泛，既可以直接测定许多还原性物质，如 Fe^{2+}、As(Ⅲ)、Sb(Ⅲ)、H_2O_2、$C_2O_4^{2-}$、NO_2^- 等，也可通过其他滴定方式间接测定某些氧化性或无氧化还原性的物质，如 MnO_2、PbO_2 和 Ca^{2+}、Zn^{2+} 等。下面介绍几个典型应用实例。

1) H_2O_2的测定

在酸性溶液中，H_2O_2被$KMnO_4$定量氧化：

$$2MnO_4^- + 5H_2O_2 + 6H^+ \longrightarrow 5O_2\uparrow + 2Mn^{2+} + 8H_2O$$

因此，H_2O_2可用$KMnO_4$标准溶液直接滴定。滴定开始时反应进行较慢(最初几滴$KMnO_4$褪色较慢)，随着Mn^{2+}的生成，反应受Mn^{2+}催化而加速，滴定速度可适当加快。此法也可用于生理生化中过氧化氢酶活性的测定。

2) 软锰矿中MnO_2的测定

MnO_2为氧化性物质，不能用$KMnO_4$溶液直接滴定，但可用返滴法测定。此测定利用了MnO_2与$Na_2C_2O_4$在酸性溶液中的反应：

$$MnO_2 + C_2O_4^{2-} + 4H^+ \longrightarrow Mn^{2+} + 2CO_2\uparrow + 2H_2O$$

先加入已知量且过量的$Na_2C_2O_4$于试样中，然后加入适量H_2SO_4，并适当加热促使反应快速进行，至反应完全后(无棕黑色颗粒存在)，再用$KMnO_4$标准溶液返滴过量的$H_2C_2O_4$。

3) 补钙剂中钙含量的测定

Ca^{2+}无氧化还原性，不能用$KMnO_4$溶液直接滴定，但可用间接滴定法进行测定。测定时，先加过量的$(NH_4)_2C_2O_4$在$pH = 3.5 \sim 4.5$ (甲基橙指示)的条件下将Ca^{2+}沉淀为CaC_2O_4，经过滤、洗涤后，将沉淀溶于热的稀硫酸中，再用$KMnO_4$标准溶液滴定溶液中的$H_2C_2O_4$，从而间接求得钙的含量。

4) 化学需氧量(COD)的测定

COD(chemical oxgen demand)是衡量水体受还原性物质(主要是有机物)污染程度的综合性指标。它是指在一定条件下水体中还原性物质被氧化时所消耗的氧化剂的量，换算成氧的质量浓度(以$mg \cdot L^{-1}$计)。测定COD_{Mn}时，在水样中加入H_2SO_4及一定量且过量的$KMnO_4$标准溶液，置于沸水浴中加热，使其中的还原性物质氧化。剩余的$KMnO_4$用一定量且过量的$Na_2C_2O_4$还原，再以$KMnO_4$标准溶液返滴定。

高锰酸钾法适用于地表水、饮用水等较为清洁水样COD的测定，对于工业废水和生活污水COD的测定，应采用重铬酸钾法。

[课堂活动]

有一瓶标签已被腐蚀但能看到“$H_2C_2O_4$”字样的无色溶液，不知是$H_2C_2O_4$溶液还是$KHC_2O_4 \cdot H_2C_2O_4$溶液，如何以滴定分析法确定？

三、碘量法

1. 方法简介

碘量法是指滴定反应中以I_2为氧化剂的氧化还原滴定法。由于I_2在水中的溶解度很小且挥发性较大，故通常将其溶解在KI水溶液中，此时I_2以I_3^-形式存在：

$$I_2 + I^- \rightleftharpoons I_3^-$$

为方便起见，一般将 I_3^- 简写为 I_2。其氧化还原半反应为

$$I_2 + 2e^- \rightleftharpoons 2I^- \qquad \varphi^{\ominus\prime} = 0.545\ \mathrm{V}（在\ 0.5\ \mathrm{mol \cdot L^{-1}}\ H_2SO_4\ 中）$$

从其电极电势可以看出，I_2 是较弱的氧化剂，能与较强的还原剂作用；而 I^- 是中等强度的还原剂，能与许多氧化剂作用。因此，碘量法又分直接碘量法和间接碘量法。

1）直接碘量法

直接碘量法又称碘滴定法，即直接用 I_2 标准溶液进行滴定的分析方法。电极电势比电对 I_2/I^- 的 $\varphi^{\ominus\prime}$ 小的还原性物质，只要反应符合滴定反应的要求，就可用 I_2 标准溶液直接滴定。例如，S^{2-}、SO_3^{2-}、$S_2O_3^{2-}$、As（Ⅲ）、Sb（Ⅲ）、Sn（Ⅱ）和维生素 C 等，都可用此法测定。

直接碘量法一般不宜在碱性溶液中进行，否则 I_2 发生歧化反应：

$$3I_2 + 6OH^- = IO_3^- + 5I^- + 3H_2O$$

使测定结果偏高。

2）间接碘量法

间接碘量法又称滴定碘法，是利用 I^- 与氧化性物质反应定量析出 I_2，再用 $S_2O_3^{2-}$ 标准溶液进行滴定，从而间接测定氧化性物质含量的分析方法。Cu^{2+}、$Cr_2O_7^{2-}$、MnO_4^-、IO_3^-、BrO_3^-、AsO_4^{3-}、NO_2^-、ClO^-、H_2O_2 等许多氧化性物质，都可用间接碘量法测定。例如，$KMnO_4$ 的测定，其反应为

$$2MnO_4^- + 10I^- + 16H^+ = 2Mn^{2+} + 5I_2 + 8H_2O$$

$$I_2 + 2S_2O_3^{2-} = 2I^- + S_4O_6^{2-}$$

间接碘量法两步反应要求的条件不同，析碘反应一般要求在较高的酸度下进行，以提高氧化性物质的氧化性和反应程度，而滴定反应必须在中性或弱酸性溶液中进行。在碱性溶液中，I_2 除了会发生歧化反应外，还与 $S_2O_3^{2-}$ 发生副反应：

$$4I_2 + S_2O_3^{2-} + 10OH^- = 8I^- + 2SO_4^{2-} + 5H_2O$$

而在强酸性溶液中，$Na_2S_2O_3$ 会分解而 I^- 易被空气氧化：

$$S_2O_3^{2-} + 2H^+ = SO_2\uparrow + S\downarrow + H_2O$$

$$4I^- + 4H^+ + O_2 = 2I_2 + 2H_2O$$

为了减少空气氧化 I^- 带来的误差，析碘反应的酸度也不宜太高，且反应最好在暗处进行（光照可催化 I^- 的氧化），反应完后应立即滴定，应避免阳光直射。

为了减少 I_2 的挥发，应加入过量的 KI（一般比理论用量大 2～3 倍），使析出的碘形成 I_3^- 而增大其溶解度。析碘反应最好在带塞的碘量瓶中进行，在室温下进行滴定且不要剧烈摇动。

碘量法通常用新鲜淀粉溶液作指示剂，以溶液变蓝（直接碘量法）或蓝色褪去（间接碘量法）为终点。对于间接碘量法，为了减少淀粉对 I_2 的吸附，得到锐敏的终点，一般接近终点时才加入淀粉指示剂。

2. 标准溶液的配制和标定

碘量法中经常使用 $Na_2S_2O_3$ 和 I_2 两种标准溶液。

1) I_2 标准溶液的配制和标定

I_2 标准溶液可以用升华碘直接配制，但由于市售的碘常含有杂质及具有挥发性和对天平的腐蚀性，故通常采用间接法配制。I_2 标准溶液应装入棕色瓶中于暗处保存，并防止溶液与橡皮等有机物接触和受热。

I_2 溶液可用已标定好的 $Na_2S_2O_3$ 标准溶液标定，也可以用 As_2O_3 基准物质标定。As_2O_3 难溶于水，但可溶于碱溶液中：

$$As_2O_3 + 6OH^- \rightleftharpoons 2AsO_3^{3-} + 3H_2O$$

在中性或微碱性（pH ≈ 8）溶液中，I_2 能迅速定量地把 AsO_3^{3-} 氧化为 AsO_4^{3-}：

$$AsO_3^{3-} + I_2 + H_2O \rightleftharpoons AsO_4^{3-} + 2I^- + 2H^+$$

I_2 溶液的浓度，可根据反应的计量关系（$n_{I_2} = 2n_{As_2O_3}$）计算。

2) $Na_2S_2O_3$ 标准溶液的配制和标定

硫代硫酸钠（$Na_2S_2O_3 \cdot 5H_2O$）含有少量杂质且容易风化，因此 $Na_2S_2O_3$ 标准溶液只能用间接法配制。配好的 $Na_2S_2O_3$ 溶液也不稳定，容易与水中微生物、CO_2 和 O_2 作用而分解：

$$S_2O_3^{2-} \xrightarrow{\text{微生物}} SO_3^{2-} + S\downarrow$$

$$S_2O_3^{2-} + CO_2 + H_2O = HSO_3^- + HCO_3^- + S\downarrow$$

$$2S_2O_3^{2-} + O_2 = 2SO_4^{2-} + 2S\downarrow$$

此外，水中微量的 Cu^{2+} 或 Fe^{3+} 等也能促进 $Na_2S_2O_3$ 溶液的分解。

因此，配制 $Na_2S_2O_3$ 溶液时，需要用新煮沸（除去水中 CO_2 和 O_2 及杀菌）并冷却的蒸馏水或去离子水，并加入少量 Na_2CO_3 使溶液呈弱碱性，以抑制细菌生长。$Na_2S_2O_3$ 溶液不宜长期保存，使用一段时间后要重新进行标定。

标定 $Na_2S_2O_3$ 溶液常用的基准物质有 $K_2Cr_2O_7$、$KBrO_3$ 和 KIO_3 等，采用间接碘量法进行标定。例如，称取一定量 $K_2Cr_2O_7$ 基准物质，在酸性溶液中与过量的 KI 反应，析出的 I_2 以淀粉为指示剂，用待标 $Na_2S_2O_3$ 溶液滴定，反应如下：

$$Cr_2O_7^{2-} + 6I^- + 14H^+ = 2Cr^{3+} + 3I_2 + 7H_2O$$

$$I_2 + 2S_2O_3^{2-} = 2I^- + S_4O_6^{2-}$$

$K_2Cr_2O_7$ 与 KI 的反应较慢，为加速反应，除加入过量的 KI 外，还应增加酸度，一般以 0.2~0.4 $mol \cdot L^{-1}$ H_2SO_4 为宜。在暗处放置 5 min 以使反应完全。

滴定前应先加水稀释（降低酸度等），滴定至浅黄色后再加入淀粉指示剂，继续滴定至蓝色刚好褪去为终点。

$Na_2S_2O_3$ 溶液浓度的计算式为

$$c_{Na_2S_2O_3} = \frac{6m_{K_2Cr_2O_7} \times 1000}{M_{K_2Cr_2O_7} \times V_{Na_2S_2O_3}} \ (mol \cdot L^{-1})$$

3. 碘量法应用示例

1)维生素 C 的测定

维生素 C(又称抗坏血酸，$C_6H_8O_6$)有强还原性，其烯二醇基能迅速被 I_2 定量氧化为二酮基，因此可用碘标准溶液直接滴定。滴定反应为

$$C_6H_8O_6 + I_2 = C_6H_6O_6 + 2HI$$

维生素 C 易被溶液和空气中的氧气氧化，在碱性溶液中更易被氧化，且碘会发生歧化反应；而在强酸性溶液中 I^-也容易被氧化，因此滴定应在弱酸性介质中进行。实际工作中，一般在 pH = 3 ~ 4 的乙酸介质中进行滴定。

2)间接碘量法——胆矾中铜含量的测定

胆矾($CuSO_4 \cdot 5H_2O$)是农药波尔多液的主要原料，其铜含量可用间接碘量法测定。以碘量法测定铜含量时，先用稀乙酸溶解胆矾(防止 Cu^{2+}水解)，再加入过量的 KI 与 Cu^{2+}作用析出定量的 I_2，然后用 $Na_2S_2O_3$ 标准溶液进行滴定。其反应式为

$$2Cu^{2+} + 4I^- \rightleftharpoons 2CuI\downarrow + I_2$$

$$I_2 + 2S_2O_3^{2-} = 2I^- + S_4O_6^{2-}$$

本测定中，I^-不仅作为 Cu^{2+}的还原剂和 Cu^+的沉淀剂，也是 I_2 的配位剂(溶剂)。由于难溶性 CuI ($K_{sp} \approx 10^{-12}$)的生成，使得 Cu^{2+}/Cu^+电对的电势增加，而过量的 KI 使 I_2/I^-电对的电势降低，两电对的电势之差足够大，因此析碘反应可以向右定量进行。

由于 CuI 沉淀会吸附 I_2，终点提前且不敏锐。为了减少这种吸附，在大部分 I_2 被滴定后，加入一些 NH_4SCN 溶液，使 CuI 沉淀转化为溶解度更小且几乎不吸附 I_2 的 CuSCN 沉淀($K_{sp} \approx 10^{-15}$)：

$$CuI + SCN^- = CuSCN\downarrow + I^-$$

但 NH_4SCN 不能过早加入，否则 SCN^-会把 I_2 还原为 I^-，使结果偏低。

淀粉指示剂应在大部分 I_2 已被滴定(浅黄色)时才加入，以免被吸附的 I_2 太多而不易与 $S_2O_3^{2-}$反应，终点不敏锐。

商品胆矾中常含有少量 Fe^{3+}，而 Fe^{3+}能氧化 I^-为 I_2 干扰铜的测定。加入 NH_4HF_2 使 Fe^{3+}生成稳定的$[FeF_6]^{3-}$，可降低 Fe^{3+}/Fe^{2+}电对的电势，使其不能氧化 I^-，从而消除干扰；同时，NH_4HF_2 也是一种很好的缓冲溶液，可保持溶液的 pH = 3 ~ 4 。

测定反应的计量关系和铜含量的计算式为

$$n_{Cu} = 2n_{I_2} = n_{Na_2S_2O_3}$$

$$w_{Cu} = \frac{c_{Na_2S_2O_3} V_{Na_2S_2O_3} M_{Cu}}{m_S \times 1000}$$

第四节　氧化还原滴定结果的计算

氧化还原滴定中涉及的反应比较复杂，因此其计算问题也比较复杂。进行氧化还原滴定计算时，只有正确写出相关组分之间的计量关系，才能得到正确的计算结果。而要得到正确的计量关系，必须掌握有关的化学反应式。对于初学者，记住某些典型的氧化还原反应，对于解决氧化还原滴定的计算问题很有好处。

例 7-1　取含 Co^{2+}-Na^{+}的混合液 25.00 mL，在 HAc 存在下用 KNO_2 溶液处理，生成的 $K_2Na[Co(NO_2)_6]$黄色沉淀经过滤、洗涤后，溶于 50.00 mL 0.0198 mol · L^{-1} $KMnO_4$ 酸性溶液中。加入 20.00 mL 0.1010 mol · L^{-1}的 Fe^{2+}溶液，再用 0.0198 mol · L^{-1}的 $KMnO_4$ 溶液返滴过量的 Fe^{2+}，用去 12.37 mL。计算试液中 Co^{2+}的浓度。

解　测定中有关的反应式为

$$Co^{2+}+Na^{+}+2K^{+}+7NO_2^{-}+2H^{+} = K_2Na[Co(NO_2)_6]\downarrow +NO+H_2O$$

$$5K_2Na[Co(NO_2)_6]+11MnO_4^{-}+28H^{+} = 5Co^{2+}+5Na^{+}+10K^{+}+30NO_3^{-}+11Mn^{2+}+14H_2O$$

$$5Fe^{2+}+MnO_4^{-}+8H^{+} = 5Fe^{3+}+Mn^{2+}+4H_2O$$

由以上反应式可知，相关物质的计量关系为

$$5Co \sim 5K_2Na[Co(NO_2)_6] \sim 11KMnO_4 \sim 55Fe$$

$$5(n_{KMnO_4}+n'_{KMnO_4}) = 11n_{Co}+n_{Fe}$$

所以

$$c_{Co} = \frac{n_{Co}}{V_S} = \frac{1}{11}\times\frac{5c_{KMnO_4}(V_{KMnO_4}+V'_{KMnO_4})-c_{Fe}V_{Fe}}{V_S}$$

$$= \frac{1}{11}\times\frac{5\times0.0198\times(50.00+12.37)-0.1010\times20.00}{25.00}$$

$$= 0.0151(\text{mol}\cdot\text{L}^{-1})$$

本例的难点在于 $K_2Na[Co(NO_2)_6]$与 $KMnO_4$ 的反应及其计量关系。

例 7-2　漂白粉的主要成分为 $Ca(ClO)_2$，常以 Ca(OCl)Cl 表示，还含有 $CaCl_2$ 和少量 CaO 等，其质量以有效氯(即遇酸可释放出的氯量)来衡量。称取 5.00 g 漂白粉试样置于研钵中，加水研细后定量转入 500 mL 容量瓶中定容、摇匀。精密吸取 50 mL 试液于 250 mL 碘量瓶中，加 2 g KI 和 15 mL 2 mol · L^{-1} 硫酸溶液，放暗处 5 min，用 0.100 mol · L^{-1} $Na_2S_2O_3$ 标准溶液滴定，消耗标准溶液 32.50 mL。计算漂白粉中有效氯的质量分数。

解　有关反应及计量关系为

$$ClO^{-}+Cl^{-}+4H^{+} = Cl_2\uparrow(\text{有效氯})+2H_2O$$

$$ClO^{-}+2I^{-}+2H^{+} = I_2+Cl^{-}+H_2O$$

$$I_2+2S_2O_3^{2-} = 2I^-+S_4O_6^{2-}$$

$$2Cl \sim 1Cl_2 \sim 1Ca(OCl)Cl \sim 1I_2 \sim 2Na_2S_2O_3$$

所以

$$n_{Cl}=2n_{I_2}=n_{Na_2S_2O_3}=c_{Na_2S_2O_3}V_{Na_2S_2O_3}$$

$$w_{Cl}=\frac{c_{Na_2S_2O_3}V_{Na_2S_2O_3}M_{Cl}}{m_S\times1000}\times\frac{V_S}{V_t}=\frac{0.100\times32.50\times35.453}{5.00\times1000}\times\frac{500}{50.00}=23.0\%$$

例 7-3　称取葡萄糖样品 0.120 g 置于 250 mL 碘量瓶中，加入 25.00 mL 0.1 mol · L^{-1} I_2 液，在不断振摇下滴加 0.1 mol · L^{-1} NaOH 溶液 40 mL，塞好瓶盖并置暗处 10 min。然后加入 6 mL 0.5 mol · L^{-1} H_2SO_4，摇匀后用 0.120 mol · L^{-1} $Na_2S_2O_3$ 标准溶液滴定，消耗标准溶液 15.00 mL。另取 25.00 mL 0.1 mol · L^{-1} I_2 液作空白滴定时，消耗 $Na_2S_2O_3$ 标准溶液 24.60 mL。计算样品中葡萄糖（$C_6H_{12}O_6\cdot H_2O$）的质量分数。

解　由空白滴定和样品测定所消耗 $Na_2S_2O_3$ 标准溶液的量，可计算葡萄糖含量。测定中的反应及计量关系为

$$I_2+2OH^- = IO^-+I^-+H_2O$$

$$C_6H_{12}O_6+IO^-+OH^- = CH_2OH(CHOH)_4COO^-+I^-+H_2O$$

$$3IO^- = IO_3^-+2I^-$$

$$IO_3^-+5I^-+6H^+ = 3I_2+3H_2O$$

$$I_2+2S_2O_3^{2-} = 2I^-+S_4O_6^{2-}$$

$$1C_6H_{12}O_6 \sim 1NaIO \sim 1I_2 \sim 2Na_2S_2O_3$$

$$3NaIO \sim 1NaIO_3 \sim 3I_2$$

所以

$$2n_{C_6H_{12}O_6}=2n_{I_2}=n_{Na_2S_2O_3}=(cV_{空白}-cV_{测定})_{Na_2S_2O_3}$$

$$w_{C_6H_{12}O_6\cdot H_2O}=\frac{1}{2}\times\frac{(cV_{空白}-cV_{测定})_{Na_2S_2O_3}M_{C_6H_{12}O_6\cdot H_2O}}{m_S\times1000}$$

$$=\frac{1}{2}\times\frac{0.120(24.60-15.00)\times198}{0.120\times1000}=95\%$$

本例的测定中，I_2 须在碱性条件下变成 IO^- 后才能氧化葡萄糖，而歧化为 IO_3^-和 I^-的剩余 IO^-（即过量的 I_2），经酸化后又重新变成与原来等量的 I_2。空白滴定实际上是测定总碘量，总碘量减去剩余碘量就是氧化葡萄糖所消耗的碘量，即葡萄糖的量（n）。

例 7-4　称取某海草样品 1.00 g 并处理成溶液，通入氯气将其中的 I^-氧化为 IO_3^-，加热除去过量的氯气，再加入过量的 KI 溶液与 IO_3^-反应生成 I_2。经 CCl_4 萃取-反萃后，又通入氯气将溶液中的 I_2 氧化为 IO_3^-，加热除去 CCl_4 和过量的氯气。再一次加入过量的 KI 溶液，反应后用 0.0500 mol · L^{-1} $Na_2S_2O_3$ 标准溶液滴定，消耗标准溶液 14.50 mL。计算海草中碘的质量分数。

解　测定过程中相关的反应为

I^- 的氧化：$I^-+3Cl_2+3H_2O = IO_3^-+6Cl^-+6H^+$

IO_3^-还原：$IO_3^-+5I^-+6H^+ = 3I_2+3H_2O$

再氧化：$I_2+5Cl_2+12OH^- = 2IO_3^-+10Cl^-+6H_2O$

再还原：$IO_3^-+5I^-+6H^+ = 3I_2+3H_2O$

滴定：$I_2+2S_2O_3^{2-} = 2I^- + S_4O_6^{2-}$

由以上反应式可知，样品所含 I^- 与测定过程中相关物质的计量关系为

$$1I^- \rightarrow 1IO_3^- \rightarrow 3I_2 \rightarrow 6IO_3^- \rightarrow 18I_2 \sim 36Na_2S_2O_3$$

所以
$$36n_I = n_{Na_2S_2O_3}$$

$$w_I = \frac{1}{36} \times \frac{c_{Na_2S_2O_3}V_{Na_2S_2O_3}M_I}{m_S \times 1000} = \frac{1}{36} \times \frac{0.0500 \times 14.50 \times 126.9}{1.00 \times 1000} = 0.256\%$$

本例涉及的是一种采用常量分析法测定微量组分的方法，测定中利用了一组称为倍增反应的化学放大反应(即能使被测定物质的量增加的化学反应)。

例 7-5　采用重铬酸钾氧化法测定污水的化学需氧量(COD)：移取污水 50.00 mL (取样量应考虑水的污染程度)于 250 mL 回流烧瓶中，加入 0.04167 mol · L^{-1} $K_2Cr_2O_7$ 标准溶液 25.00 mL 后，在不断摇荡下缓缓加入 75 mL H_2SO_4，再加 1 g Ag_2SO_4 和数粒沸石，加热回流使反应完全。溶液冷却后定量转入锥形瓶中，加 0.1%邻苯氨基苯甲酸指示剂约 1 mL，用 0.2500 mol · L^{-1} Fe^{2+}标准溶液滴定至刚好变为暗绿色为终点，消耗标准溶液 23.80 mL。试计算该水样的化学需氧量，用 O_2 质量浓度(mg · L^{-1})表示。

解　有关反应为

$$2Cr_2O_7^{2-}+3C+16H^+ = 4Cr^{3+}+3CO_2\uparrow + 8H_2O$$
$$Cr_2O_7^{2-}+6Fe^{2+}+14H^+ = 2Cr^{3+}+6Fe^{3+}+7H_2O$$

O_2 与相关物质的计量关系为

$$\frac{1}{4}O_2 \sim \frac{1}{4}C \sim \frac{1}{6}K_2Cr_2O_7 \sim 1Fe$$

所以
$$4n_{O_2} = 6n_{K_2Cr_2O_7(消耗)} = 6n_{K_2Cr_2O_7(总)} - n_{Fe}$$

故该水样的化学需氧量为

$$\rho_{O_2} = \frac{m_{O_2}}{V_S} = \frac{1}{4} \times \frac{(6c_{K_2Cr_2O_7}V_{K_2Cr_2O_7} - c_{Fe}V_{Fe})M_{O_2}}{V_S}$$
$$= \frac{1}{4} \times \frac{(6 \times 0.04167 \times 25.00 - 0.2500 \times 23.80) \times 32.00}{50.00}$$
$$= 0.0481(mg \cdot mL^{-1}) = 48.1\,(mg \cdot L^{-1})$$

即每升水样中有机物被氧化时消耗的氧的量为 48.1 mg，该水体已被有机物严重污染。

练　习　题

1. 什么是条件电位？条件电位与标准电极电势有何联系？
2. 常用氧化还原滴定法共分几类？这些方法的基本反应和常用指示剂是什么？

3. 试比较酸碱滴定、配位滴定和氧化还原滴定三者滴定反应完全的条件。

4. 为何测定MnO_4^-时不采用Fe^{2+}标准溶液直接滴定，而是在MnO_4^-试液中加入过量Fe^{2+}标准溶液，而后采用 $KMnO_4$标准溶液返滴定？

5. 用$K_2Cr_2O_7$法测定铁含量时，加入 H_2SO_4-H_3PO_4混合酸的目的是什么？

6. 配制$KMnO_4$、$Na_2S_2O_3$标准溶液时都需要将水煮沸，两者的操作有何异同？

7. 直接碘量法可以测定 As(Ⅲ)，而间接碘量法可以测定 As(Ⅴ)，为什么？

8. 电对 I_2/I^- 的标准电极电势大于电对 Cu^{2+}/Cu^+的标准电极电势，但却可用间接碘量法测定胆矾中铜含量，为什么？

9. 用碘量法测定胆矾中铜含量时，如何消除其中Fe^{3+}的干扰？

10. 氧化还原滴定过程中溶液的电势等于滴定剂电对的电势，也等于被滴定组分电对的电势，但实际上化学计量点前溶液的电势只能通过被滴定组分电对来计算，而计量点后的电势则只能通过滴定剂电对来计算，为什么？

11. 利用条件电位，计算用Fe^{3+}滴定在 1 $mol \cdot L^{-1}$ HCl 溶液中的Sn^{2+}时的计量点电势和滴定到99.9%、100.1%时溶液的电势。

12. 将等体积的 0.40 $mol \cdot L^{-1}$的Fe^{2+}溶液和 0.10 $mol \cdot L^{-1}$的Ce^{4+}溶液混合，若溶液中H_2SO_4的浓度为 0.5 $mol \cdot L^{-1}$，则反应达平衡后，Ce^{4+}的浓度是多少？

13. 称取软锰矿样品 0.5000 g，加入 0.7500 g $H_2C_2O_4 \cdot 2H_2O$ 及适量稀 H_2SO_4，反应完全后用0.02000 $mol \cdot L^{-1}$ $KMnO_4$溶液回滴过量的草酸，消耗标准溶液 30.00 mL，计算MnO_2的质量分数。

14. 称取 0.2084 g 石灰石试样，溶解后沉淀为CaC_2O_4，过滤、洗涤后，将沉淀溶于稀H_2SO_4溶液中，然后用 0.01942 $mol \cdot L^{-1}$ $KMnO_4$标准溶液 32.04 mL 滴定至终点。计算石灰石中钙的含量，以CaO 和$CaCO_3$的质量分数表示。

15. 将 1.000 g 钢样溶解并氧化其中的 Cr 为 $Cr_2O_7^{2-}$，加入 25.00 mL 0.1500 $mol \cdot L^{-1}$ $(NH_4)_2Fe(SO_4)_2$溶液，然后用 0.02000 $mol \cdot L^{-1}$ $KMnO_4$溶液滴定过量的Fe^{2+}，共消耗$KMnO_4$溶液5.00 mL。计算钢样中 Cr 的质量分数。

16. 称取 1.2345 g $K_2Cr_2O_7$，溶解配制成 250.0 mL 标准溶液，取 25.00 mL 与过量 KI 作用，析出的I_2用 24.62 mL $Na_2S_2O_3$溶液滴定至终点，计算$Na_2S_2O_3$溶液的浓度。

17. 量取 25.00 mL 铜盐溶液，用间接碘量法测定其铜含量，消耗 0.1010 $mol \cdot L^{-1}$ $Na_2S_2O_3$溶液24.65 mL。计算试液中铜的质量浓度。

18. 称取含 PbO 和PbO_2的试样 1.234 g，加入 20.00 mL 0.2500 $mol \cdot L^{-1}$ $H_2C_2O_4$溶液处理，将PbO_2还原为Pb^{2+}后，再用氨水中和，使Pb^{2+}以PbC_2O_4形式沉淀。过滤、洗涤，将滤液酸化后用0.04000 $mol \cdot L^{-1}$ $KMnO_4$溶液滴定，消耗标准溶液 10.00 mL；再将沉淀溶于酸后用上述$KMnO_4$标准溶液滴定，消耗标准溶液 30.00 mL。计算试样中 PbO 和PbO_2的质量分数。

19. 称取某土壤试样 1.000 g，用重量法获得Al_2O_3及Fe_2O_3共 0.1100 g。将此混合物用酸溶解后，再使铁还原为Fe^{2+}，然后用 0.01000 $mol \cdot L^{-1}$ $KMnO_4$标准溶液滴定，消耗标准溶液 8.00 mL。计算试样中Al_2O_3和Fe_2O_3的质量分数。

20. 称取含As_2O_3和As_2O_5的试样 1.5000 g，处理为AsO_3^{3-}、AsO_4^{3-}混合液，并调为弱碱性。以淀粉为指示剂，用 0.05000 $mol \cdot L^{-1}$的I_2标准溶液滴定至终点，消耗I_2标准溶液 30.00 mL。再将此溶液调至酸性并加入过量的 KI 溶液，释放出来的I_2用 0.3000 $mol \cdot L^{-1}$ $Na_2S_2O_3$标准溶液滴定至终点，消耗$Na_2S_2O_3$标准溶液 30.00 mL。计算试样中As_2O_3和As_2O_5的质量分数。

21. 移取一定体积的钙溶液，用 0.02000 $mol \cdot L^{-1}$ EDTA 溶液滴定时，消耗 EDTA 溶液 25.00 mL；另取等量的试液，将钙定量沉淀为CaC_2O_4，过滤、洗涤后溶于稀H_2SO_4溶液中，再用 0.02000 $mol \cdot L^{-1}$ $KMnO_4$溶液滴定至终点，应消耗多少(mL)$KMnO_4$溶液？

22. 间接碘量法中，何时加淀粉指示剂？为什么？

23. 称取 0.1000 g 丙酮试样，放入盛有 NaOH 溶液的碘量瓶中振荡，加入 50.00 mL 0.05000 $mol \cdot L^{-1}$ 的碘(I_2)标准溶液，放置后调节溶液成微酸性，立即用 0.1000 $mol \cdot L^{-1}$ 的 $Na_2S_2O_3$ 溶液滴定至终点，消耗 $Na_2S_2O_3$ 溶液 10.00 mL。计算试样中丙酮的质量分数。

$$CH_3COCH_3+3I_2+4NaOH = CH_3COONa + CHI_3 + 3NaI +3H_2O$$

24. 用基准物质 $K_2Cr_2O_7$ 或 $KBrO_3$、KIO_3 标定 $Na_2S_2O_3$ 溶液时，为什么不能直接滴定，而采用间接碘量法标定？这些基准物质与 KI 的反应为什么要加酸，并加盖在暗处放置 5 min？而用 $Na_2S_2O_3$ 溶液滴定前为什么又要加蒸馏水稀释？若到达终点后蓝色又很快出现说明什么？应如何处理？这些基准物质与 $Na_2S_2O_3$ 之间的化学计量关系是什么？

25. 要准确测定蛋壳中钙的含量，可用哪些具体的滴定法？指明测定条件。

26. 将正确的选项填入括号中：

(1) 下列滴定中，用淀粉作指示剂的是(　　)。

A. 用高锰酸钾标准溶液滴定 H_2O_2

B. 用重铬酸钾标准溶液滴定 Fe^{2+}

C. 用 $KBrO_3$ 作基准物质间接标定 $Na_2S_2O_3$ 溶液

D. 福尔哈德法以 $AgNO_3$ 和 NH_4SCN 标准溶液测定 KI

(2) 用碘量法测定胆矾时，加入 KI 是作为(　　)。

A. 氧化剂　B. 还原剂　C. 溶剂　D. 滴定剂　E. 沉淀剂

(3) 间接碘量法滴定反应的适宜条件是(　　)。

A. 在 75 ~ 85 ℃下进行　B. 在强碱性介质中进行

C. 在 KSCN 溶液中进行　D. 在弱酸性介质中进行

(4) $K_2Cr_2O_7$ 法的优点是(　　)。

A. 标准溶液可以用直接法配制　B. 可以作为自身指示剂

C. 可以在盐酸介质中进行滴定　D. 滴定时不用酸化

(5) 被 $KMnO_4$ 溶液污染的滴定管，可用(　　)洗涤。

A. 草酸溶液　B. 铬酸溶液　C. Na_2CO_3 溶液　D. 硫酸亚铁溶液

(6) 配制 0.1 $mol \cdot L^{-1}$ $Na_2S_2O_3$ 标准溶液 500 mL 通过下列四步来完成，其中操作错误的一步是(　　)。

A. 用分析天平称取 12.50 g $Na_2S_2O_3 \cdot 5H_2O$ 晶体

B. 用新煮沸过而冷却的纯水溶解

C. 加入 0.05 g Na_2CO_3 并将溶液稀释至 500 mL，摇匀

D. 将溶液保存在棕色试剂瓶中放置在阴暗处，一周后标定

(7) MnO_4^-滴定 Fe^{2+}时，Cl^-的氧化由于(　　)反应而加快。

A. 催化　B. 自动催化　C. 配位　D. 诱导

(8) 用 0.02 $mol \cdot L^{-1}$ $KMnO_4$ 溶液滴定 0.1 $mol \cdot L^{-1}$ Fe^{2+} 溶液和用 0.002 $mol \cdot L^{-1}$ $KMnO_4$ 溶液滴定 0.01 $mol \cdot L^{-1}$ Fe^{2+} 溶液时，其滴定突跃是(　　)。

A. 前者大于后者　B. 前者小于后者

C. 一样大　D. 无法判断

第八章　电位分析法

【学习目标】

(1) 了解电位分析中的电池和电极(参比电极和指示电极)。

(2) 了解膜电位的产生机理和玻璃电极的特点，掌握膜电位的定量表达式。

(3) 掌握直接电位法的原理(定量依据和定量方法)及应用。

(4) 了解电位滴定的原理、终点的确定方法及应用。

电位分析法(potentiometry)是电化学分析法的一个重要组成部分。电化学分析法是以溶液中物质的电化学性质为基础的一类仪器分析方法，通常是将含待测组分的溶液作为化学电池的一个组成部分，通过测量与被测物浓度有关的某些电参数(如电导、电势、电流、电量等)或这些参数在某个过程中的变化情况来进行定量分析。根据测量参数的不同，电化学分析法主要分为电导分析法、电位分析法、电解和库仑分析法、伏安分析法等。

电位分析法是利用化学电池的电动势或电极电势与溶液中某组分浓度的对应关系而实现定量测量的电化学分析法，它包括直接电位法(direct potentiometry)和电位滴定法(potentiometric titration)，其定量依据是能斯特方程式。

第一节　电位分析中的电池与电极

一、电位分析中的电池

虽然电极电势与电活性物质 X 的活度(或浓度)之间有定量关系，但单个电极的电极电势是无法直接测量的，实际上必须通过测量电池的电动势来求得。

电位分析法的测量装置是一种将化学能转变为电能的化学电池(原电池)，由称作“指示电极”、“参比电极”的两支性能不同的电极与工作溶液一起组成。按照国际公认的规则，用符号简单表示化学电池时，把电势较高的电极(正极)写在电池的右边，电势较低的电极(负极)写在左边。假设指示电极的电极电势高于参比电极，则该电池表示为

参比电极‖标准溶液或试液|指示电极

因此，该电池的电动势与电极电势的关系可表示为

$$E = \varphi_{指示} - \varphi_{参比} + \varphi_{L} \tag{8-1}$$

式中，φ_{L}(液接电位)可通过盐桥消除或使其减小至一恒定值。

由于工作电池的正负极与测量仪器的设计有关，如常用的酸度计(pH 计)一般是按照参比电极为正极、pH 玻璃电极(指示电极)为负极设计的，而离子计的正负极各有不同，书写电池符号和电动势表达式时应注意。

二、电位分析中的电极

电位分析法中的电极分为参比电极(reference electrode)和指示电极(indicator electrode)。参比电极是指在测定过程中电极电势保持恒定，可作为比较标准的电极；指示电极是指电极电势能快速、灵敏响应被测离子活度(浓度)变化的电极。

1. 常见的参比电极

参比电极应符合可逆性、重现性和稳定性都好的基本要求。目前实验室里最常用的参比电极为甘汞电极(特别是饱和甘汞电极)和银–氯化银电极，其构造如图 8-1 所示。

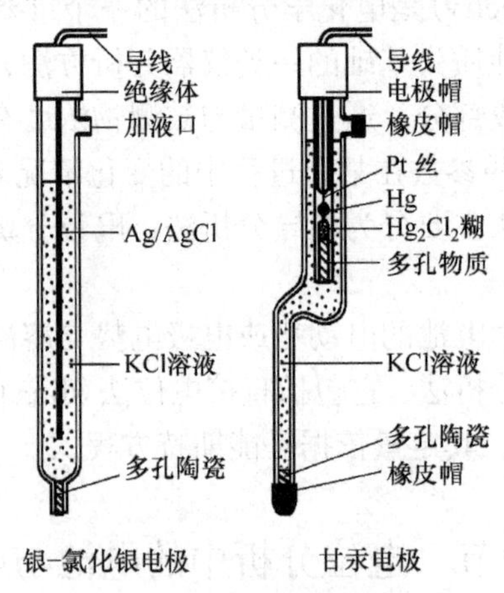

图 8-1　常用参比电极的结构

甘汞电极(calomel electrode)由金属汞 Hg 和 Hg_2Cl_2 及 KCl 溶液组成(符号：Hg, $Hg_2Cl_2|KCl$)，其结构简单，使用方便，电势稳定，是一种很好的参比电极。甘汞电极的电极反应和 25 ℃时的电极电势表达式分别为

$$Hg_2Cl_2+2e^- \rightleftharpoons 2Hg+2Cl^-$$

$$\varphi = \varphi^{\ominus}_{Hg_2Cl_2/Hg} - 0.0592\lg a_{Cl^-} \tag{8-2}$$

银–氯化银电极(silver-silver chloride electrode)的结构更为简单，具有体积小，工作温度可高至 275 ℃等优点。银–氯化银电极常用作玻璃电极和其他离子选择性电极的内参比电极，以及复合玻璃电极的内、外参比电极。

银–氯化银电极(Ag, AgCl|KCl)的电极反应和 25 ℃时的电极电势表达式分别为

$$AgCl+e^- \rightleftharpoons Ag+Cl^-$$

$$\varphi = \varphi^{\ominus}_{AgCl/Ag} - 0.0592\lg a_{Cl^-} \tag{8-3}$$

由式(8-2)、(8-3)可看出，甘汞电极和银–氯化银电极的电极电势值与其内充 KCl 溶液的浓度、温度有关，其部分电极电势值(25 ℃)如表 8-1 所示。

表 8-1　25 ℃时甘汞电极和银–氯化银电极的电极电势(对标准氢电极)

KCl 溶液的浓度/$(mol \cdot L^{-1})$	0.1	1.0	饱和
$Hg\text{-}Hg_2Cl_2$ 电极的电势值/V	+0.3365	+0.2828	+0.2438
Ag-AgCl 电极的电势值/V	+0.2880	+0.2223	+0.2000

非 25 ℃下使用时，应进行校正。例如，饱和甘汞电极(SCE)在 t (℃)时的电极电势为

$$\varphi = 0.2438 - 7.6\times10^{-4}(t-25)\ (\mathrm{V}) \tag{8-4}$$

又如，标准 Ag-AgCl 电极在 t (℃)时的电极电势为

$$\varphi = 0.2223 - 6\times10^{-4}(t-25)\ (\mathrm{V}) \tag{8-5}$$

[课堂活动]

标准氢电极(SHE)是性能最好的参比电极，但一般不用，为什么？

2. 指示电极

直接电位法中，由于电池电动势的测量要求是在没有电流通过的条件下进行，因此通常选择没有电子转移的离子选择性电极(ion-selective electrode，ISE)作为指示电极，如玻璃电极(glass electrode，GE)和氟离子电极(fluorine ion electrode)。离子选择性电极又称膜电极(membrane electrode)，是以固态或液态膜为传感器来指示溶液中某种离子的浓度(活度)变化。膜电位与溶液中离子浓度的关系符合能斯特方程式，但膜电极上没有电子的转移，膜电位的产生是离子的交换与扩散的结果。由于制造电极膜的材料不同，膜电极对溶液中的与其相关的离子有选择性的响应，因此可以用来测定与其相关的离子。

按照国际纯粹与应用化学联合会(IUPAC)的建议，离子选择性电极按如下进行分类。一些金属电极，如金属–金属离子电极、金属–金属难溶盐电极、汞电极、惰性金属电极等也可用作指示电极，但这类指示电极主要用于电位滴定法测定中。

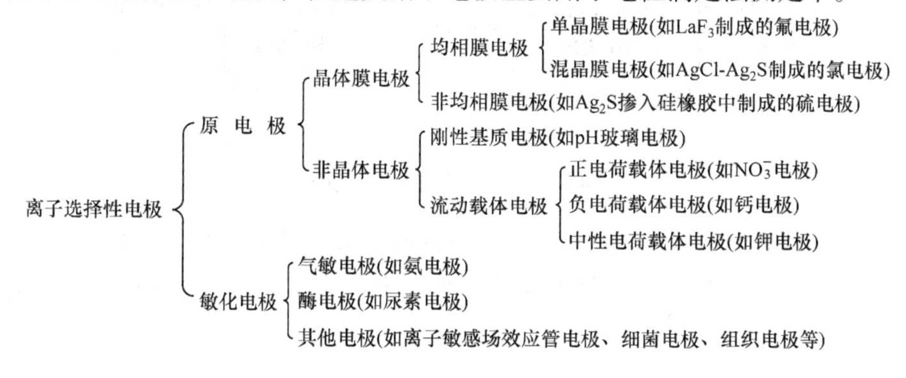

本章重点介绍 pH 玻璃电极，简要介绍氟离子电极。

1) pH 玻璃电极

应用最早、最广泛的膜电极为玻璃电极——除了用于测定溶液 pH 的玻璃电极外，还有能对锂、钠、钾和银等一价阳离子具有选择性响应的玻璃电极，这类电极的构型及制造方法均相似，其选择性来源于玻璃敏感膜组成的不同。这里通过 pH 玻璃电极响应过程的讨论，来阐述膜电极的作用原理。

(1) pH 玻璃电极的结构。

pH 玻璃电极的结构如图 8-2 所示。它的主要部分是一个玻璃泡，泡的下半部是 SiO_2(72.2%，摩尔分数)基体中加入 Na_2O(21.4%)和少量 CaO(6.4%)经烧结而成的玻璃薄膜，膜厚约 80～100 μm，泡内装有 pH 一定的 0.1 $mol \cdot L^{-1}$ HCl 缓冲溶液(内参比溶液)，其中插入一支 Ag-AgCl 电极作为内参比电极。

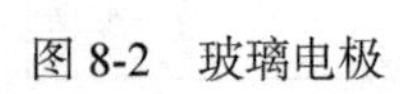

图 8-2　玻璃电极

玻璃电极中内参比电极的电位是恒定的，与待测溶液的 pH 无关。玻璃电极之所以能用于测定溶液的 pH，是由于玻璃膜产生的膜电位与待测溶液 H^+的活度有关。

(2) pH 玻璃电极的膜电位。

玻璃电极在使用前必须在水中浸泡一定时间(一般约 24 h)，使玻璃膜表面形成一层很薄的水合硅胶层(简称水化层)。浸泡时，由于硅酸盐结构中的 SiO_3^{2-}与 H^+的键合力远大于与 Na^+的键合力(约 10^{14} 倍)，玻璃膜外表面的 Na^+与水中的质子发生交换反应：

$$H^+_{液} + Na^+Gl^-_{固} \rightleftharpoons Na^+_{液} + H^+Gl^-_{固}$$

式中，Gl 表示玻璃膜的硅氧结构。其他二价、高价离子不能进入晶格与 Na^+发生交换。

交换达平衡后，玻璃表面几乎全由硅酸(H^+Gl^-)组成。从表面到水化层内部，H^+的数目逐渐减少，Na^+的数目逐渐增多。在玻璃泡内表面，也会发生上述同样的过程而形成水化层。浸泡后的玻璃膜(放大)如图 8-3 所示。

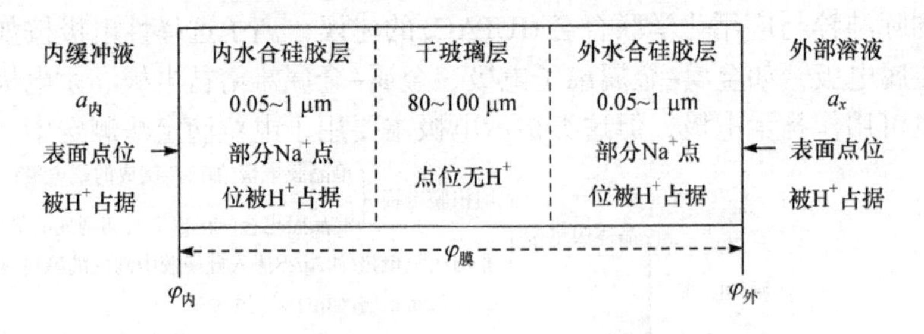

图 8-3　浸泡后的玻璃膜示意图

当浸泡好的玻璃电极浸入待测溶液中时，由于水化层表面 H^+的活度与溶液中 H^+的活度不同(存在活度差)，使 H^+从活度大的一方往活度小的一方迁移，并建立如下平衡：

$$H^+_{水化层} \rightleftharpoons H^+_{溶液}$$

此时玻璃膜表面与溶液之间(形成界面双电层)产生一定的相界电位$\varphi_{外}$，玻璃膜内表面与内参比溶液之间也产生一相界电位$\varphi_{内}$。由热力学可以证明，这两个相界电位可以用能斯特方程式表示：

$$\varphi_{内} = K_{内} + \frac{RT}{F}\ln\frac{a_{内}}{a'_{内}} \tag{8-6}$$

$$\varphi_{外} = K_{外} + \frac{RT}{F}\ln\frac{a_{外}}{a'_{外}} \tag{8-7}$$

式中，R为摩尔气体常量；T为热力学温度；F为法拉第常量；$K_{内}$和$K_{外}$为由玻璃膜表面性质决定的常数；$a'_{内}$和$a'_{外}$分别表示玻璃膜内、外侧水化层表面H^+的活度；$a_{内}$和a_x分别表示内参比溶液、试液中H^+的活度。一定条件下，$a'_{内}$、$a'_{外}$、$a_{内}$为常数，因此玻璃膜内、外侧溶液之间的电势差(即膜电位)为

$$\varphi_{膜} = \varphi_{外} - \varphi_{内} = K_{膜} + \frac{RT}{F}\ln a_x \tag{8-8}$$

由上可见，玻璃膜电位的产生不是由于电子得失，而是由于离子(H^+)在溶液与水化层界面间进行迁移、交换的结果。

应该注意的是，式(8-8)中的$K_{膜}$值由每支玻璃膜电极本身的性质决定。若玻璃内外膜表面性质完全相同($K_{内} = K_{外}$)，其水化程度相同($a'_{内} = a'_{外}$)，则理论上$a_{内} = a_x$时，$\varphi_{膜}$应等于零。但实际上，玻璃膜两侧之间仍存在一定的电势差(1～30 mV)，这是由玻璃膜内、外表面的结构、性质(如组成均匀性、水化程度、表面张力及外表面机械或化学损伤等)不完全相同引起的，这种电势差称为不对称电位($\varphi_{不对称}$)。膜表面未充分浸泡时，其不对称电位变动性较大。但玻璃电极经充分浸泡后，不对称电位可以变得很小而稳定(合并于$K_{膜}$值中)。因此，玻璃电极在使用前必须用纯水充分浸泡(称为电极活化)。通过活化，还可提高电极响应速度。

(3) pH 玻璃电极的电极电势。

由于玻璃电极内插有$\varphi_{AgCl/Ag}$为定值的 Ag-AgCl 内参比电极，故玻璃电极与待测溶液间的电极电势为

$$\varphi_{玻} = \varphi_{AgCl/Ag} + \varphi_{膜} = K_{玻} + \frac{RT}{F}\ln a_x \tag{8-9a}$$

在 25 ℃时，pH 玻璃电极的电极电势为

$$\varphi_{玻} = K_{玻} + 0.0592\lg a_x \tag{8-9b}$$

$$\varphi_{玻} = K_{玻} - 0.0592\text{pH} \tag{8-9c}$$

可见，在一定条件下，玻璃电极的电极电势与溶液的 pH 呈线性关系。

使用玻璃电极测定溶液的 pH,其优点是电极不易受溶液中氧化剂、还原剂等影响，玻璃膜不易受杂质作用而中毒，且对有色和胶态溶液都能进行测定。缺点是电极本身具有很高的电阻(可达数百兆欧)，必须辅以电子放大器才能进行测定。其电阻随温度变化，一般只能在 5～60 ℃使用。普通玻璃电极在酸度过高或碱度过高的溶液中，其电势响应会偏离理想线性而产生测定误差。溶液的 pH < 1 时，测得的 pH 偏高(称为“酸差”，原因至今尚不清楚)；溶液的 pH > 9 时，测得的 pH 偏低(称为“碱差”或“钠差”)。“碱差”或“钠差”是由于 H^+浓度太小，Na^+等其他阳离子也在溶液与膜界面上交换的结果。用锂玻璃制成的玻璃电极，其钠差较小，可用于测定 pH 高至 12.5 的溶液的酸度。

2) 氟离子选择性电极

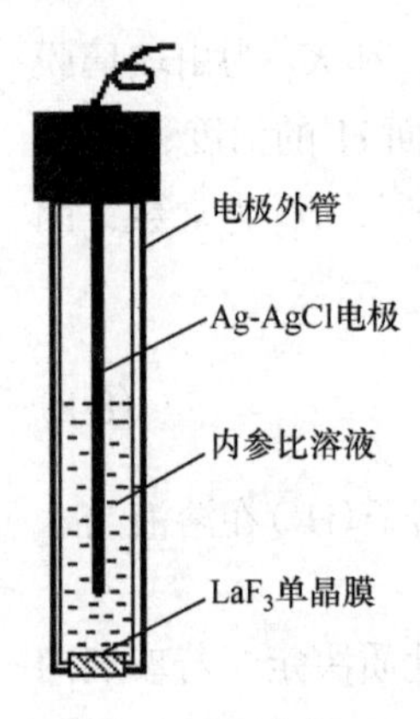

图 8-4　氟电极

氟离子选择性电极(LaF_3|NaF, NaCl|AgCl, Ag)的膜电极由掺杂 EuF_2(有利于导电)的 LaF_3 单晶切片构成。将膜封在硬塑料管一端，以 Ag-AgCl 作内参比电极，管内充入含 0.1 mol · L^{-1} NaCl 和 10^{-3}~0.1 mol · L^{-1} NaF 的混合液分别作内参比电极、膜电极的内参比溶液。氟电极的结构如图 8-4 所示。

LaF_3 的晶格有空穴，晶格上的 F^-可移入邻近的空穴而导电。将氟电极插入含氟溶液中时，晶格和溶液中的 F^-在电极膜表面进行交换(高出低进)。在一定条件下，氟电极的电极电势与溶液中 F^-的浓度(或活度)之间有定量关系。25 ℃时，电极电势的表达式为

$$\varphi = K - 0.0592 \lg c_{F^-} \tag{8-10}$$

氟电极对 F^-有良好的选择性，但测试溶液的 pH 需控制在 5~6 。pH 过低时，部分 F^-形成 HF 或 HF_2^-，降低了 F^-的活度；pH 过高，LaF_3 薄膜中的 La^{3+}与溶液中的 OH^-发生反应，生成 $La(OH)_3$ 而释放出 F^-，干扰测定。

此外，溶液中能与 F^-生成稳定配合物或难溶化合物的离子(如 Al^{3+}、Fe^{3+}、Ca^{2+}、Mg^{2+}等)也有干扰，可以通过加入掩蔽剂(柠檬酸钠等)来消除其干扰。

其他离子选择性电极的工作原理与上述相似，也是基于敏感膜对某种离子的选择性响应特性。其电极电势与待测离子浓度(或活度)之间的定量关系，可用能斯特方程式表示：

$$\varphi_x = K + \frac{RT}{nF}\ln c_x = K + \frac{2.303RT}{nF}\lg c_x \tag{8-11}$$

这个线性关系是应用离子选择性电极测定离子浓度(或活度)的基础。式中，n 为离子 X 的电荷数，阳离子的 n 取正值，阴离子的 n 取负值。

第二节　直接电位法

直接电位法是指通过测量电池的电动势或相对电极电势，再根据能斯特方程式确定溶液中待测离子浓度(或活度)的定量分析方法。假设指示电极为正极，则工作电池为

参比电极‖标准溶液或试液|指示电极

将有关电极电势表达式代入式(8-1)，合并各常数项，可得

$$E = K + \frac{2.303RT}{nF}\lg c_x \qquad (8\text{-}12)$$

式中，K为电池常数；$2.303RT/(nF)$为理论斜率，可用S表示；n为离子X的电荷数，阳离子n取正值，阴离子n取负值。

式(8-12)说明，一定条件下，电池的电动势与待测离子浓度(或活度)的对数之间呈线性关系，这是直接电位法测定离子浓度(或活度)的理论依据。然而，式中的电池常数是一个与实验条件有关的未知值(其中包含难以测量的不对称电位和液接电位等未知项)，因此实际上不可能用上述公式直接计算溶液中待测离子的浓度(或活度)，而是用标准溶液作基准，在相同条件下进行测量和比较才能得到测定结果。

直接电位法应用最多的是溶液pH的测定和氟离子等浓度的测定。

一、溶液pH的测定

1. pH的操作定义

测定溶液的pH可用饱和甘汞电极作参比电极，玻璃电极作指示电极(负极)，与待测溶液组成工作电池，如图8-5所示。在25 ℃时，其电动势为

$$E = \varphi_{甘} - \varphi_{玻} = \varphi_{甘} - K_{玻} + 0.0592\text{pH}$$

$$E = K + 0.0592\text{pH} \qquad (8\text{-}13)$$

式(8-13)说明，工作电池的电动势与溶液的pH呈线性关系。实际测定时，用已知pH的标准缓冲溶液作为基准，在相同条件下分别测出包含标准溶液的工作电池和包含试液的工作电池的电动势E_s、E_x，此时

$$E_s = K_s + 0.0592\text{pH}_s$$

$$E_x = K_x + 0.0592\text{pH}_x$$

在相同的实验条件下和两溶液的组成相似时，$E_s \approx E_x$，比较两式可得

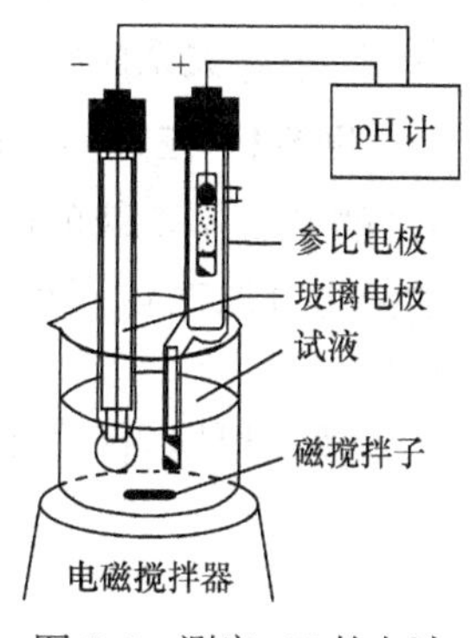

图8-5　测定pH的电池

$$pH_x = pH_s + \frac{E_x - E_s}{0.0592} \tag{8-14}$$

式(8-14)称为 pH 的操作定义(或工作定义)。式中，pH_s 为已知值，通过测量标准溶液和试液的电动势 E_s、E_x 即可求得 pH_x。为了减小测定误差，两种溶液的离子强度应相近，其 pH 也应相近。

2. pH 的直读测定

溶液的 pH 通常使用 pH 计(酸度计)测定。pH 计是一种根据 pH 的操作定义设计的专为应用玻璃电极测定溶液 pH 的电子仪器。测定时，先用 pH 标准缓冲溶液作为基准进行定位(如 pH = 4.00 或 pH = 9.18)，然后可直接读出试液的 pH。

现在多使用携带方便的 pH 复合电极(将玻璃电极和参比电极组合在一起)来测量溶液的 pH。pH 计的具体使用方法可参阅有关仪器说明书或实验参考书。

二、离子浓度(活度)的测定

应用直接电位法测定离子浓度(活度)时，常用定量方法有比较法、标准曲线法、标准加入法。实际工作中，通常测定的是离子的浓度而非活度，为了保证电池的电动势与待测离子浓度的对数间的线性关系，必须使标准溶液的离子强度与试液的离子强度相同或相近，为此可加入总离子强度缓冲剂(total ionic strength adjustment buffer, TISAB)。TISAB 是一种由高浓度惰性电解质、酸碱缓冲液和金属离子掩蔽剂组成的混合溶液，它不但能控制溶液的总离子强度，还能控制溶液的 pH 和掩蔽干扰离子。例如，测定 F^-时，需加入一定量的 TISAB(含 0.1 $mol \cdot L^{-1}$ NaCl、0.25 $mol \cdot L^{-1}$ HAc、0.75 $mol \cdot L^{-1}$ NaAc 和 0.001 $mol \cdot L^{-1}$ 柠檬酸钠的混合液，总离子强度 $I = 1.75$，pH = 5.5)。

1. 比较法

用比较法测定试液中待测离子的浓度(活度)时，测定方法与溶液 pH 的测定方法相同。但应注意的是，利用电动势以单标准比较法计算待测离子的浓度时，必须知道其 $E - \lg c_x$ 关系曲线(直线)的斜率(或电池的正负极和温度)。

例 8-1 在 25 ℃时，用氟离子电极和甘汞电极组成电池，测得浓度为 1.00×10^{-3} $mol \cdot L^{-1}$ 的 F^-标准溶液的电动势为 0.158 V，将电池中的标准溶液换成 F^-的未知液，测得电动势为 0.217 V，计算试液中 F^-的浓度。假设两溶液的离子强度相同，且甘汞电极为正极。

解 根据题意知标准溶液、未知液对应电池的电动势与 F^- 浓度关系式分别为

$$E_s = K + 0.0592 \lg c_s$$

$$E_x = K + 0.0592 \lg c_x$$

比较两式(相减)，代入标准数据 c_s、E_s 和测定数据 E_x，即可求得 F^-试液的浓度：

$$E_x - E_s = 0.0592(\lg c_x - \lg c_s)$$

$$c_x = c_s \cdot 10^{(E_x - E_s)/0.0592} = 1.00\times10^{-3}\times10^{(0.217-0.158)/0.0592} = 9.9\times10^{-3}\ (\text{mol}\cdot\text{L}^{-1})$$

2. 标准曲线法

利用电动势或相对电极电势与电活性物质浓度(活度)的对数呈线性关系($E = K + S\lg c$)，在相同条件下配制试样溶液和一系列标准溶液，分别测出其电动势，然后以标准溶液的浓度负对数($-\lg c$ 或 pc)为横坐标，电动势(E_s)为纵坐标作图，所得的直线即为标准曲线，如图 8-6 所示。试液的浓度可由标准曲线的回归方程反估得到，也可以直接从标准曲线上查出其浓度的对数值。

以标准曲线法定量时，无需知道电池的正负极，由待测离子属性和标准数据的变化或标准曲线斜率的正负可判断，如图 8-6 所示，氟离子标准曲线方程为 $E = -59.22\lg c - 104.6$ (mV)，斜率 S 为负值，可知该工作电池中氟电极为正极。

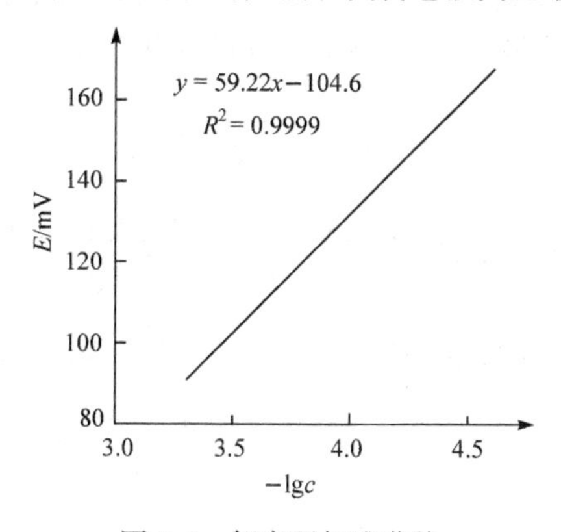

图 8-6　氟离子标准曲线

3. 标准加入法

当试样的组成比较复杂时，若用比较法或标准曲线法进行定量，则测定误差较大，此时应采用标准加入法。测定时，一般先测出体积 V_x 较大(如 50.00 mL 或 100.0 mL)的样品溶液的电动势 E_x，然后在样品溶液中加入一小体积 V_s (如 0.50 mL 或 1.00 mL)、浓度为 c_s 的标准溶液，并测出其电动势 E_{x+s}，接着再加入空白溶液将测试液稀释一倍，重新将电极清洗至空白电势值后，再测量其电动势 E'_{x+s}。由此得到下列关系式，并解得待测离子的浓度。

$$E_x = K + S\cdot\lg c_x$$

$$E_{x+s} = K + S\cdot\lg c_{x+s}$$

$$E'_{x+s} = K + S\cdot\lg\frac{c_{x+s}}{2}$$

式中，$c_{x+s}=(c_xV_x+c_sV_s)/(V_x+V_s)$，斜率$S=(E_{x+s}-E'_{x+s})/\lg 2$。

一般$V_s << V_x$，即$V_x+V_s\approx V_x$，因此

$$c_x=\frac{c_sV_s}{V_x[10^{(E_{x+s}-E_x)/S}-1]} \tag{8-15}$$

上述过程的第三步测定是为了求得电池的实际斜率S，若S值已知，则不必再作此步测定。电池的正负极可由待测离子属性及其测量数据的变化判知。

用标准加入法进行定量时，由于加标体积相对很小，加标前后体系的总离子强度几乎不变，因此可以不加 TISAB。本法适用于组成复杂的溶液，精确度高，而且测得的是待测离子的总浓度(包括游离态和配位态)。

例 8-2　在 25 ℃时，用铜离子选择性电极以标准加入法测定某试液中Cu^{2+}的浓度时，于 100 mL 试液中加入 0.100 mol · L^{-1} 的 $Cu(NO_3)_2$标准溶液 1.00 mL，测得其电动势增加了 4.0 mV。已知电池的实际斜率S等于其理论斜率，计算试液中Cu^{2+}的浓度。

解　由$E_{x+s}-E_x>0$知铜离子电极为电池的正极，故

$$E_x=K+\frac{0.0592}{2}\lg c_x$$

$$E_{x+s}=K+\frac{0.0592}{2}\lg\left(c_x+\frac{0.100\times 1.00}{100}\right)$$

比较两式和代入电动势增量（$E_{x+s}-E_x=4.0\times 10^{-3}$ V），得试液中Cu^{2+}的浓度为

$$c_x=2.7\times 10^{-3}\ (\mathrm{mol\cdot L^{-1}})$$

第三节　电位滴定法

电位滴定法是通过测定滴定过程中电池电动势的变化来确定终点的滴定分析法。滴定的装置如图 8-7 所示。在被测溶液中插入一支指示电极和一支参比电极组成电池。滴定时，用电磁搅拌器搅拌溶液，随着滴定剂的加入，被测离子的浓度不断发生变化，指示电极的电势也不断变化，因而电池的电动势也会随着变化，在计量点附近，离子浓度的突变必然会引起电动势的突变，由此就可确定滴定终点。

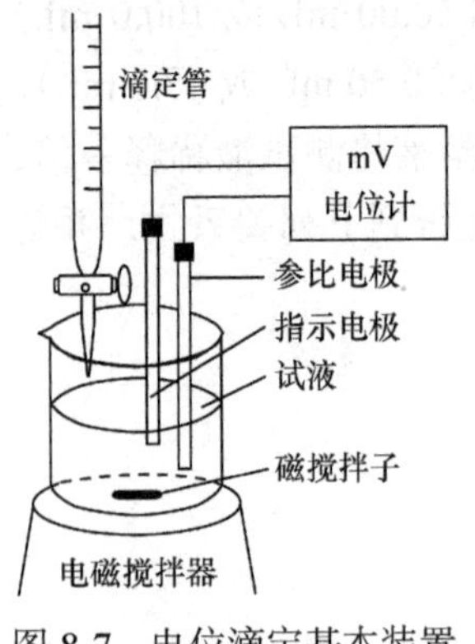

图 8-7　电位滴定基本装置

电位滴定法比常规滴定分析法准确，而且能用于有色溶液、浑浊溶液的测定，不论是酸碱滴定、沉淀滴定、配位滴定或氧化还原滴定，都可应用电位滴定法。表 8-2 是以银离子选择性电极为指示电极，甘汞电极为参比电极，用 0.1000 mol · L^{-1} $AgNO_3$标准溶液滴定 25.00 mL NaCl溶液的实验数据。

表 8-2　用 0.1000 mol · L^{-1} $AgNO_3$ 溶液滴定 25.00 mL NaCl 溶液

加入 $AgNO_3$ 的体积/mL	E /V	$\overline{V}$ /mL	$\Delta E/\Delta V$ /(V · mL^{-1})	$\overline{\overline{V}}$ /mL	$\Delta^2 E/\Delta V^2$ /(V · mL^{-2})
15.00	0.085	17.50	4.4		
20.00	0.107	21.00	0.008	19.25	0.001
22.00	0.123	22.50	0.015	21.75	0.005
23.00	0.138	23.25	0.016	22.88	0.001
23.50	0.146	23.65	0.050	23.45	0.085
23.80	0.161	23.90	0.065	23.78	0.060
24.00	0.174	24.05	0.090	23.98	0.17
24.10	0.183	24.15	0.11	24.10	0.20
24.20	0.194	24.25	0.39	24.20	2.8
24.30	0.233	24.35	0.83	24.30	4.4
24.40	0.316	24.45	0.24	24.40	−5.9
24.50	0.340	24.55	0.11	24.50	−1.3
24.60	0.351	24.65	0.070	24.60	−0.40
24.70	0.358	24.85	0.050	24.75	−0.10
25.00	0.373	25.25	0.024	25.05	−0.065
25.50	0.385	25.75	0.022	25.50	−0.004
26.00	0.396				

根据表 8-2 中的实验数据，可用下列三种方法确定电位滴定的终点。

1. E-V 曲线法

以滴定时加入标准溶液的体积为横坐标，相应的电动势为纵坐标，作出的 E-V 曲线称电位滴定曲线，如图 8-8 所示。滴定曲线的斜率最大点(突跃部分的拐点)即滴定终点，对应的体积即为滴定终点时消耗标准溶液的体积。此法作图较简单，但准确度较差。

2. $\Delta E/\Delta V$-V 法

以 $\overline{V}$ 为横坐标，$\Delta E/\Delta V$ 为纵坐标作出的 $\Delta E/\Delta V$-V 曲线称为一级微商曲线，如图 8-9 所示。$\Delta E/\Delta V$-V 曲线的最高点即为滴定终点，其对应的体积就是滴定终点时消耗标准溶液的体积。从表 8-2 可见，24.30 mL 和 24.40 mL 之间的 $\Delta E/\Delta V = 0.83$ (最大值)，对应的体积即 $V_{ep} = 24.35$ mL。

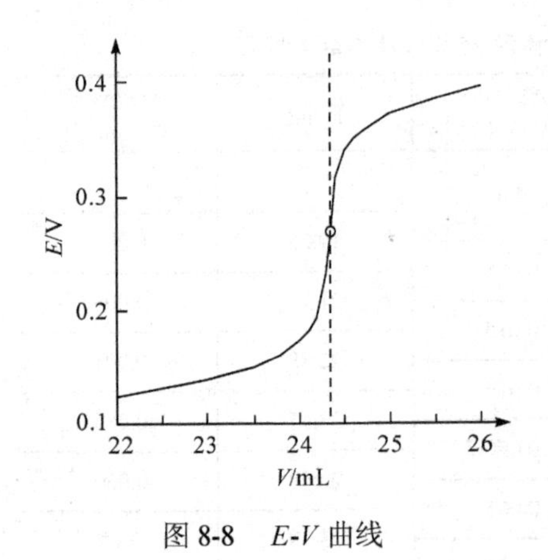

图 8-8 E-V 曲线

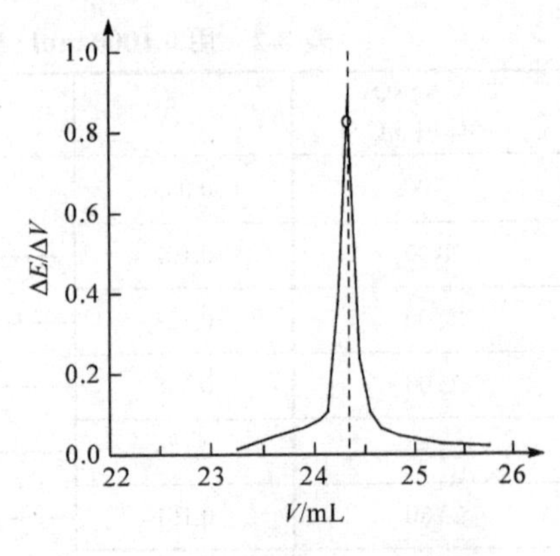

图 8-9 $\Delta E/\Delta V$-V 曲线

3. $\Delta^2 E/\Delta V^2$-V 法

二级微商法是基于一级微商曲线的最高点处的二级微商为 0，而 $\Delta E/\Delta V$-V 曲线最高点为滴定的终点。以 V 为横坐标，$\Delta^2 E/\Delta V^2$ 为纵坐标，作得的 $\Delta^2 E/\Delta V^2$-V 曲线即为二级微商曲线，如图 8-10 所示。$\Delta^2 E/\Delta V^2$-V 曲线中 $\Delta^2 E/\Delta V^2 = 0$ 处对应的体积即滴定终点时消耗标准溶液的体积。

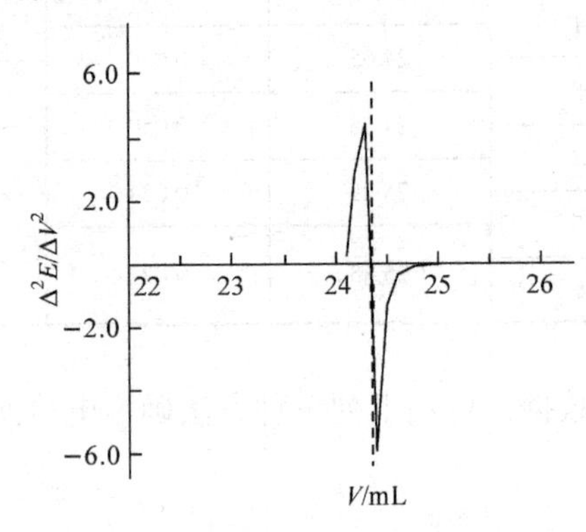

图 8-10 $\Delta^2 E/\Delta V^2 - V$ 曲线

二级微商法除了从 $\Delta^2 E/\Delta V^2$-V 曲线确定滴定终点外，也可用较简便、准确的计算法得到滴定终点的体积。在 $\Delta^2 E/\Delta V^2$ 值由正变为负(或相反)的两个值之间，必有 $\Delta^2 E/\Delta V^2 = 0$ 的一个点(滴定终点)，此点对应的体积即为滴定终点时的体积。从表 8-2 中可看出，$\Delta^2 E/\Delta V^2$ 值由正变负的两个数据为 4.4 和−5.9，其对应的体积分别为 24.30 mL 和 24.40 mL，说明滴定终点时的体积一定在 24.30~24.40 mL。用内插法可求出滴定终点时的体积：

$$V_{ep} = 24.30 + (24.40 - 24.30) \times \frac{4.4 - 0}{4.4 - (-5.9)} = 24.34\ (\text{mL})$$

一般的电位滴定法操作比较繁琐，确定其滴定终点的工作也很繁琐而费时。如果采用自动电位滴定仪进行电位滴定，就可以解决这些问题。自动电位滴定仪的工作原理、使用方法等，可参阅其说明书。

练　习　题

1. 什么叫参比电极？什么叫指示电极？试述直接电位法的原理。

2. 膜电位是如何产生的？试举例说明。

3. pH 玻璃电极的不对称电位是由于什么原因产生的？

4. 膜电位、电极电势和电池电动势三者之间有什么关系？

5. pH 玻璃电极在使用前必须在蒸馏水（或去离子水）中充分浸泡，这个过程称为电极的活化。试述电极需要活化的原因。

6. 用离子选择性电极测定溶液中氟离子浓度时，加入 TISAB 的目的是什么？

7. 电位滴定法的基本原理是什么？确定滴定终点有哪些方法？

8. 在 pH = 4.00 的缓冲溶液中插入玻璃电极（负极）和甘汞电极，在 25 ℃下测得电池的电动势为 0.209 V。当电极插入未知 pH 的溶液时，电动势的读数为（1）0.312 V；（2）0.088 V；（3）−0.017 V。试计算每种未知溶液的 pH。

9. 用 Ca^{2+}选择性电极（正极）测定 0.0100 $mol \cdot L^{-1}$ Ca^{2+}溶液的电动势为 0.250 V，测定未知溶液的电动势为 0.277 V，当两种溶液的离子强度相同时，未知溶液中 Ca^{2+}的浓度为多少（$mol \cdot L^{-1}$）？

10. 通过下列电池用直接电位法测定草酸根离子：

$$(-)\ Ag|Ag_2C_2O_4(s),\ C_2O_4^{2-}(c)\,||\,KCl(饱和),\ AgCl(s)|Ag\ (+)$$

（1）推导草酸根离子浓度与电池电动势的关系；

（2）若以 AgCl 电极为负极，在 25 ℃测得电池的电动势为 0.402 V，计算草酸根离子的浓度。

第九章　吸光光度法

【学习目标】

(1) 了解物质对光的选择性吸收和吸收光谱，掌握光吸收定律(朗伯–比尔定律)。

(2) 了解偏离光吸收定律的原因，掌握减少测量误差的方法。

(3) 熟悉分光光度计的基本部件及其作用。

(4) 掌握光度分析的定量方法及其应用。

吸光光度法(absorption spectrometry)是基于物质对光的选择性吸收而建立起来的分析方法，又称分光光度法(spectrophotometry)，包括可见吸光光度法、紫外分光光度法和红外分光光度法。本章仅介绍可见吸光光度法。

第一节　吸光光度法的基本原理

一、物质对光的选择性吸收

1. 光的基本属性

光是一种电磁波，具有波粒二象性。不同波长的光具有不同的能量，其关系为

$$E = h\nu = hc / \lambda \tag{9-1}$$

式中，h为普朗克常量；ν为光频率；λ为光波长；c为光速度。波长越短，能量越高。

人的眼睛对不同波长的光的感觉不一样。其中能被人的眼睛感觉到的、波长大约为400~760 nm 的光称为可见光。波长小于 400 nm 的光(紫外光)和波长大于 760 nm 的光(红外光)是不能被人眼感觉到的。在可见光区内，人的眼睛可感觉到不同波段的光呈现不同的颜色。我们熟悉的日光和白炽灯光等白光，就是由红、橙、黄、绿、青、蓝、紫等各种颜色的光混合而成的。

理论上将具有单一波长的光称为单色光，包含不同波长的光称为复合光。日光、白炽灯光等白光都是复合光，包含不同波长的红光、黄光、绿光等各种颜色的光也是复合光，并不是单色光。研究表明，不仅由各种颜色的光按一定比例混合可以得到白光，将两种适当颜色的单色光按一定比例混合也可得到白光。按一定比例混合后可得到白光的两种色光称为互补色光。各种色光的互补关系，如图 9-1 所示(处于直线关系的两种色光为互补色光)。

图 9-1　色光的互补关系

2. 物质对光的选择性吸收与吸收光谱

为什么 $KMnO_4$ 溶液、$CuSO_4$ 溶液不同色？原因是这两种溶液选择性吸收了不同波长的可见光。物质的颜色是由于物质对不同波长的可见光选择性吸收而产生的。当一束白光照射到某一物质上时，若各种色光都能很好地透过，则这种物质是无色的(如NaCl 溶液)；若各种色光都被吸收了，则这种物质为黑色；若物质只选择性吸收其中某一色光，则其颜色就是透射光的颜色，即呈现吸收光的互补色光的颜色。例如，$KMnO_4$溶液主要吸收白光中的绿色光，透过紫红色光，因而呈紫红色；$CuSO_4$溶液主要吸收黄色光，透过蓝色光而呈蓝色。物质的颜色和吸收光颜色之间的关系，如表 9-1 所示。

表 9-1　物质颜色与吸收光颜色的关系

物质的颜色(透光颜色)	黄绿	黄	橙	红	紫红	紫	蓝	青蓝	青
吸收光颜色	紫	蓝	青蓝	青(蓝绿)	绿	黄绿	黄	橙	红
吸收光波长 λ /nm	400~450	450~480	480~490	490~500	500~560	560~580	580~600	600~650	650~760

上述通过物质的颜色粗略地说明了物质对光具有选择性的吸收。事实上，物质对照射到它上面的各种波长的光都有一定程度的吸收，只是对某波段的光吸收特别多而对其他波段的光吸收程度较低。为了更准确地描述物质对各种波长的光的吸收情况，可以用某有色物质的不同浓度溶液，分别测量其在每一波长下的吸收程度(吸光度 A)，然后以吸光度为纵坐标，波长为横坐标作图，所得的 A-λ 曲线称为吸收光谱曲线(简称吸收光谱或吸收曲线)。图 9-2 是三种不同浓度的 $KMnO_4$ 溶液的吸收光谱。从图中可以看出：

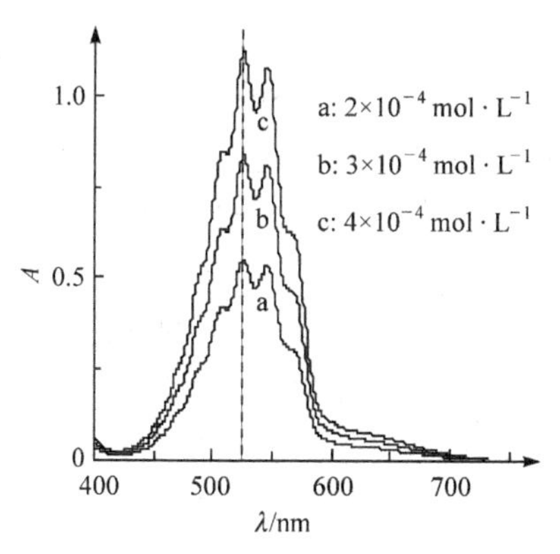

图 9-2　$KMnO_4$ 溶液的吸收光谱

(1)同一物质对不同波长的光的吸收程度不同。$KMnO_4$ 溶液主要选择吸收绿色光(吸收最大处波长为 525 nm)，而对红光和紫光吸收很少，几乎完全透过，因此 $KMnO_4$

溶液呈紫红色。吸收曲线最高峰（A_{max}）处对应的波长称为最大吸收波长，用λ_{max}表示。

(2)不同浓度的同种物质的吸收光谱形状相似，最大吸收波长不变(物质有其特征颜色)。而不同的物质，其选择性吸收(光谱形状和最大吸收波长)一般不同。因此，λ_{max}或特征颜色是定性分析的依据之一。

(3)不同浓度的同种物质，在同一波长处有不同的吸光度，且吸光度随浓度增大而增大。这是物质定量分析的依据。

(4)同一物质的吸光度在λ_{max}处最大，且随浓度变化最明显。因此，在λ_{max}处测定时最灵敏。吸收曲线是光度法定量分析中选择测量波长的重要依据。

二、光吸收定律(朗伯-比尔定律)

当一束强度为I_0的平行单色光通过液层厚度为b、浓度为c的溶液时，部分光被吸收，透过溶液的光强度减弱为I，如图9-3所示。

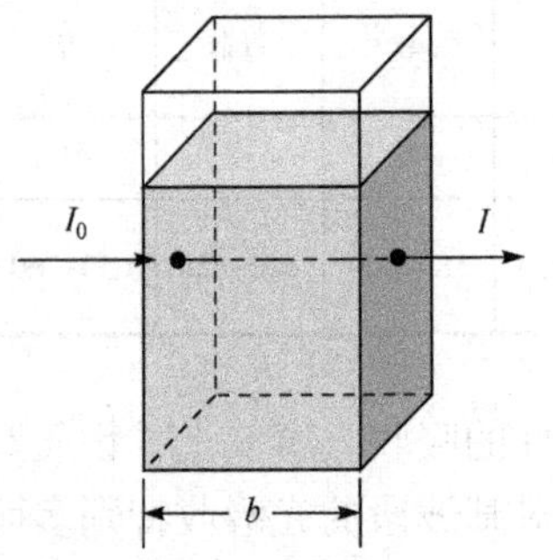

图 9-3　单色光照射溶液示意图

溶液对单色光的吸收程度可用透射比和吸光度表示。透过溶液的光的强度与入射光强度之比称为透射比或透光率(transmittance, T)，透射比的负对数称为吸光度(absorbance, A)。即

$$T=\frac{I}{I_0} \tag{9-2}$$

$$A=-\lg T \tag{9-3}$$

当入射光强度I_0一定时，透过光强度越小，光的吸收程度越大，吸光度A越大。A值是吸光程度大小的标志。

朗伯(Lambert)和比尔(Beer)分别于1760年和1852年研究和阐明了光的吸收程度与有色溶液液层厚度及光的吸收程度与溶液浓度之间的定量关系，将两个定量关系结合起来得到关系式：

$$A=Kbc \tag{9-4}$$

式(9-4)即为朗伯-比尔定律的数学表达式。朗伯-比尔定律又称光吸收定律，其含义为当一束强度一定的平行单色光通过均匀的、非散射的吸光物质稀溶液时，溶液的吸光度与液层厚度b、吸光物质浓度c的乘积成正比。

朗伯-比尔定律是吸光光度法进行定量分析的理论依据。式(9-4)中，比例常数K称为吸收系数，表示吸光物质在单位浓度和单位液层厚度时的吸光度，其大小取决于吸光物质的本性、入射光波长、溶液温度及溶剂性质等，与液层厚度b、吸光物质浓度c大小无关，但其取值随c和b所用单位不同而不同。

当浓度c单位为$g \cdot L^{-1}$、液层厚度b单位为cm时，K改用α表示，称为质量吸光系数，其单位为$L \cdot g^{-1} \cdot cm^{-1}$。此时，朗伯-比尔定律的数学表达式为

$$A=\alpha b\rho \tag{9-4a}$$

当浓度 c 单位为 $\mathrm{mol \cdot L^{-1}}$、液层厚度 b 单位为 cm 时，K 改用 ε 表示，称为摩尔吸光系数(molar absorption coefficient)，单位为 $\mathrm{L \cdot mol^{-1} \cdot cm^{-1}}$，它表示吸光物质浓度为 $1\mathrm{mol \cdot L^{-1}}$、液层厚度为 1cm 时溶液在某一波长下的吸光度。此时

$$A = \varepsilon bc \tag{9-4b}$$

由于吸光物质在浓度较高时可能存在相互作用，故吸光物质的吸光系数一般是通过测定浓度较低的溶液的吸光度，再根据光吸收定律计算而得。对某一吸光物质来说，在不同波长下有不同的 ε 值，但波长一定时，ε 是一个特征常数。因此，摩尔吸光系数 ε 能表示在一定波长下物质的吸光能力。对于不同的吸光物质，在相同的波长下，ε 值越大表示其吸光能力越强。利用 ε 值大的有色化合物进行吸光光度法测定，有较高的灵敏度。因而 ε 是选择显色反应的依据。

光吸收定律不仅是可见吸光光度法定量的基础，也是紫外、红外分光光度法定量的基础。它适用于任何均匀、非散射的液体、固体和气体溶液，因此用途非常广泛。

例 9-1　K_2CrO_4 碱性溶液在波长 372 nm 处有最大吸收。现有 $3.00\times10^{-5}\ \mathrm{mol \cdot L^{-1}}$ K_2CrO_4 的碱性溶液，在最大吸收波长下于 1.00 cm 吸收池中测得其透射比为 71.6%。计算：(1)该溶液的吸光度。(2) K_2CrO_4 的摩尔吸光系数。(3)若改用 3.00 cm 吸收池时，该溶液的透射比是多少？(4)若用 2.00 cm 吸收池，测得某碱性 K_2CrO_4 溶液的吸光度为 0.325，溶液的浓度是多少 $(\mathrm{g \cdot L^{-1}})$？

解　根据 $A = -\lg T = \varepsilon bc$，得

(1) $A = -\lg T = -\lg 71.6\% = 0.145$

(2) $\varepsilon = \dfrac{A}{bc} = \dfrac{0.145}{1.00\times3.00\times10^{-5}} = 4.83\times10^{3}\quad (\mathrm{L \cdot mol^{-1} \cdot cm^{-1}})$

(3) $T' = 10^{-A'} = 10^{-3A} = 10^{-0.145\times3} = 36.7\%$

(4) $\rho = cM = \dfrac{AM}{\varepsilon b} = \dfrac{0.325\times194.2}{4.83\times10^{3}\times2.00} = 6.53\times10^{-3}\ (\mathrm{g \cdot L^{-1}})$

上述讨论的是溶液中只有一种吸光物质存在的情况。如果溶液中同时存在多种无相互作用的吸光物质，则溶液的总吸光度等于各种吸光物质的吸光度之和：

$$A = A_1 + A_2 + \cdots = b(K_1c_1 + K_2c_2 + \cdots) \tag{9-5}$$

吸光度的这种性质称为吸光度的加和性。光度分析中，待测组分的吸光度实际上就是利用吸光度的加和性相对于参比溶液测得的，即通过参比溶液(调 $T=100\%$，$A=0$)扣除溶剂、显色剂等对入射光吸收的影响。利用吸光度的加和性，还可以进行混合溶液中多组分的同时测定和某些化学平衡常数的测定。

三、偏离光吸收定律的原因

由光吸收定律可知，在液层厚度不变的情况下，溶液的吸光度与其浓度之间呈线性关系，即以吸光度对溶液浓度作图时，得到的应是一条通过原点的直线。但在实际工作中，特别是浓度较大时，溶液的吸光度与其浓度之间的线性关系常出现偏离(直线

发生弯曲）现象，这种现象称为偏离光吸收定律。若用这样的工作曲线确定试液的浓度，则会产生较大的误差。出现偏离光吸收定律的原因主要有三个方面：

1. 入射光非单色光

朗伯-比尔定律只适用于单色光，但实际上由各种光度计获得的入射光都不是真正的单色光。由于物质对不同波长的光吸收程度不同，因而入射非单色光会导致对光吸收定律的偏离，如图 9-4 所示。假设两束强度相等、波长为λ_1、λ_2的单色光分别通过浓度为c、液层厚度为b的溶液时，有不同的吸光度，且都符合光吸收定律，即溶液的浓度或厚度加倍（$2bc$）时，吸光度增加一倍。然而，将这两束单色光混合后（非单色光）通过溶液时，虽然总透射比为这两种色光的透射比之和，但溶液的总吸光度却小于其吸光度之和，且不按溶液浓度变化的比例增加，工作曲线向下弯曲，偏离光吸收定律（负偏离）。

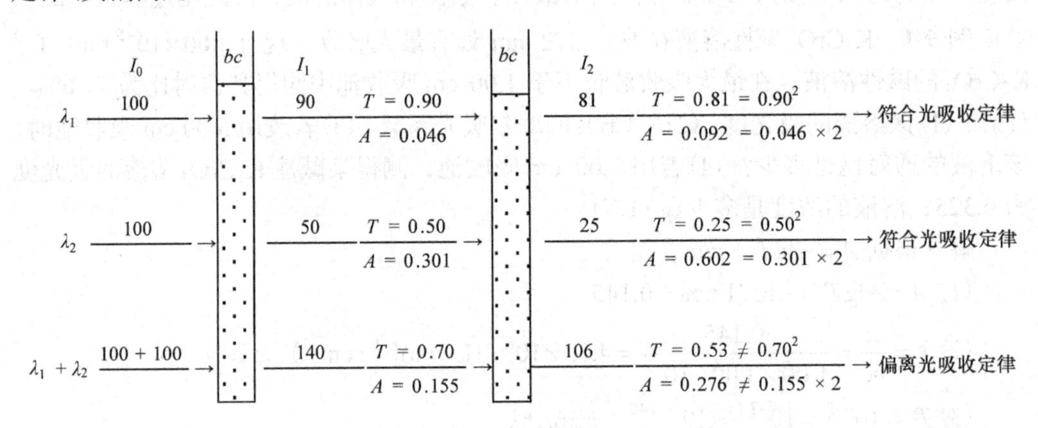

图 9-4　非单色光引起偏离光吸收定律

应注意的是，由于不同光度计的单色器色散能力不同，或是单色器出光狭缝的宽度不同等原因，光度计波长刻度盘表示的波长数值即使相同，但各自提供的入射光波长和强度往往不一样。这样，同一溶液在不同光度计上测量得到的吸光度也就不相同。因此，在实际工作中，标准溶液和试液都应在同一台仪器上进行测量，而且最好选用最大吸收波长或肩峰波长作工作波长（在λ_{max}很近处，摩尔吸光系数变化很小），这样可减小误差。

2. 体系不均匀

朗伯-比尔定律只适用于均匀的、非散射的稀溶液，若体系是胶体溶液、乳浊液、悬浊液等非均匀体系，入射光除一部分被吸光质点吸收外，还有一部分因散射、反射而损失，实际测得的透射比减小、表观吸光度增大，偏离了光吸收定律（A 正偏离）。体系的不均匀性越大，表观吸光度增加越多，偏离越大。

3. 吸光质点的相互作用

当待测溶液的浓度较高，或者介质条件发生变化时，可能发生吸光质点的相互作用，导致对光吸收定律的偏离。例如，物质分子之间的距离缩小会改变吸光物质分子的电荷分布，从而改变其吸光能力；而发生解离、缔合、络合、互变异构等化学反应则使吸光质点浓度发生变化，直接影响溶液的吸光能力，从而偏离光吸收定律。溶液的浓度越大，吸光质点相互作用越严重，偏离光吸收定律的情况越严重。因此，实际工作中应控制好测定条件(浓度、酸度、介质等)，使吸光质点的形式不变，避免吸光质点发生相互作用。

第二节　吸光光度法的测量仪器

最早应用于定量分析的吸光光度法是目视比色法，即利用溶液颜色深浅与浓度的关系，通过眼睛观察、比较一系列浓度不同的标准溶液的颜色深浅来确定试样溶液中待测组分浓度的分析方法。目视比色法的优点是仪器简单(使用比色管)、操作简便，可在自然光下进行测定，可用于测定某些不符合朗伯–比尔定律的有色物质，但缺点是准确度较差(误差5%～20%)，故主要用于限界分析。

分光光度法是在目视比色法的基础上发展而来，以光吸收定律为理论基础、分光光度计(spectrophotometer)为测量仪器的分析方法，其灵敏度和准确度高于比色法。

一、分光光度计的基本部件

用于测量溶液吸光度等的仪器称为分光光度计。分光光度计是根据光吸收定律设计的，按其工作波长范围可分为可见分光光度计、紫外分光光度计和红外分光光度计等。虽然分光光度计的种类与型号多样，但其基本结构都包括以下四个组成部分：

由光源发出的连续光谱，经单色器分解后得到一束强度一定的单色光，通过被测溶液后，透过的光由检测器转换为电信号，处理后再由显示器显示出吸光度或透射比等，从而完成测定。

1. 光源

光源是提供仪器工作所需波长范围的光的部件。光源提供的光要求有足够的强度和良好的稳定性。为此，分光光度计一般都配有稳压器。可见分光光度计一般使用钨灯(或卤钨灯)作光源，这种光源能发出波长为320～2500 nm 的连续光谱。

2. 单色器

单色器的作用是将光源发出的连续光谱分解得到测定所需波长的单色光。单色器由入射狭缝、准直镜、色散元件(分光元件)、聚光镜及出射狭缝等构成，如图 9-5 所示。

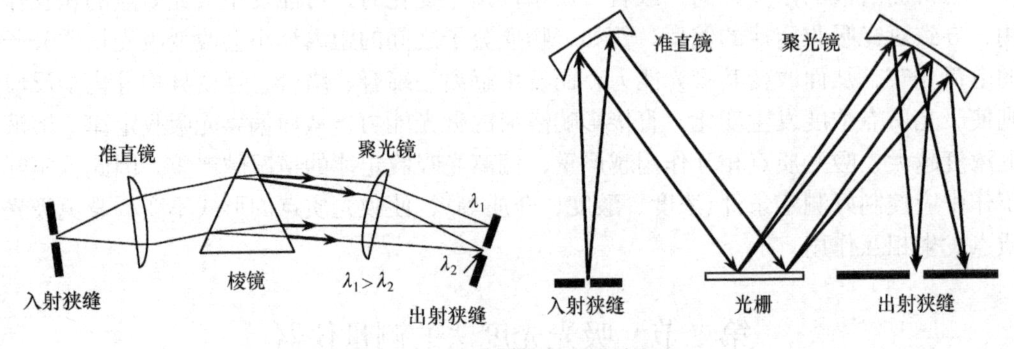

图 9-5　棱镜单色器和光栅单色器

入射狭缝的作用是限制杂散光进入；准直镜的作用是把来自狭缝的光束转化为平行光；色散元件的作用是将入射复合光色散为按波长顺序排列的光谱；聚光镜的作用是将同一波长的光会聚于焦面；出射狭缝的作用是在聚光镜焦面上选取所需波长的准单色光射出单色器。

色散元件的质量与狭缝的宽度决定了单色器的性能及单色光的纯度，从而影响测定的灵敏度、选择性和校正曲线的线性范围。

常用的色散元件是棱镜或光栅，如 721 分光光度计用玻璃棱镜作色散元件，722 系列等分光光度计用光栅作色散元件。棱镜根据光的折射原理将复合光色散为不同波长的单色光，而光栅则根据光的衍射和干涉原理将复合光色散为不同波长的单色光。光栅的分辨率比棱镜高得多，可得到更纯的单色光。

3. 吸收池

吸收池是盛装测试溶液(参比溶液)的容器，又称为比色皿，如图 9-6 所示。可见分光光度计的吸收池常用无色透明的光学玻璃制成，其规格(用液层厚度表示)分为 0.5、1.0、2.0、3.0、5.0 cm。分光光度计通常配备四个透射比误差小于 0.5%的 1.0 cm 吸收池。吸收池应保持光洁，特别要注意保护其透光面不受磨损和沾污。

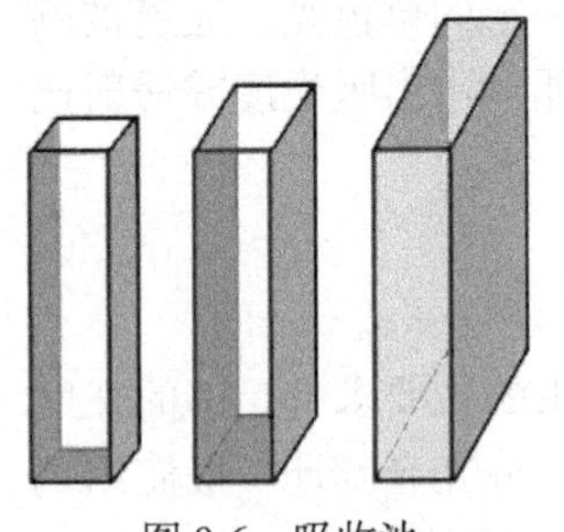
图 9-6　吸收池

4. 检测器及数据处理装置

检测器的作用是利用光电效应原理将接收到的光信号转换成电信号并进行测定，故又称光电转换器，常用的有光电管和光电倍增管。

简易分光光度计常用检流计、微安表、数字显示记录仪，把放大的信号以吸光度 A 或透射比 T 的方式显示或记录下来。例如，721 分光光度计的显示标尺上标有两种刻度，等分刻度是透射比 T，对数刻度是吸光度 A，如图 9-7 所示。现代的分光光度计在主机中装备有微处理机，可控制仪器操作和进行数据处理，测定结果可在数字显示屏上直读出来。近年来发展起来的二极管阵列检测器，配用计算机将瞬间获得的光谱图保存，可作实时测量，提供时间–波长–吸光度的三维谱图。

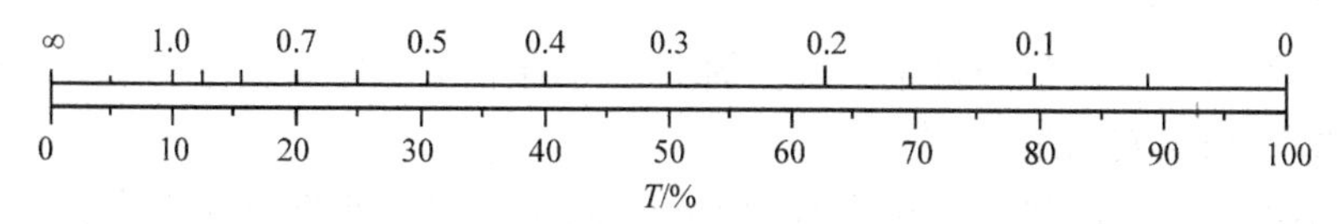

图 9-7　显示器的刻度标尺

二、常用的分光光度计

目前国内常用于可见吸光光度法的光度计有 721 系列、722 系列、V-1100D 可见分光光度计及各型号紫外–可见分光光度计等。例如，722s 可见分光光度计和 V-1100D 可见分光光度计，是两种简洁易操作的通用光度计，前者的工作波长为 340～1000 nm，后者的工作波长为 325～1000 nm，都具有自动调节 0%、100%透射比(T)和浓度直读等功能，可在其工作波长范围内执行透射比(T)、吸光度(A)和浓度(c)直读测定等。722s/V-1100D 分光光度计的外形如图 9-8 所示。各种型号分光光度计的使用方法，可参阅其使用说明书。

722s可见分光光度计

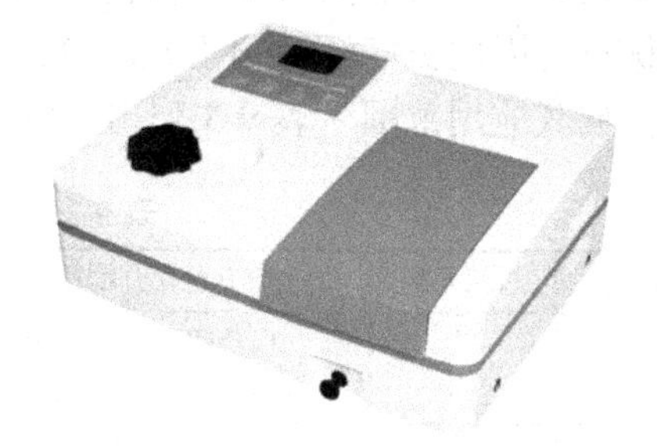

V-1100D可见分光光度计

图 9-8　722s/V-1100D 可见分光光度计的外形图

第三节　显色反应和显色条件的选择

利用可见吸光光度法进行定量分析时，要求待测溶液在可见光区内有特征吸收(即有较深的颜色)才能直接测定。若待测组分无色或颜色很浅，则需将其转变为有色化合物后再进行测定。

一、显色反应

加入适当的试剂使待测物转变为有色化合物的反应称为显色反应(color reaction)，与待测物作用形成有色化合物的试剂称为显色剂。

1. 对显色反应的要求

显色反应很多，其中最主要的是配位反应。应用于光度分析的显色反应，一般应符合下列要求：

(1) 选择性好。在显色条件下，显色剂应尽可能不发生其他显色反应，否则需加入掩蔽剂或采用其他方法消除干扰。

(2) 灵敏度高。光度法一般用于微量组分的测定，因此要求反应生成颜色深、摩尔吸光系数大的有色化合物，才能保证测定有高的灵敏度。一般应选择 $\varepsilon > 10^4$ 的显色反应。

(3) 稳定性好。有色化合物的组成恒定，性质稳定，至少在测量过程的时间段内颜色不发生变化，才可能使测定有足够的准确度。这就要求显色条件容易控制。

(4) 色差要大。有色化合物与显色剂之间颜色差别要足够大，一般要求其最大吸收波长之差(对比度) $\Delta\lambda \geqslant 60$ nm。这样，显色明显，试剂空白小，可提高测定的准确度。

2. 常用显色剂

无机显色剂与待测组分反应生成的有色化合物大多不够稳定，其选择性和灵敏度也不好(高)，而且组成往往不确定，显色条件不易控制，因此在光度分析中应用不多。表 9-2 列出一些目前尚有实用价值的无机显色剂。有机显色剂具有灵敏度高、选择性好等优点，因此被广泛应用于光度分析中。有机显色剂种类繁多，目前还在不断地合成和扩展其应用范围。表 9-3 列出一些常用的有机显色剂。

表 9-2　常用的无机显色剂

显色剂	被测元素	有色化合物及其颜色	吸收波长/nm	显色条件
硫氰酸盐	铁	$Fe(SCN)^{2+}$或 $Fe(SCN)_3$ 红	480	$0.1\sim0.8\ mol\cdot L^{-1}\ HNO_3$
	钼	$MoO(SCN)_5^{2-}$或 $Mo(SCN)_6^-$橙	360	$1.5\sim2\ mol\cdot L^{-1}\ H_2SO_4$
钼酸铵	硅	$H_4SiO_4\cdot 10MoO_3\cdot Mo_2O_3$ 蓝	670~820	$0.15\sim0.3\ mol\cdot L^{-1}\ H_2SO_4$
	磷	$H_3PO_4\cdot 10MoO_3\cdot Mo_2O_3$ 蓝	670~820	$0.5\ mol\cdot L^{-1}\ H_2SO_4$
氨水	铜	$[Cu(NH_3)_4]^{2+}$蓝	620	浓氨水
	镍	$[Ni(NH_3)_6]^{2+}$蓝	580	浓氨水
过氧化氢	钛	$TiO(H_2O_2)^{2+}$黄	420	$1\sim3\ mol\cdot L^{-1}\ H_2SO_4$

表 9-3　几种常用的有机显色剂

显色剂	被测元素	λ_{max} /nm	ε /$(L\cdot mol^{-1}\cdot cm^{-1})$	显色条件
邻二氮菲	铁(Ⅱ)	512	1.1×10^4	pH = 2~9
磺基水杨酸	铁(Ⅲ)	520	1.6×10^3	pH = 2~3
二苯硫腙(双硫腙)	铅(Ⅱ)	520	6.6×10^4	pH = 8~10 (CCl_4 萃取)
丁二酮肟	镍(Ⅱ)	470	1.3×10^4	pH = 8~10
1-(2-吡啶偶氮)-2-萘酚(PAN)	锌(Ⅱ)	550	5.6×10^4	pH = 5~10
铬天青 S	铝(Ⅲ)	530	5.9×10^4	pH = 5~5.8
偶氮胂Ⅲ	铀(Ⅳ)	670	1.2×10^5	$6\ mol\cdot L^{-1}$ HCl

3. 多元配合物

多元配合物是指由三种或三种以上组分形成的配合物，目前应用较多的是由一种金属离子与两种配位体组成的三元配合物。多元配合物在光度分析中应用比较普遍。

(1) 三元混配化合物：由一种金属离子与两种配位体通过共价键结合形成的三元配合物。例如，V(Ⅴ)与配位剂 H_2O_2 和吡啶偶氮间苯二酚(PAR)以等物质的量形成的有色化合物，用于 V(Ⅴ)的测定，灵敏度高，选择性好。

(2) 离子缔合物：金属离子首先与配位剂生成配位数已饱和的配位阴离子或配位阳离子，然后再与带相反电荷的离子以静电引力结合生成离子缔合物(离子对化合物)。这类化合物主要用于萃取光度分析中。例如，Ag^+与邻二氮菲(phen)形成配位阳离子，再与溴邻苯三酚红阴离子$[BPR]^{4-}$形成深蓝色的离子缔合物，利用此反应测定微量 Ag^+，灵敏度比二苯硫腙法高一倍，选择性好。

(3) 三元胶束配合物：在某些金属离子和显色剂形成的二元配合物中，加入含有长碳链的有机表面活性剂可形成三元胶束配合物，测定的灵敏度显著提高。例如，Al^{3+}-水杨基荧光酮在 pH = 5.8~6.5 的 HAc-NH_4Ac 缓冲溶液中形成二元配合物，$\varepsilon = 9.9\times10^3\ \text{L}\cdot\text{mol}^{-1}\cdot\text{cm}^{-1}$。若在此二元配合物中加入溴化十六烷基吡啶(CPB)后则形成三元胶束配合物，此时 $\varepsilon = 1.4\times10^5\ \text{L}\cdot\text{mol}^{-1}\cdot\text{cm}^{-1}$，灵敏度提高 14 倍。

二、显色条件的选择

显色反应受显色剂用量、溶液酸度、显色温度与时间等因素影响，要使其符合光度分析的要求，必须控制好反应的条件。显色反应的适宜条件，通常是通过实验确定的。

1. 显色剂用量

显色反应可简单表示为

$$\underset{\text{待测组分}}{\mathrm{M}} + \underset{\text{显示剂}}{\mathrm{R}} \rightleftharpoons \underset{\text{有色物}}{\mathrm{MR}}$$

可见光度法是通过测定有色物 MR 的浓度来求得待测组分 M 的含量。显然，M 转变为 MR 的反应进行得越完全，对测定越有利。为使显色反应进行完全，一般需要加过量的显色剂。然而，显色剂并非越多越好，有时显色剂过多反而会引起副反应，对测定不利。确定显色剂适宜用量的具体方法：固定待测组分浓度和其他条件，分别加入不同体积的显色剂(V_R)，配制一系列不同浓度(c_R)的显色溶液，依次测出其吸光度(A)，然后绘制 A-V_R 关系曲线，依此选择显色剂的适宜用量。显色剂用量的影响通常有如图 9-9 所示的三种情况：曲线 a 表示溶液的吸光度先随显色剂用量的增加而增大，$V_R \geqslant V_1$ 时，吸光度 A 达到最大值且不再变化或基本不变，表明显色剂用量已足够且在平台区其变化不影响测定，依此选择 V_1 或稍大于 V_1 (对应浓度 c_1)作为显色剂用量即可；曲线 b 表示 A 总是随显色剂用量的变化而变化，因此必须严格控制显色剂的用量，否则会产生很大的测定误差；曲线 c 表示显色剂用量在 $V_2 \sim V_3$ (平台区)变化时不影响测定，而在平台区外则影响测定，因此显色剂的用量应控制在$V_2 \sim V_3$（浓度$c_2 \sim c_3$），否则将得不到准确的测定结果。

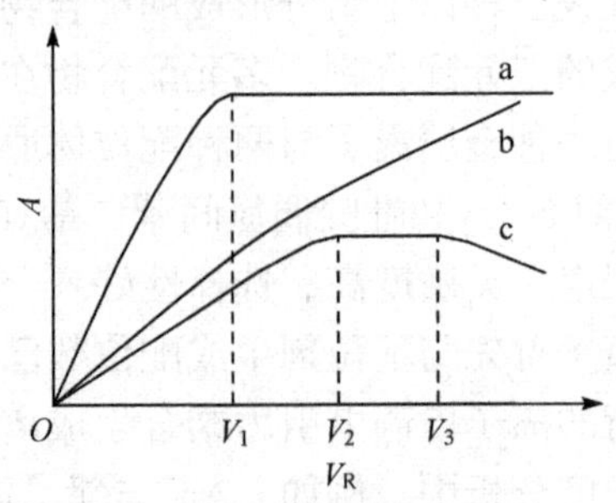

图 9-9　显色剂用量的影响

2. 溶液的酸度

溶液的酸度对显色反应影响很大。酸度过高或过低，都会发生副反应，影响显色反应的完成程度，或影响有色化合物的组成和颜色等。要确定显色反应的适宜酸度，可仿照上述显色剂用量的选择方法，绘制 A-pH 关系曲线，如图 9-10 所示。图中曲线上 a~b 平台区的 pH，即为适宜的 pH。

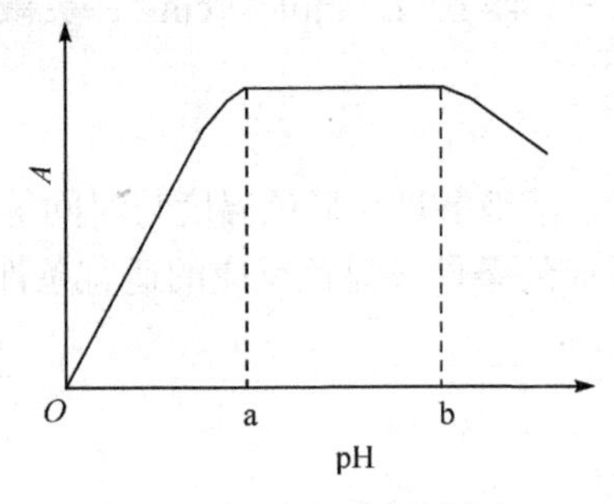

图 9-10　溶液 pH 的影响

3. 显色温度和时间

显色反应一般在室温下进行，但有些显色反应则需要加热才能较快地完成。但应注意，温度会影响有色化合物的稳定性，温度过高时，有些显色剂或有色化合物会分解。为了使显色反应顺利完成和使有色化合物有足够的稳定性，必须控制一定的温度。同时，测定必须在显色反应完成以后到有色化合物分解之前的一段时间内进行。显色的适宜温度和时间，可参照上述方法确定。

4. 溶剂

有时在显色体系中加入有机溶剂可降低有色化合物的解离度，从而提高显色反应的灵敏度。例如，Fe^{3+}和SCN^-形成的有色配合物，在90%的乙醇中颜色加深；$Co(SCN)_4^{2-}$在水中无色，在乙醇溶液中呈蓝色。

5. 溶液中的共存离子

试样的组成是比较复杂的，可能有许多共存离子。如果溶液中的共存离子有颜色，或者能与显色剂反应生成有色化合物，则影响显色后溶液的颜色；如果共存离子能与待测组分反应形成稳定的化合物，则影响显色反应的完成程度，降低目标有色产物的浓度。这些对测定都是有影响的，可能会引起较大误差。

共存离子的干扰常用下列几种方法消除：

(1) 利用类似配位滴定消除干扰的方法（控制酸度法和掩蔽法）来消除共存离子的干扰。例如，用双硫腙光度法测定 Hg^{2+}时，Cu^{2+}、Co^{2+}、Ni^{2+}、Sn^{2+}、Zn^{2+}、Pb^{2+}和少量 Bi^{3+}的干扰可以用控制酸度的方法消除；而 Ag^{+}的干扰用加入掩蔽剂 KSCN 的方法消除。又如，用铬天青 S 光度法测定 Al^{3+}时，Fe^{3+}的干扰可通过加入抗坏血酸将其还原为 Fe^{2+}的方法来消除。

(2) 利用参比溶液来消除某些有色的共存离子、显色剂的干扰。例如，用铬天青 S 光度法测定 Al^{3+}时，Ni^{2+}、Cr^{3+}等有色离子有干扰。此时可取一等量的试样溶液加入 NH_4F 掩蔽 Al^{3+}（待测组分）后，再加显色剂及其他试剂的溶液为参比溶液来测定试液的吸光度，即可消除 Ni^{2+}、Cr^{3+}和显色剂的干扰。

(3) 选用干扰物没有吸收的波长作为工作波长也可以消除这些干扰物质的影响。

(4) 分离。若用其他方法都无法消除共存离子的干扰，则应该用适当的分离方法预先除去干扰离子。

第四节 定量分析条件

利用可见吸光光度法进行定量分析时，为了得到可靠的测量数据、准确的分析结果，必须选择和控制好测定条件，包括显色条件和其他光度测量条件。

1. 控制显色反应的条件

利用已选定的显色剂进行测定时，首先必须控制显色反应的条件，使其符合光度分析的要求。有关显色条件的选择问题，上节已作讨论，这里不再重复。

2. 选择合适的工作波长

为了使测定有较高的灵敏度和准确度，应以吸收曲线为依据，并按照“吸收最大、干扰最小”的原则选择合适的工作波长。共存组分无干扰时，一般应选择最大吸收波长（λ_{max}）为工作波长，因为此波长下摩尔吸光系数（ε）最大，测定的灵敏度最高，而且在此处的小范围（很小的平台区）内，即使入射波长稍有变化，其 ε 值变化也不大，吸光度与浓度之间能保持较好的线性关系；但若在 λ_{max} 处存在干扰，则应选用另一既能使干扰最小，又有较强吸收的波长作工作波长。例如，用光度法测定 $KMnO_4$，以其最大吸收波长 525 nm 为工作波长时，虽然灵敏度最高，但受共存组分 $K_2Cr_2O_7$ 干扰，如图 9-11 所示。若在 545 nm 的波长下进行测定，则可消除 $K_2Cr_2O_7$ 的干扰，而且仍然有较高的灵敏度。

又如，用丁二肟光度法测定钢样中的镍，若选择在丁二肟镍的最大吸收波长 470 nm 处测定，则其中的铁在以酒石酸钠掩蔽后仍有一定的干扰，如图 9-12 所示。若选用 520 nm 的波长为工作波长，则比较合适。因为在 520 nm 的波长处，灵敏度虽然有所降低，但酒石酸铁的吸收可忽略，不干扰镍的测定。

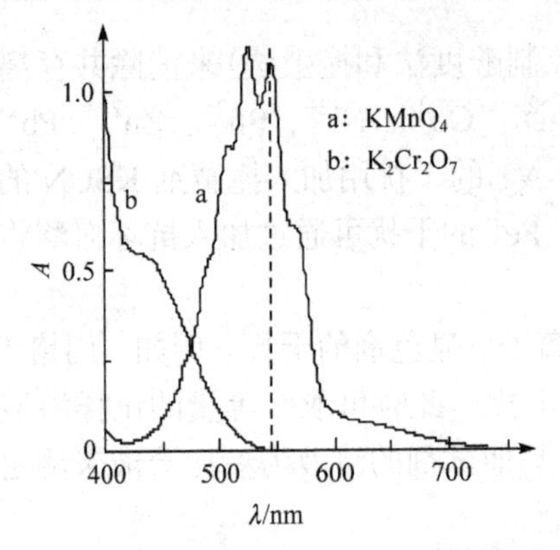

图 9-11　$KMnO_4$ 与 $K_2Cr_2O_7$ 的吸收光谱

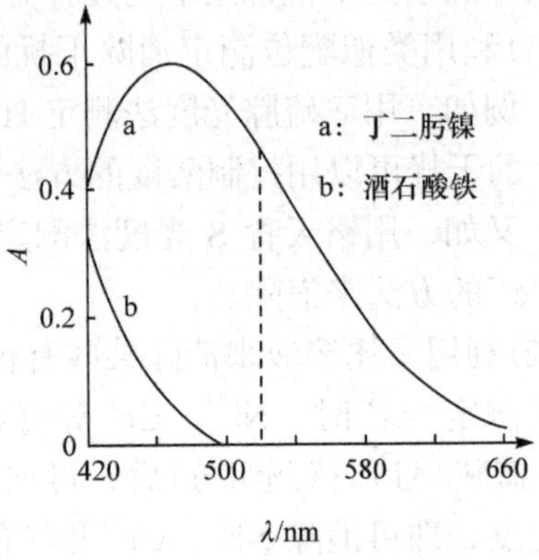

图 9-12　丁二肟镍与酒石酸铁的吸收曲线

3. 选择合适的参比溶液

参比溶液的作用是调节光度计的吸光度零点(透光率为 100%)，以消除吸收池的反射和试剂、溶剂以及某些干扰成分的吸收对吸光度的影响。实际上，只有相对于参比溶液测得的标准溶液或试液的吸光度，才是待测吸光物质的吸光度，才真正反映待测吸光物质的浓度。显然，参比溶液的选择是否合适对测量准确性的影响是很大的。选择参比溶液的一般原则如下：

(1) 当原试样溶液、显色剂和所用其他试剂都无色时(严格说应不吸收入射光)，可用“溶剂空白”作参比溶液。“溶剂空白”多为纯水(蒸馏水或去离子水)。

(2) 当显色剂等试剂有色，而原试样溶液无色时，应选用“试剂空白”作参比溶液。试剂空白是指不含待测物的试剂溶液。

(3) 当试液中共存组分有色，而显色剂无色且不与其他共存组分显色时，应选用不加显色剂的试液作参比溶液。不加显色剂配得的试液称为“试样参比”或“样品参比”。

(4) 当显色剂和原试液都有颜色时，可另取一等量的原试液，用无色掩蔽剂掩蔽其中的待测组分，然后按配制显色试液的方法加入显色剂等，定容，并以此溶液为参比溶液进行测定。这种含有待测组分和显色剂等试剂，但待测组分不能与显色剂显色的溶液称为“掩蔽参比”或“褪色参比”。例如，用变色酸法测定钛时，可取两份等量的原试液平行加入变色酸等试剂显色，然后向其中一显色液滴加 NH_4F 液使钛–变色酸配合物褪色，定容后，再以此褪色液为参比测定显色试液的吸光度。

使用掩蔽参比溶液，可以同时消除溶剂、显色剂等试剂以及试样中共存组分的干扰。

4. 控制合适的吸光度范围

光度分析中的误差，除由上述各种条件引起外，还包括操作误差、仪器测量误差和透射比(或吸光度)不同引起的误差。对于一给定的光度计，其透射比读数误差ΔT为常数(一般为±0.5%～±1%)，但由于透射比T与溶液的浓度c之间是负对数关系，故即使ΔT相同，由透射比(或吸光度)不同所引起的浓度测量误差也是不同的。

对朗伯-比尔定律的数学关系式进行微分处理时，可得如下公式：

$$E_r = \frac{\Delta c}{c} = \frac{\Delta A}{A} = \frac{0.434\Delta T}{T \cdot \lg T} \tag{9-6}$$

由上式可知，浓度相对误差($\Delta c/c$)等于吸光度相对误差($\Delta A/A$)，但不等于透射比相对误差($\Delta T/T$)。$\Delta c/c$除与$\Delta T/T$有关外，还与透射比或吸光度的大小有关。设$\Delta T = \pm 0.5\%$，则可得到不同透射比时的浓度相对误差值和误差曲线，如表9-4和图9-13所示。

表9-4　不同透射比时浓度的相对误差($\Delta T = \pm 0.5\%$)

T/%	A	$\lvert\Delta c/c\rvert$/%	T/%	A	$\lvert\Delta c/c\rvert$/%
95	0.022	10.3	36.8	0.434	1.359
90	0.046	5.3	30	0.523	1.38
80	0.097	2.8	20	0.699	1.55
70	0.155	2.0	12	0.921	1.97
60	0.222	1.6	10	1.000	2.17
50	0.301	1.4	5	1.301	3.34
40	0.398	1.364	1	2.000	10.9

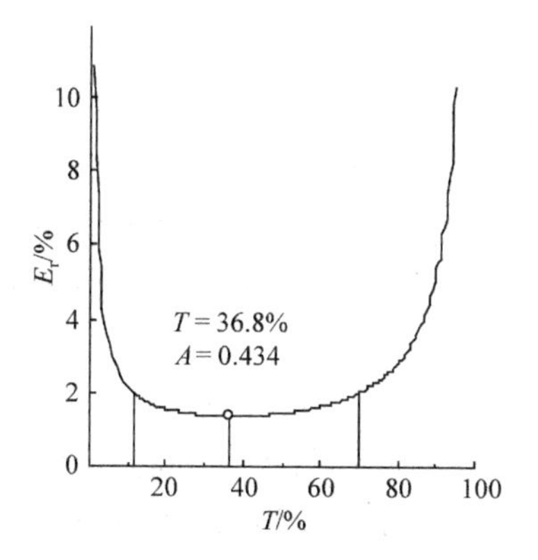

图9-13　相对误差与透射比的关系

由表9-4和图9-13可以看出，透射比(或吸光度)不同对浓度测量误差的影响不同。当$T = 12\% \sim 70\%$或$A = 0.16 \sim 0.9$时，浓度测量误差小于或等于2%(读数误差$\Delta T = \pm 0.5\%$)，其中$T = 36.8\%$或$A = 0.434$时，浓度测量误差最小。透射比或吸光度过高或过低时，浓度测量误差都很大。因此，可将$T = 12\% \sim 70\%$或$A = 0.16 \sim 0.9$的范围作为光度分析的适宜透射比或吸光度范围。

实际工作中，通常通过改变试样用量、稀释等办法调节溶液的浓度，使溶液的透光率或吸光度处于适宜范围内。

例 9-2 某钢样含 Ni 大约 0.12%，用丁二酮肟光度法测定。若试样溶解后，转入 100 mL 容量瓶显色定容，以 1.0 cm 比色皿于 470 nm 处测量，则要求光度测量误差最小，应称取多少试样？

解 查表知 $\varepsilon = 1.3\times10^4\ \text{L}\cdot\text{mol}^{-1}\cdot\text{cm}^{-1}$，$M_{\text{Ni}} = 58.69\ \text{g}\cdot\text{mol}^{-1}$；浓度误差最小时，$A = 0.434$。

根据光吸收定律

$$A = \varepsilon bc = \varepsilon b\frac{m_{\text{S}}\cdot w_{\text{Ni}}}{M_{\text{Ni}}\cdot V_{\text{Ni}}}$$

$$0.434 = 1.3\times10^4\times1.0\times\frac{m_{\text{S}}\times0.12\%}{58.69\times100\times10^{-3}}$$

$$m_{\text{S}} = 0.16\ (\text{g})$$

即应称取试样 0.16 g。

第五节 吸光光度法的特点和应用

一、吸光光度法的特点

吸光光度法属仪器分析法，与化学分析法相比，具有如下特点：

(1) 灵敏度较高。光度法的测定下限一般可达 $10^{-5}\sim10^{-6}\ \text{mol}\cdot\text{L}^{-1}$（相当于含量为 $10^{-3}\%\sim10^{-4}\%$），适用于微量组分的测定。

(2) 准确度较高。相对误差一般为 $2\%\sim5\%$，完全能满足对微量组分测定的要求。滴定分析法或重量分析法对微量组分是无法测定的，即使能测定，其准确度也非常差。

(3) 仪器价格较低，操作简便，快速。用光度法测定时，只要把试样处理成溶液后，利用选择性高的显色剂和掩蔽剂，一般只经过显色和测定吸光度两步就可求得分析结果。

(4) 应用范围广。光度法既可应用于定性分析，又可应用于定量分析；既可应用于测定无机物，又可应用于测定有机物；常用于微量组分的测定，有时也用于常量组分的测定（准确度较差）；还可以用于配合物组成和酸碱解离常数的测定等。

当然，任何分析方法都不可能十全十美，可见吸光光度法也有局限性。其局限性主要来自两个方面：一是谱线重叠引起的光谱干扰比较严重，这是其选择性有时不好和难以进行定性分析的主要原因；另一方面是很多物质溶液无色或颜色很浅，必须用化学方法使其转变为有色吸光物质，这不但比较繁琐，还可能引入干扰，甚至难以找到合适的显色剂。

二、常用定量分析方法

吸光光度法中，单组分定量分析的基本方法有比较法、标准曲线法和标准加入法。

1. 比较法

比较法是在相同条件下配制浓度相近的显色标准溶液和显色试液，并测出其吸光度，然后依据光吸收定律（$A = Kbc$）比较得到显色试液的浓度：

$$c_x = \frac{A_x}{A_s} \cdot c_s \tag{9-7}$$

比较法主要用于个别试样的测定，测定时要求显色试液和显色标准溶液的浓度 c_x、c_s 相近，且都符合光吸收定律。

2. 标准曲线法

标准曲线法是在相同条件下配制一系列浓度不同的显色标准溶液和显色试液，并依次测出其吸光度，然后以标准数据绘制吸光度对浓度的标准曲线，再根据显色试液的吸光度从标准曲线上查出其浓度，或由标准曲线回归方程计算显色试液的浓度。

标准曲线法适用于大批试样的测定，测定时一般应控制显色标准溶液和显色试液的浓度在线性范围内，并控制溶液的吸光度在0.16～0.9范围内。现在一般使用图表软件工具(如excel、origin、sigmaplot等)作线性回归分析数据处理。测定条件有变动时，如更换标准溶液、修理仪器、更换光源等，都应重新制作标准曲线和进行样品测定。

例9-3　称取0.216 g $FeNH_4(SO_4)_2 \cdot 12H_2O$(铁铵矾)溶于水配成500 mL标准溶液，然后按表中所列的体积取出标准溶液，显色后稀释至50.0 mL，测得其吸光度如下所列：

标准溶液体积/mL	2.00	4.00	6.00	8.00	10.0
吸光度 A	0.097	0.200	0.304	0.408	0.510

(1)以吸光度为纵坐标，铁的质量浓度($mg \cdot L^{-1}$)为横坐标绘制 A-ρ 标准曲线。

(2)取5.00 mL某含铁试液，按上述方法显色、稀释至50.0 mL，测得其吸光度为0.361，计算该试液中铁的浓度。

解　用铁铵矾配成标准工作溶液的浓度为

$$\rho_{Fe} = \frac{0.216 \times 55.845}{482.18 \times 500} = 50.0\ (mg \cdot L^{-1})$$

(1)所配显色标准溶液的浓度及其吸光度如下所示。

显色液浓度/($mg \cdot L^{-1}$)	2.00	4.00	6.00	8.00	10.0
显色液的吸光度 A	0.097	0.200	0.304	0.408	0.510

使用 excel 等图表工具对上表的标准数据作回归分析，结果如图 9-14 所示。

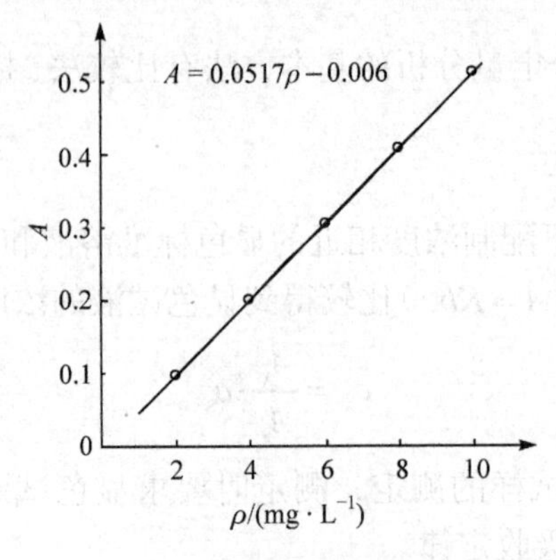

图 9-14　标准曲线与回归方程

⑵将测得显色试液的吸光度 0.361 代入线性回归方程 $A = 0.0517\rho - 0.006$，得

$$\rho_x = \frac{0.361 + 0.006}{0.0517} = 7.10\ (\mathrm{mg \cdot L^{-1}})$$

原试液中铁的浓度为

$$\rho_0 = \rho_x \times \frac{50.0}{5.00} = 7.10 \times 10 = 71.0\ (\mathrm{mg \cdot L^{-1}})$$

3. 加入法

加入法的操作方法一般是平行取样两份分置于容量瓶（或比色管），然后向其中一瓶加入一定量的标准溶液 B，并在相同条件下进行显色、定容和测出其吸光度 A_x 和 $A_{x+\mathrm{s}}$。

设显色试液、加标显色试液的浓度分别为 c_x、$c_{x+\mathrm{s}}$，则根据光吸收定律，有

$$A_x = Kbc_x$$

$$A_{x+\mathrm{s}} = Kbc_{x+\mathrm{s}} = Kb(c_x + c_\mathrm{s})$$

式中，c_s 为加标显色试液的浓度增量（$c_\mathrm{s} = c_\mathrm{B} V_\mathrm{B} / V_{容}$）。

比较上述两式（相除或相减），可求得显色试液的浓度：

$$c_x = \frac{A_x}{A_{x+\mathrm{s}} - A_x} \cdot c_\mathrm{s} \tag{9-8}$$

三、吸光光度法的应用

1. 单组分测定

1）微量铁的测定

生物样品、土壤和食品中的微量铁，常用邻二氮菲光度法测定。Fe^{2+} 与显色剂邻二氮菲的反应为

$$Fe^{2+} + 3C_{12}H_8N_2 \rightleftharpoons [Fe(C_{12}H_8N_2)_3]^{2+}\ (橙红色)$$

生成的橙红色配合物在 pH = 2~9 时的盐酸–柠檬酸盐介质（或乙酸缓冲溶液）中非常稳定，最大吸收波长 λ_{max} 为 510 nm，摩尔吸光系数 $\varepsilon = 1.1\times10^4\ L\cdot mol^{-1}\cdot cm^{-1}$。此法选择性较好（干扰少），灵敏度较高，条件易控。若测定的是 Fe^{3+}或总铁量，则应先加入盐酸羟胺将 Fe^{3+}还原为 Fe^{2+}，再加入邻二氮菲进行显色。

2）微量磷的测定

磷是构成生物体的重要元素，也是土壤肥效的三要素之一。试样中微量磷常用磷钼蓝光度法测定。该法是基于 H_3PO_4 与钼酸铵在 HNO_3 介质中反应生成磷钼酸铵（磷钼黄）：

$$H_3PO_4+12(NH_4)_2MoO_4+21HNO_3 = (NH_4)_3PO_4\cdot 12MoO_3(\text{黄色})+21NH_4NO_3+12H_2O$$

磷钼酸铵中的 Mo（Ⅵ）被适当的还原剂（如氯化亚锡、抗坏血酸、肼等）还原为 Mo（Ⅴ），生成蓝色的磷钼蓝，可在其最大吸收波长 660 nm 处进行测定。

3）酒类中甲醇的测定

以腐烂水果、薯类为原料制成的酒类，甲醇的含量较高。饮用有甲醇的酒类会引起中毒，严重者可引起失明甚至死亡。酒类中甲醇的测定是基于甲醇在磷酸酸性条件下被高锰酸钾氧化为甲醛，甲醛与无色的品红亚硫酸试剂结合成紫蓝色的色素，在 590 nm 处有最大吸收，可以用吸光光度法测定。

试液中乙醇的浓度控制在 6%左右，浓度过大对显色有影响。酒类含有其他醛类时也会显色，但其颜色在 20℃放置 30 分钟后可褪去，而甲醛产生的颜色保持不变，不影响测定。若含有甘油，甘油也可被高锰酸钾氧化为甲醛，干扰测定，可以用蒸馏法把甲醇蒸馏出来后再进行氧化、显色和测定。

4）蔬菜、水果中总抗坏血酸的测定

总抗坏血酸包括还原型、脱氢型和二酮古乐糖酸型，试样中还原型抗坏血酸经活性炭氧化为脱氢抗坏血酸，再与 2, 4-二硝基苯肼作用生成红色化合物（脎），在 500 nm 波长处测量其吸光度值。根据该红色化合物在硫酸溶液中的含量与抗坏血酸含量成正比关系，可求得试样中总抗坏血酸含量。

此外，食品中的亚硫酸盐、亚硝酸盐以及铜、锌、镉等重金属元素的含量均可用吸光光度法进行定量测定。

2. 多组分的测定

应用吸光光度法测定多组分时，依据吸光度的加和性，通过联解方程组的方法求得各组分的浓度。例如，对于含有 X、Y 两种吸光组分的混合有色溶液，可在测定条件下首先分别测出 X、Y 各单一组分溶液在 X 的最大吸收波长 λ_1 处的摩尔吸光系数 $\varepsilon_{1(X)}$、$\varepsilon_{1(Y)}$ 和在 Y 的最大吸收波长 λ_2 处的摩尔吸光系数 $\varepsilon_{2(X)}$、$\varepsilon_{2(Y)}$，然后分别测出混合溶液在 λ_1、λ_2 处的总吸光度 A_1 和 A_2。根据吸光度的加和性，列出方程组：

$$A_1 = b\varepsilon_{1(X)}c_X + b\varepsilon_{1(Y)}c_Y$$

$$A_2 = b\varepsilon_{2(X)}c_X + b\varepsilon_{2(Y)}c_Y$$

再根据组分 X、Y 的干扰情况(通常为图 9-15 所示吸收曲线的三种情况),解出 c_X、c_Y。

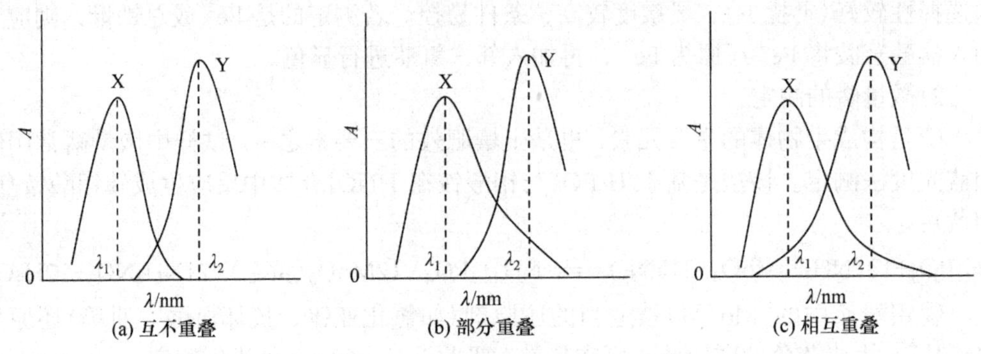

图 9-15　两吸光组分溶液的吸收曲线

对于图 9-15(a)的情况,即组分互不干扰时,可按单组分测量法分别测定。此时

$$A_1 = b\varepsilon_{1(X)}c_X$$

$$A_2 = b\varepsilon_{2(Y)}c_Y$$

对于图 9-15(b)的情况,则

$$A_1 = b\varepsilon_{1(X)}c_X$$

$$A_2 = b\varepsilon_{2(X)}c_X + b\varepsilon_{2(Y)}c_Y$$

联立解方程组法也可用于两种以上吸光组分的同时测定。但测量组分增多,分析结果的误差也会同时增大。利用矩阵分析、卡尔曼滤波或因子分析等计量学方法来处理分析数据,可取得令人满意的结果。

参照多组分的测定,通过联立解方程组的方法还可以测定酸碱解离常数、配位稳定常数等化学平衡常数。

[课堂活动]

用分光光度法测定甲基橙指示剂的解离常数 $K_{a(HIn)}$ 时,应如何进行?

3. 配合物组成的测定

吸光光度法是测定配合物组成的一种十分有效的方法,其操作方法较多,现仅介绍较常用的摩尔比法(又称饱和法)。摩尔比法是根据金属离子 M 被配位显色剂 R 所饱和的原则来测定有色配合物的组成。设配位反应为

$$M + nR \rightleftharpoons MR_n$$

测定时,固定金属离子的浓度 c_M,改变配位剂浓度 c_R,配制一系列 c_R/c_M 值不同的显色溶液。在适宜的波长(M、R无干扰)下测出各溶液的吸光度,然后绘制 A-c_R/c_M

关系曲线，如图 9-16 所示。当$c_R/c_M<n$时，M 未完全转化为MR_n，故吸光度随c_R的增加而增加；当加入的配位剂 R 足够多（$c_R/c_M>n$）时，M 已经完全转化为MR_n，继续加入配位剂 R 也不能使MR_n的量增加，故溶液的吸光度保持不变；而在$c_R/c_M=n$（化学计量点）附近，由于MR_n的解离使其浓度比理论值低，实测溶液的吸光度要小，表现为A-c_R/c_M曲线出现弯曲。因此，曲线上升部分和平台部分两条直线延长线的交点（理论转折点）所对应的c_R/c_M值，就是配合物的组成比n。摩尔比法简单方便，适用于测定稳定性高、解离度小、组成比高的配合物MR_n的组成。

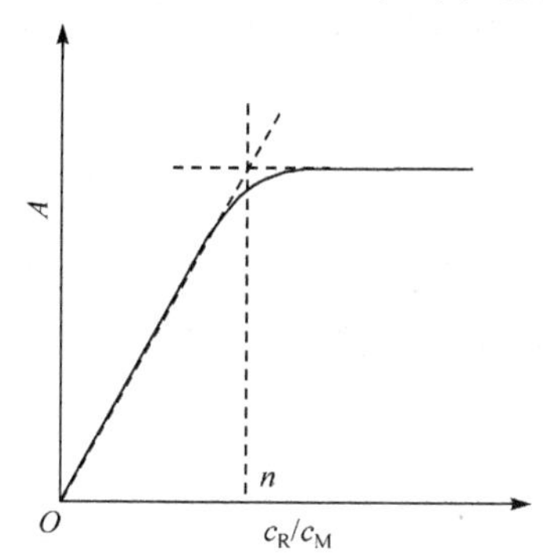

图 9-16　摩尔比法测定配合物组成

4. 高含量组分的测定——示差法

普通光度法只适用于微量或痕量组分的测定，若用于高浓度吸光物质溶液的直接测定，则其吸光度会超过适宜的读数范围，引起很大的测量误差，甚至无法直接测定；即使通过控制取样量或稀释使溶液的吸光度读数在适宜范围内，其浓度测量误差还是过大（误差约 2%或更大），不能满足常量分析的要求。但若采用示差光度法测定，则可使分析结果的误差降低至 0.2%左右，能满足常量分析的准确度要求。

高浓度示差法是以浓度稍低于显色试液的显色标准溶液为参比溶液，测得的吸光度是相对吸光度A_r，即

$$A_r=A_x-A_s=Kb(c_x-c_s)=Kbc_r \tag{9-9}$$

式(9-9)表明在符合光吸收定律范围内，示差吸光度与试液、参比溶液的浓度差成正比。依此可以采用标准曲线法确定c_r，从而求得试液的浓度（$c_x=c_s+c_r$）。

例如，用普通光度法测定某浓度稍大于 20.0 $mg\cdot L^{-1}$的钼显色试液时，其误差很大。改用示差法测定时，可配制 20.0～23.0 $mg\cdot L^{-1}$若干钼的显色标准溶液，然后以 20.0 $mg\cdot L^{-1}$的钼标准溶液为参比，在同条件下测出各钼标准溶液和试液的吸光度，并以标准数据绘制A_r-c_r标准曲线，如图 9-17 所示。若试液的$A_r=0.345$，则可在标准曲线上查得$c_r=2.3\,mg\cdot L^{-1}$，该试液的浓度$c_x=c_s+c_r=22.3\,mg\cdot L^{-1}$。若作$A_r$-$c_s$标准曲线，则可直接查得试液的浓度$c_x$。

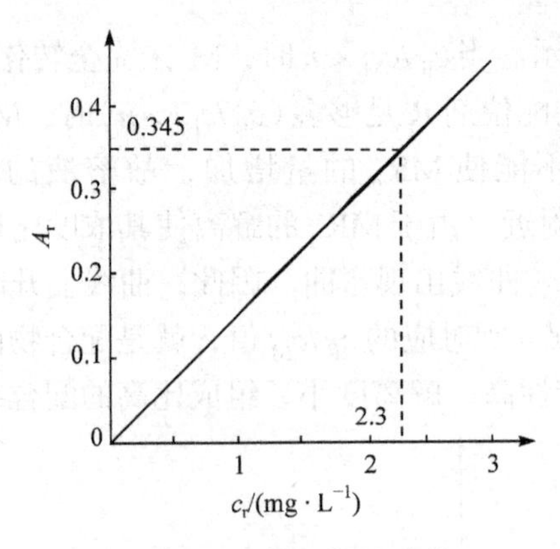

图 9-17　示差法标准曲线

示差光度法比普通光度法准确，可以用刻度标尺的放大作用原理来解释，如图 9-18 所示。例如，以空白溶液为参比测得某显色试液的透射比为 5%，即 $A=1.301$，其测量误差很大，但若改用示差光度法测定，如以透射比为 10%的标准显色溶液作参比，将显色标准溶液的透射比从 10%调为 100%，吸光度从 1.000 变为 0，即把透射比标尺扩大为原来的 10 倍，则此时测得试液显色液的透射比为 50%，相对吸光度 $A_r=0.301$，读数在适宜的透射比或吸光度范围内，因而减小了测量误差。

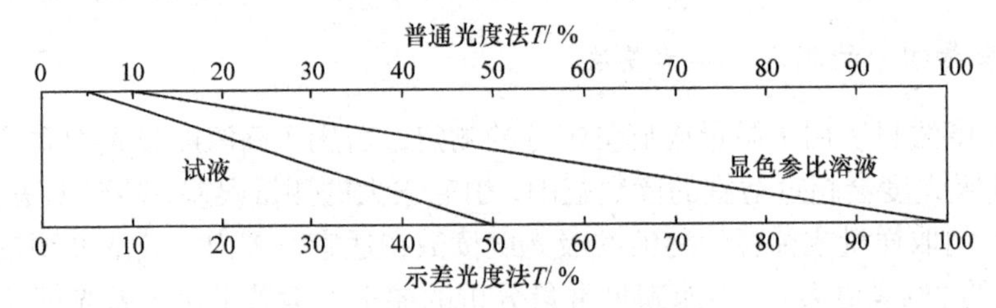

图 9-18　示差法标尺放大原理

应注意的是，虽然示差光度法中浓度差 c_r 的测量误差还是较大(误差约 2%)，但由于 $c_x=c_s+c_r>>c_r$，实际上 c_x 的测量误差很小。例如，c_x 为 c_r 的 10 倍，c_r 的相对误差为 2%时，则 c_x 的相对误差为 $2\%c_r/c_x=0.2\%$。由此可见，示差光度法的准确度比普通光度法高得多，可以用于高含量组分的测定。

练　习　题

1. 什么是透射比？什么是吸光度？有色溶液的浓度和透射比之间有什么关系？与吸光度呢？某溶液符合光吸收定律，厚度不变，当浓度为 c 时透射比为 T，问当浓度改变为 $0.5c$、$1.5c$ 和 $2c$ 时透射比分别为多少？哪个最大？

2. 一有色溶液符合光吸收定律，当使用 2 cm 比色皿进行测量时，透过的光减弱了 40%，若使用 1 cm 和 5 cm 比色皿，则测得的透射比 T 和吸光度 A 为多少？

3. 光度分析中对显色反应有哪些要求？与化学分析法相比，吸光光度法有何特点？

4. 可见分光光度计有哪些主要部件，各有什么作用？

5. 吸光光度分析中，为什么一般在最大吸收波长处测定试液的吸光度？选择工作波长的原则是什么？

6. 怎样绘制标准曲线？怎样通过标准曲线确定待测溶液的浓度？

7. 示差法用于高含量组分的测定时，其准确度能满足常量分析的要求吗？为什么？

8. 用一般吸光光度法测定 0.001 $mol \cdot L^{-1}$ 锌标准溶液和含锌试液的吸光度分别为 0.700 和 1.301，如果用 0.001 $mol \cdot L^{-1}$ 的锌标准溶液作参比溶液，试液的吸光度是多少？示差法使标尺放大了多少倍？

9. 某显色剂的吸收光谱中曲线 a、b、c 分别为在 $pH < 4$ 、 $4 < pH < 7$ 、 $pH > 7$ 条件下的吸收光谱。问：

(1)在 $pH < 4$ 和 $pH > 7$ 时显色剂的颜色；

(2)若显色剂与 Pb^{2+}形成的配合物在 580 nm 处有最大吸收，则显色反应的 pH 应控制在什么范围？

(3)若显色剂与某金属的配合物在 540 nm 处有最大吸收，则用此显色反应测定该金属时应采用什么溶液作参比溶液？

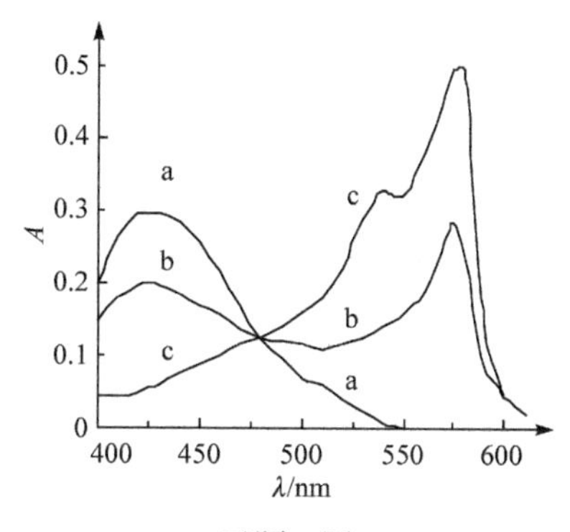

习题 9 图

10. 称取纯度为 95.5%的某化合物样品 0.1000 g 溶解后配成 1000 mL 溶液，从中量取 2.00 mL 显色、稀释至 50.0 mL，使用 2.0 cm 吸收池于显色液的最大吸收波长处测得其透射比 $T = 35.5\%$ ，已知该吸光物质在其 λ_{max} 处的 $\varepsilon = 1.50 \times 10^4\ L \cdot mol^{-1} \cdot cm^{-1}$。试计算该化合物的摩尔质量。

11. 测定土壤全磷的实验如下：称取 1.0 g 土壤样品，消化处理后用 100 mL 容量瓶定容，然后移取 10 mL 消化液，置于 50 mL 容量瓶中显色、定容。另移取 10 $mg \cdot L^{-1}$ 磷标准溶液 4.0 mL 于 50 mL 容量瓶中，在相同条件下显色、定容。测得标准显色液、试样显色液的吸光度分别为 0.125、0.250，计算土壤中磷的质量分数。

12. 准确称取大豆试样 0.1000 g，加入 10.0 mL $CuSO_4$ 的碱性溶液，在 40 ℃恒温水浴中振荡显色，取离心后的上层溶液于 1.0 cm 吸收池中，在 550 nm 下测得其吸光度为 0.408。另取酪蛋白标准溶液，在相同条件下配制 4.0 $mg \cdot mL^{-1}$ 的标准显色液，测得其吸光度为 0.422。计算大豆中蛋白质的质量分数。

13. 将 0.376 g 土样溶解后配成 50.00 mL 溶液，取 25.00 mL 样品溶液处理除去干扰元素后，加入显色剂对其中的钴和镍进行显色，并定容为 50.00 mL。使用 1.00 cm 比色皿测定，测得显色液在 510 nm 处的吸光度为 0.467，在 656 nm 处的吸光度为 0.374。已知 $\varepsilon_{510(Ni)} = 5.52 \times 10^3\ L \cdot mol^{-1} \cdot cm^{-1}$，$\varepsilon_{656(Ni)} = 1.75 \times 10^4\ L \cdot mol^{-1} \cdot cm^{-1}$，$\varepsilon_{510(Co)} = 3.64 \times 10^4\ L \cdot mol^{-1} \cdot cm^{-1}$，$\varepsilon_{656(Co)} = 1.24 \times 10^3\ L \cdot mol^{-1} \cdot cm^{-1}$，计算该土样中钴和镍的质量分数。

14. 使用 1.00 cm 比色皿，在一定波长下测得某有色配合物 MR_2 溶液的吸光度 $A = 0.200$。已知 MR_2 的摩尔吸光系数为 $4\times10^4\ L\cdot mol^{-1}\cdot cm^{-1}$，溶液中 $[M'] = 5.0\times10^{-7}\ mol\cdot L^{-1}$，$[R'] = 2.0\times10^{-6}\ mol\cdot L^{-1}$，且 M 和 R 在测定波长下无吸收，计算该配合物 MR_2 的浓度。若 $\lg\alpha_{R(H)} = 2$，M 和 MR_2 无副反应，计算该配合物的条件稳定常数 K_f' 和绝对稳定常数 K_f。

15. 取 1.00 mmol 某指示剂 HIn 五份，分别溶于 1 L 不同 pH 的缓冲溶液中，使用 1.0 cm 比色皿在波长 650 nm 处测定，测量数据如下：

溶液的酸度 pH	1.00	2.00	7.00	10.00	11.00
溶液的吸光度 A	0.000	0.000	0.588	0.840	0.840

计算该指示剂的酸常数 K_a。

第十章 定量分析中常用的分离方法

【学习目标】

(1)了解定量分析中常用的分离方法及其适用对象。

(2)理解常用分离方法的原理、过程及条件。

由于实际样品的组成一般比较复杂，在测定其中某一组分时，共存的其他组分常产生干扰，影响分析结果的准确度，因此必须选择适当的方法来消除干扰。而在消除共存组分干扰的方法中，虽然试剂掩蔽法是一种比较简便、有效的方法(参见配位滴定一章的介绍)，但在很多情况下，仅用此法还不能解决干扰问题，这就需要选用适当的分离方法将待测组分与干扰组分分离，然后再进行测定。另外，用现有的分析方法测定样品中某些痕量待测组分时，因其灵敏度不够而可能无法测定，这时就需要对待测组分进行富集和分离除去干扰组分。

在定量分析中，常用的分离方法有沉淀分离法、萃取分离法、离子交换分离法、层析分离法和挥发与蒸馏分离法等，现做如下简介。

第一节 沉淀分离法

沉淀分离法是利用沉淀反应使某些组分从溶液中以沉淀形式析出，并通过离心分离或过滤分离出这些组分的方法，其依据是溶度积原理。沉淀分离法的基本原理已在重量分析一章中讨论，这里仅讨论如何提高分离的选择性问题。

一、提高沉淀分离选择性的方法

1. 控制适宜的酸度

沉淀分离法中，无论是使用无机沉淀剂(如 NaOH、氨水、硫化物等)，还是有机沉淀剂(如草酸、8-羟基喹啉等)进行沉淀分离，其选择性都与溶液的酸度有关。

对于金属氢氧化物沉淀，由于其溶解度不同，沉淀时需要的$[OH^-]$也不同，即沉淀时的 pH 不同。设氢氧化物为$M(OH)_n$，其溶度积为K_{sp}，则

$$K_{sp} = [M][OH^-]^n$$

$$pK_{sp} = npOH - \lg[M]$$

$$\lg[M] = 14n - pK_{sp} - npH \tag{10-1}$$

上式中 M 省去了电荷符号。根据式(10-1)，以 pH 为横坐标，lg[M] 为纵坐标，可以作出各种氢氧化物溶解度与 pH 的关系曲线图，如图 10-1 所示。从图中可以看出分离两种金属离子的可能性：当一种金属离子已经沉淀完全时，另一种金属离子还没有沉淀的情况下，就可以把这两种金属离子完全分离。例如，当$[Fe^{3+}]=[Cu^{2+}]=0.1\ mol\cdot L^{-1}$时，通过控制适当的酸度就可以将两种金属离子彻底分离。因为当 Fe^{3+}完全沉淀时 $pH=3.5$，还未达到 $Cu(OH)_2$开始沉淀所需的 pH（$pH=4.7$）。但是，若$[Mn^{2+}]=[Mg^{2+}]=0.1\ mol\cdot L^{-1}$时，要通过控制酸度分步沉淀将它们彻底分离是不可能的。因为当 $Mn(OH)_2$完全沉淀（$pH=10.6$）之前，已经产生了 $Mg(OH)_2$沉淀（开始沉淀的 $pH=9.1$）。说明当两种金属氢氧化物的溶解度曲线相离越远时，两种金属离子的分离越彻底。

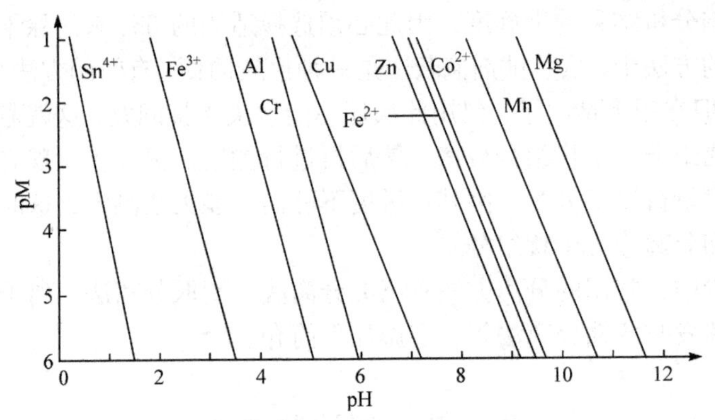

图 10-1　几种常见金属氢氧化物的溶解度与 pH 的关系

理论上，应控制的 pH 范围都可以根据式(10-1)计算。但实际分离时，因金属离子能形成多种羟基配合物以及其他副反应使情况比较复杂，条件溶度积（K'_{sp}）及其计算的有关常数还不齐全，实际沉淀最适宜的 pH 范围与计算值有所出入，通常根据实验确定。

利用各种硫化物沉淀进行分离时，需要控制$[S^{2-}]$。而 S^{2-}的浓度由溶液的 pH 决定：

$$H_2S \rightleftharpoons H^+ + HS^- \qquad K'_{a1}=1.3\times10^{-7}$$

$$HS^- \rightleftharpoons H^+ + S^{2-} \qquad K'_{a2}=3\times10^{-13}$$

合并两式得

$$H_2S \rightleftharpoons 2H^+ + S^{2-} \qquad K_{总}=K'_{a1}K'_{a2}=3.9\times10^{-20}$$

$$[S^{2-}]=\frac{K'_{a1}K'_{a2}[H_2S]}{[H^+]^2}$$

例如，用硫化物沉淀分离 Zn^{2+}和 Cd^{2+}时，可在 $0.3\ mol\cdot L^{-1}$ 盐酸介质中，通入 H_2S 气体至饱和（$[H_2S']=0.10\ mol\cdot L^{-1}$）来实现。下面通过计算说明。

$$\alpha_{S(H)} = 1 + \frac{[H^+]}{K'_{a2}} + \frac{[H^+]^2}{K'_{a1}K'_{a2}} = 1 + \frac{0.3}{3\times10^{-13}} + \frac{0.3^2}{3.9\times10^{-20}} = 10^{18.4}$$

$$K'_{sp(CdS)} = K_{sp(CdS)}\alpha_{S(H)} = 10^{-25.3}\times10^{18.4} = 10^{-6.9}$$

$$K'_{sp(ZnS)} = K_{sp(ZnS)}\alpha_{S(H)} = 10^{-23}\times10^{18.4} = 10^{-4.6}$$

CdS 和 ZnS 的溶解度及其比值分别为

$$[Cd^{2+}] = \frac{K'_{sp(CdS)}}{[H_2S']} = \frac{10^{-6.9}}{0.10} = 10^{-5.9}\ (mol\cdot L^{-1})$$

$$[Zn^{2+}] = \frac{K'_{sp(ZnS)}}{[H_2S']} = \frac{10^{-4.6}}{0.10} = 10^{-3.6}\ (mol\cdot L^{-1})$$

$$[Cd^{2+}]:[Zn^{2+}] = 10^{-5.9}:10^{-3.6} = 5\times10^{-3}$$

$[Cd^{2+}]$约为$[Zn^{2+}]$的 0.5%，可见能达到满意分离的效果。在 0.3 $mol\cdot L^{-1}$ HCl 介质中，除 Cd^{2+}外，硫化物的 $K_{sp} > K_{sp(CdS)}$ 的 Cu^{2+}、Pb^{2+}、Ag^+、Hg^{2+} 等都可沉淀。欲使 Zn^{2+}沉淀，应控制 pH = 2 ~ 3；Co^{2+}、Ni^{2+}则在 pH = 5 ~ 6 的介质中沉淀；而 Mn^{2+}、Fe^{2+}、Fe^{3+}等只能在氨的碱性介质中沉淀。

因为通入 H_2S 析出硫化物时，溶液的$[H^+]$会增加，如

$$Zn^{2+}\ (aq) + H_2S\ (aq) \rightleftharpoons ZnS\ (s) + 2H^+\ (aq)$$

所以，实际上是利用酸碱缓冲溶液来控制溶液的 pH。

总的来说，氢氧化物沉淀分离法和硫化物沉淀分离法的选择性都比较差。

2. 利用配位掩蔽作用

利用掩蔽提高沉淀分离选择性的方法也是一种常用的分离方法。例如，Ca^{2+}和 Mg^{2+}都能与 $C_2O_4^{2-}$形成草酸盐沉淀，但向溶液中加入过量的$(NH_4)_2C_2O_4$时，Mg^{2+}会与过量的 $C_2O_4^{2-}$形成$[Mg(C_2O_4)_2]^{2-}$而被掩蔽，从而可将 Ca^{2+}与 Mg^{2+}分离。又如，虽然 PbC_2O_4 的溶解度比 CaC_2O_4 小，但若在溶液中加入一定量的 EDTA，并控制一定的 pH，则可选择性地沉淀 CaC_2O_4 而不沉淀 PbC_2O_4，从而使他们互相分离，如图 10-2 所示。

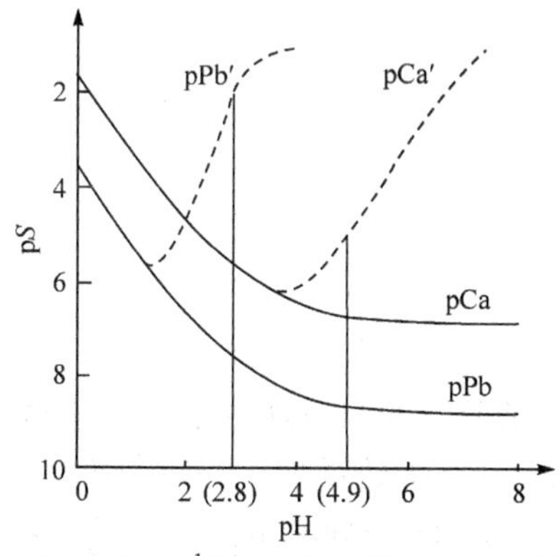

图 10-2　$[(C_2O_4^{2-})'] = 0.1\ mol\cdot L^{-1}$ 时 CaC_2O_4 和 PbC_2O_4 的溶解度与 pH 的关系

(虚线表示还存在 $[Y'] = 0.1\ mol\cdot L^{-1}$)

图中实线为在 0.1 mol · L^{-1} $C_2O_4^{2-}$下 CaC_2O_4和 PbC_2O_4的溶解度（pS = pM）与 pH 的关系曲线，虚线为还存在 0.01 mol · L^{-1} EDTA 时的溶解度曲线。从图中可以看出，当有 EDTA 存在并控制溶液的 pH = 2.8 ~ 4.9 时，CaC_2O_4与 PbC_2O_4的溶解度相差 1000 倍或以上（pPb′ ≤ 2 而 pCa′ ≥ 5），可达到定量分离的效果。

3. 利用氧化还原反应

例如，溶液中有 Fe^{3+}和 Cr^{3+}，加入氨水时两者都沉淀，但若先用 H_2O_2 氧化 Cr^{3+}为 CrO_4^{2-}，则再加入氨水时，只形成氢氧化铁沉淀而 CrO_4^{2-}不会被氨水沉淀，从而将两者分离。

此外，利用有机沉淀剂在不同条件下的选择性不同，也可提高沉淀分离的选择性。

二、利用共沉淀进行富集与分离

共沉淀分离法是将某些不能用常规沉淀法分离的微量待测组分进行富集分离的有效方法，它是指于试液中加入某种沉淀剂使某些较大量的组分生成一种适当的沉淀(载体沉淀，又称共沉淀剂)，微量组分与之一起沉淀出来而被富集分离的方法。例如，自来水中的微量 Pb^{2+}，因其浓度太低而不能直接使其沉淀出来，但加入适量 Na_2CO_3 后，水中的 Pb^{2+}就会被 $CaCO_3$ 沉淀(共沉淀剂)载带同时沉淀出来，从而实现富集分离。像 $CaCO_3$ 等无机共沉淀剂的作用原理主要是通过表面吸附或形成混晶把微量组分载带下来。常用的无机共沉淀剂还有 $Al(OH)_3$、$Fe(OH)_3$、$MnO(OH)_2$、$Mg(OH)_2$ 以及某些金属硫化物，它们的选择性大多不高，而且往往干扰下一步微量元素的测定。

目前在分析上用得较多的是有机共沉淀剂，其作用原理是将有关离子转化为疏水性的化合物，然后再用与其结构相似的有机共沉淀剂将其载带下来。例如，要分离微量镍，利用 Ni^{2+}与丁二酮肟(在氨性溶液中)形成难溶性的螯合物，然后加入与其结构相似的丁二酮肟二烷酯乙醇溶液将其载带下来。这类共沉淀剂的选择性高、分离效果好、共沉淀剂经灼烧后可除去，不干扰下一步的测定。常用的有机共沉淀剂还有 α-萘酚、酚酞等。

第二节　萃取分离法

一、溶剂萃取分离法

1. 溶剂萃取分离原理

溶剂萃取分离法是指把被分离的组分从水溶液中转移到与水互不相溶的有机溶剂中以达到分离目的的分离方法。其大致过程：将被分离的组分变成易溶于有机溶剂而难溶于水的物质形式，然后加入不溶于水的有机溶剂，使该物质转移到有机溶剂中，最后进行分液分离。溶剂萃取分离的效率取决于被萃取物质 A 在有机溶剂和水中的分配比：

$$D = \frac{c_{o(A)}}{c_{w(A)}} \tag{10-2}$$

式中，$c_{o(A)}$ 和 $c_{w(A)}$ 分别表示物质 A 在有机溶剂中和水相中的总浓度。

显然，D 越大，转移到有机溶剂中的物质的比例越大，分离效率就越高。为了提高萃取效率，应控制好萃取条件和采用多次或连续萃取的方法。

例 10-1 已知碘在某有机溶剂和水中的分配比为 8.0，如果用 100 mL 有机溶剂和含碘为 0.0500 $mol \cdot L^{-1}$ 的水溶液 50.0 mL 一起摇动至平衡，则水层中剩余碘的浓度是多少？如果将有机溶剂分为两等份作两次萃取，则水层中剩余碘的浓度又是多少？

解 设水溶液中剩余碘的浓度为 x，则在有机溶剂中碘的浓度为 $Dx = 8.0x$，故有

$$100Dx + 50.0x = 0.0500 \times 50.0$$

$$x = \frac{50 \times 0.0500}{850} = 2.9 \times 10^{-3}\ (mol \cdot L^{-1})$$

将有机溶剂分为两等份作两次萃取时，设第一次萃取后水溶液中碘的浓度为 y_1，第二次萃取后水溶液中碘的浓度为 y_2，则有

$$50Dy_1 + 50.0y_1 = 0.0500 \times 50.0$$

$$50Dy_2 + 50.0y_2 = 50.0y_1$$

$$y_1 = \frac{0.0500}{1+D},\quad y_2 = \frac{0.0500}{(1+D)^2} = 6.2 \times 10^{-4}\ (mol \cdot L^{-1})$$

由上可见，以等体积的有机溶剂萃取 n 次后，剩余在水溶液中被萃取物的浓度为

$$c_n = \frac{c_0}{(1+D)^n} \tag{10-3}$$

式中，c_0 为被萃取物在水溶液中的原始浓度；c_n 为被萃取物经 n 次等体积有机溶剂萃取后剩余的浓度。

2. 溶剂萃取类型和萃取条件

根据将被萃取组分转变为难溶于水化合物的反应的不同，溶剂萃取分离法分为螯合萃取法和离子缔合萃取法两种。

螯合萃取法是将被萃取的组分转化为不溶于水的中性螯合物，然后选用适当的与水互不相溶的有机溶剂进行萃取分离的方法。例如，在含 Ni^{2+} 的溶液中（用氨水调节 pH≈9）加入丁二酮肟，使之生成中性螯合物（二丁二酮肟镍），该螯合物难溶于水而易溶于三氯甲烷，可用三氯甲烷萃取。向得到的有机溶液中加入 HCl（浓度达到 1$mol \cdot L^{-1}$）时，螯合物将被破坏，Ni^{2+} 即可返回水相（反萃），可进行下一步测定。螯合萃取的条件选择应考虑以下几方面：① 应选择适宜的螯合剂，要求生成的螯合物稳定、水溶性小，有利于有机溶剂的溶解；② 溶液的酸度越低，D 值越大，越有利于萃取，但酸度太低时金属离子可能会水解，对萃取不利。所以必须正确控制溶液的酸度。通过控

制酸度，还可以消除某些共存离子的干扰。③ 选择结构与螯合物相似的有机溶剂，这样可增大螯合物在有机溶剂中的溶解度，提高萃取效率；并且要求有机溶剂的密度与水的差别要大、黏度小以便于分层。④ 加入适当的掩蔽剂以消除干扰离子的干扰。

离子缔合萃取法是指利用阳离子和阴离子通过静电引力结合成中性难溶于水而易溶于有机溶剂的缔合物，从而实现萃取分离的方法。例如，在 6 $mol \cdot L^{-1}$ 的 HCl 溶液中用乙醚萃取 Fe^{3+}时，有机溶剂乙醚与 H^+形成鎓离子$[(CH_3CH_2O)_2OH]^+$，鎓离子与铁氯阴离子$[FeCl_4]^-$缔合为中性缔合物$[(CH_3CH_2O)_2OH]^+[FeCl_4]^-$，该缔合物溶于乙醚而被萃取。这类萃取的特点是萃取剂也是溶剂。离子缔合萃取同样也应从萃取剂的类型、溶液的酸度和干扰离子的消除几方面考虑选择适宜的萃取条件。

二、液膜分离法

液膜分离法又称液膜萃取法，是利用与水互不相溶的有机液膜将水溶液分隔成两相，使待测组分经选择性渗透、萃取、反萃取而从试样水溶液进入另一水相的分离方法。

液膜分离过程中，待测组分在流动的水溶液中(被萃取相)必须先转化为中性分子才能进入和透过液膜，透过液膜进入另一水相(萃取相)后再分解成离子而无法返回液膜中。液膜分离的选择性和分离效率受被萃取相和萃取相的酸度、液膜的极性等因素影响。

由于液膜分离法结合了溶剂萃取与反萃取两个过程，因此具有传质速度快、选择性好、分离效率高等优点。此法广泛应用于环境试样的分离与富集，如水体中酸性农药、铜和钴离子的分离测定等。

三、固相萃取分离法

固相萃取分离法是根据试样中不同组分在固相填料上的作用力强弱不同，经吸附、洗脱使待分离组分得以分离的方法，其基本原理可参阅后述色谱分离法和色谱分析法。

固相萃取法的优点是无需使用大量对人体和环境有害的有机溶剂，易使分离、检测一体化，广泛应用于色谱分析中。

第三节　离子交换分离法

离子交换分离法是利用离子交换树脂与溶液中的某些离子发生交换反应来进行分离的方法。该法分离效率高，特别适用于性质相近的离子的分离，也可以用于微量元素的富集和蛋白质、核酸、酶等生物活性物质的纯化，广泛应用于科研和生产等许多部门。

一、离子交换树脂的类型和性质

离子交换树脂分为阳离子交换树脂、阴离子交换树脂和螯合树脂等类型。

阳离子交换树脂是含有酸性活性基团的树脂，其中的H^+可被阳离子交换出来。根据基团酸性的强弱又分强酸型和弱酸型离子交换树脂两种。强酸型阳离子交换树脂(含磺酸基$-SO_3H$)可在酸性、中性和碱性溶液中使用，交换反应快，应用广。弱酸型阳离子交换树脂(含羧基$-COOH$或酚羟基$-OH$)与H^+的亲和性大，在低 pH 时不能进行离子交换，但选择性好，易被酸洗脱，常用于分离不同强度的有机弱碱。

阴离子交换树脂是含有碱性活性基团的树脂，其中的阴离子可被其他阴离子交换出来。根据基团碱性的强弱也分强碱型和弱碱型离子交换树脂两种。强碱型树脂含有季铵基[$—N(CH_3)_3Cl$]，可在 pH = 0~12 时使用，应用较广。弱碱型树脂含有氨基($—NH_2$)，只能在 pH = 0~9 时使用，应用较少。

螯合树脂是含有可与某些金属离子形成螯合物的特殊活性基团的树脂。这类树脂在交换过程中能选择性地交换某些金属离子，使其与其他组分分离。

离子交换树脂是一类具有网络结构的高分子聚合物，其网络结构可看作是由某些称为交联剂的小分子有机物把线状高分子化合物连接而成。树脂中含交联剂的质量分数称为交联度。交联度大表明树脂结构紧密，孔隙小，在水中溶胀能力差，离子很难进入树脂相，故交换速度慢，但选择性好，机械强度高；相反，交联度小的树脂孔隙大，溶胀性好，大小不同的离子都可以进入树脂相，故交换速度快，但选择性差，机械强度低。离子交换树脂的交联度一般在 4%~12%。在实际工作中，选用何种交联度的树脂取决于分离的对象，如分离氨基酸应选交联度为 8%的树脂，分离多肽则选用交联度为 2%~4% 的树脂。一般来说，在不影响分离的前提下，选用交联度小的树脂为宜，这样可得到较好的选择性。

离子交换树脂交换离子量的大小，可用交换容量表示。交换容量是指每克干树脂能交换一价离子的物质的量(mmol)。离子交换容量取决于树脂网络结构中活性基团的数目，一般为 $3\sim6\ \mathrm{mmol\cdot g^{-1}}$，可通过实验测定。例如，测定强酸型阳离子交换树脂的交换容量：称取 1 g 树脂置于锥形瓶中，准确加入 100 mL NaOH 标准溶液，塞紧后振荡，放置过夜，移取上层清液 25 mL，用 HCl 标准溶液滴定至终点。交换容量为

$$\text{交换容量} = \frac{(c_{\mathrm{NaOH}} \times 25.00 - c_{\mathrm{HCl}}V_{\mathrm{HCl}}) \times 4}{m} \quad (\mathrm{mmol\cdot g^{-1}})$$

对于 HO 型强碱阴离子交换树脂，可加入 HCl 标准溶液浸泡，然后用 NaOH 标准溶液滴定。

二、离子交换分离的操作技术

1. 树脂的选择和处理

选适当粒度的阳离子交换树脂，先用 HCl 溶液浸泡，去除杂质，再用纯水洗至中

性，即得到 H 型阳离子交换树脂。以 HCl 或 NaOH 溶液同法处理阴离子交换树脂可得到 Cl 型或 HO 型阴离子交换树脂。

2. 装柱

一般的离子交换柱如图 10-3 所示。装柱前先在柱的下端垫一层玻璃纤维(防止树脂流出)，然后在交换柱充满水的情况下，将处理好的阳离子交换树脂加到交换柱中，防止形成气泡。最后在树脂层的上面盖一层玻璃纤维并保持一定高度的液面，防止在加入溶液时把树脂冲起浮动。这样得到一支阳离子交换柱。阴离子交换柱以同样方法装好。离子交换柱装好后可反复使用。

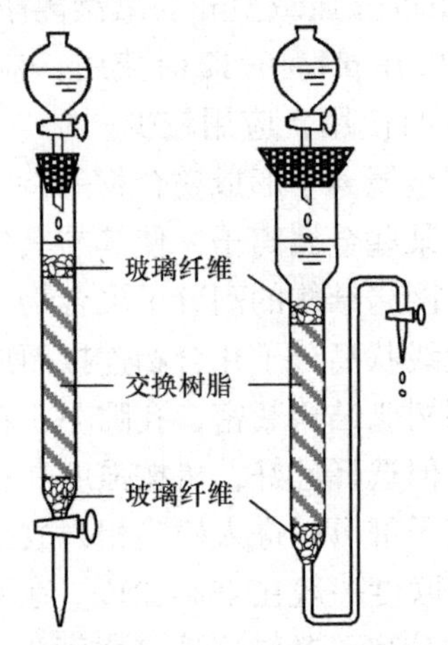

图 10-3　常见离子交换柱

3. 交换

将待分离的试液加入柱中，以适当的速度从上到下流经交换柱，待交换的离子就会被交换到柱上，然后用适当的洗涤液洗去残留的试液和树脂中被交换下来的离子。

离子交换法不仅用于待测阴、阳离子的分离和痕量组分的富集，还常用于去离子水的制取：将 H 型强酸性阳离子交换柱和 HO 型强碱性阴离子交换柱串联在一起，让自来水依次通过阳离子柱除去阳离子，通过阴离子柱除去阴离子，即得到去离子水。为了得到更纯净的去离子水，可再通过一个混合柱(阳离子树脂和阴离子树脂按 1∶2 均匀混合装柱)，以除去残留的离子。交换柱经再生后可以再用。

4. 洗脱和再生

用适当的洗脱剂将交换到树脂上的离子置换下来的过程称为洗脱，把柱内的树脂恢复到交换前状态的过程称为树脂再生。一般来说，洗脱过程就是再生过程。阳离子交换树脂常用 HCl 为洗脱剂，阴离子交换树脂常用 HCl、NaCl 和 NaOH 为洗脱剂。对于制水用的阴离子交换树脂应用 NaOH 再生。

第四节　色谱分离法

色谱分离法又称层析分离法，是利用混合物各组分的物理化学性质的差异，受固定相产生的阻力和流动相的推动力的不同,使各组分以不同速度移动以达到分离目的。常规色谱法又分柱色谱、纸色谱和薄层色谱等。

一、柱色谱

柱色谱是在色谱柱介质中实现分离的，其分离过程如图 10-4 所示：把吸附剂(固定相)装入柱内[图 10-4 中(a)]，然后从柱的顶部加入含有待分离 A、B 两组分的试液，则两组分都被吸附在柱的顶部形成环带[图 10-4 中(b)]。当试液加完后，选用适当的洗脱剂(流动相)进行淋洗(洗脱)，这时 A、B 两组分随洗脱剂向下流动，并在柱内连续不断地进行洗脱、吸附、再洗脱、再吸附。因为吸附剂对 A、B 两组分有不同的吸附能力，而洗脱剂对 A、B 两组分有不同的洗脱能力，所以在淋洗过程中 A、B 两组分在柱内移动的距离不同，吸附弱、洗脱易的组分移动的距离大；吸附强、洗脱难的组分移动的距离小。经过一段时间的淋洗后，A、B 两组分就完全分开了[图 10-4 中(c)]。继续淋洗，A 就完全洗出柱外[图 10-4 中(d)]，可收集得到 A 组分。再继续淋洗又可把 B 洗出[图 10-4 中(e)]和收集。

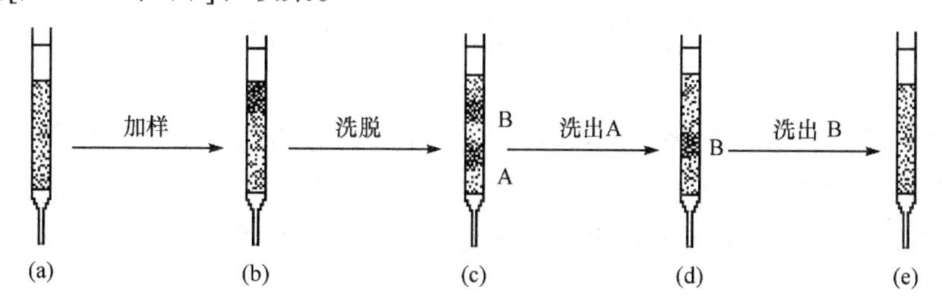

图 10-4　柱色谱过程示意图

柱色谱使用的吸附剂要求吸附面积大、吸附能力强，与待分离的物质和洗脱剂无反应，且具有一定的粒度。常用的吸附剂有氧化铝、硅胶、聚酰胺等。洗脱剂的选择则与吸附剂的吸附能力及待分离物质的极性有关。一般地说，使用吸附能力弱的吸附剂来分离强极性的物质，宜用极性大的洗脱剂；使用吸附能力强的吸附剂来分离弱极性的物质，宜用极性小的洗脱剂。但实际应用时还应根据实验确定，常用洗脱剂的极性由小至大的排序如下：石油醚、环己烷、四氯化碳、苯、甲苯、二氯甲烷、氯仿、乙醚、乙酸乙酯、正丙醇、乙醇、甲醇、H_2O。

二、纸色谱

纸色谱是以滤纸为载体的分离方法，如图 10-5 所示。滤纸可吸附约 20%的水分，纸纤维上的羟基具有亲水性，与水以氢键结合，限制了水的扩散，因此滤纸上的吸附

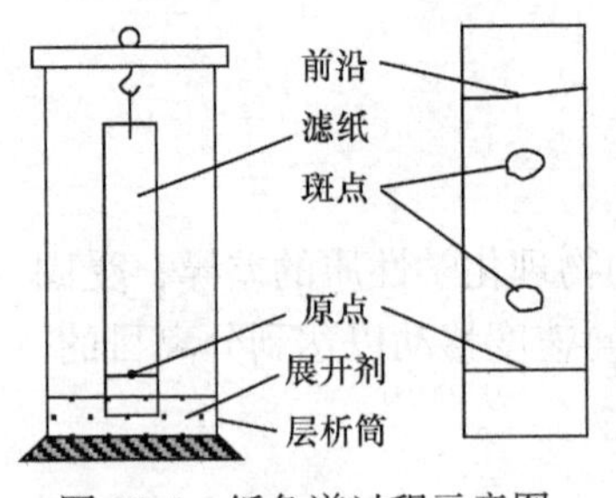

图 10-5 纸色谱过程示意图

水可作为固定相。而与水互不相溶的溶剂在纸上不被吸附，作为流动相(展开剂)。当我们在滤纸上某位置(原点)点上试液，然后将滤纸的一端浸入展开剂中，毛细管作用使展开剂自下而上不断上升，展开剂上升时将待分离的物质带上，并反复地在吸附水和展开剂之间进行分配，分配比大的组分随展开剂上升快，分配比小的上升慢，从而将它们逐个分开。

纸色谱的分离效果，用比移值（R_f）表示，其定义为

$$R_f = \frac{\text{组分斑点中心移动的距离}}{\text{展开剂前沿与原点的距离}} \tag{10-4}$$

R_f 最大值等于 1，此时该组分随展开剂同步上升，分配比 D 最大；R_f 最小值等于 0，此时该组分基本留在原点不动，分配比 D 最小。从理论上讲，只要两组分的 R_f 值有差别，就能将其分开。R_f 值差别越大，分离效果就越好。

三、薄层色谱

薄层色谱结合了柱、纸色谱的优点，利用柱色谱填充料涂布在玻璃片或塑料板上，形成的薄膜起滤纸的作用。薄层色谱常用于天然有机物等的分离、提纯和鉴定。

第五节 挥发与蒸馏分离法

挥发与蒸馏分离法是利用物质挥发性的差异进行分离的方法。其最典型的应用是氮的测定中对氮的分离，首先将含氮样品中的氮转化为铵盐，加入浓 NaOH 溶液并加热使 NH_3 挥发蒸馏出来用酸吸收再设法测定。表 10-1 中列出某些组分的挥发蒸馏分离条件。

挥发和蒸馏分离法在有机物的分离和提纯中有更广泛的应用。

表 10-1 某些组分的挥发、蒸馏分离条件

组分	挥发性物质	分离条件	应用
B	$B(OCH_3)_3$	酸性溶液中加甲醇	B 的测定或除去
C	CO_2	1100 ℃通氧气燃烧	C 的测定
Si	SiF_4	$HF+H_2SO_4$	Si 的除去
S	SO_2	1200 ℃通氧气燃烧	S 的测定
S	H_2S	$HI+H_3PO_4$	S 的测定
F	SiF_4	$SiO_2+H_2SO_4$	F 的测定
CN^-	HCN	H_2SO_4	CN^-的测定
As	$AsCl_3$，$AsBr_3$，$AsBr_5$	HCl 或 HBr+ H_2SO_4	As 的除去
铵盐	NH_3	NaOH	氨态氮的测定

练　习　题

1. 分析化学中，常用的化学分离方法有哪些？

2. 用配位滴定法测定含 Fe^{3+}、Al^{3+}量较高的试液中的 Ca^{2+}、Mg^{2+}含量时，如何处理？

3. 在含有 Fe^{3+}、Mg^{2+}的溶液中加入氨水，并使 $[NH_3] = 0.1\ mol \cdot L^{-1}$，$[NH_4^+] = 1.0\ mol \cdot L^{-1}$ 时，能否使 Fe^{3+}、Mg^{2+}完全分离？

4. 用 $BaSO_4$ 沉淀重量法测定 SO_4^{2-} 时，大量的 Fe^{3+}存在会产生共沉淀，当用此法测定黄铁矿 (FeS_2) 中的硫含量时，如何消除 Fe^{3+}的干扰？

5. 某溶液含有 10 mg Fe^{3+}，将它萃取到某有机溶剂时，分配比 $D = 90$。如果用一定体积的溶剂进行一次萃取和分 3 次等量萃取，则水溶液中剩余的 Fe^{3+}各为多少毫克？

6. 计算在含有 $0.1\ mol \cdot L^{-1}\ C_2O_4^{2-}$、$0.01\ mol \cdot L^{-1}$ EDTA 的溶液中，当 pH = 2.8 时 CaC_2O_4 和 PbC_2O_4 的溶解度 ($mol \cdot L^{-1}$)。当 pH = 3.5 和 pH = 4.9 时，其溶解度又是多少？

7. 现称取 KNO_3 试样 0.2786 g，溶于水后让其通过强酸型阳离子交换树脂，流出液用 $0.1075\ mol \cdot L^{-1}$ NaOH 溶液滴定，用去 NaOH 溶液 23.85 mL，计算 KNO_3 的纯度。

8. 有两种性质相似的物质 A 和 B，溶于水后用纸色谱法进行分离，已知两者的比移值分别为 0.40 和 0.60，若要使色谱分离后两者的斑点距离 3 cm，则应用多长的滤纸条？

9. 试述几种分离微量 Al^{3+}和大量 Fe^{3+}的方法。

第十一章　现代仪器分析方法简介

【学习目标】

了解原子吸收光谱法、原子发射光谱法和色谱分析法的基本原理、所用仪器、定量分析方法及其应用。

借助特殊的仪器，通过测定物质的物理或物理化学性质从而进行定性、定量及结构分析的方法，称为仪器分析法。仪器分析法的种类繁多，内容广泛，在分析化学中所占的比重不断增长，已成为现代分析化学的主要支柱。本书第八、九章已介绍了属于仪器分析的电位分析法和吸光光度法，本章仅简要介绍另几种常用的仪器分析方法，更系统的内容请参阅仪器分析教材。

第一节　原子吸收光谱分析法

原子吸收光谱分析法(atomic absorption spectrometry, AAS)是以测量物质基态原子蒸气对特征频率辐射产生的吸收为基础建立的分析方法，其定量分析原理与吸光光度法相同(都遵循朗伯-比尔定律)，在仪器及其操作方面也有一些相似之处，因此常称原子吸收分光光度法，简称原子吸收法。一般原子吸收分光光度计采用的是锐线光源，因此其选择性好，不同元素之间的干扰小，对大多数样品，可不经分离直接测定，可测定的元素多达 70 多种，可见原子吸收光谱法是一种非常有效的元素分析方法。原子吸收法具有灵敏、准确、快速、简便等特点，因而广泛应用于矿物、金属、陶瓷、水泥、化工产品、土壤、食品、血液、生物体和环境污染物等各类试样中的微痕量元素测定。

一、基本原理

气态原子对光的吸收或发射，与原子外层价电子在不同能级间的跃迁有关。当电子从低能级跃迁到高能级时，必须从外界吸收相应的能量；而从高能级跃迁到低能级时，则要放出这部分能量。电子从基态跃迁至激发态时所吸收的谱线称为共振吸收线(简称共振线)。不同元素原子的外层价电子能级结构不同，而价电子在能级间跃迁需按一定规律进行，因此不同元素原子的共振线各具特征性，故而这类谱线也称为元素的特征谱线，光谱分析要获取的分析信号就是这些特征谱线。在所有共振线中，由基态与最接近基态的第一激发态之间跃迁产生的谱线为第一共振线。第一共振线的激发能量最低，往往最容易产生，所以对大多数元素来说，第一共振线是元素所有特征谱线中最灵敏的，在痕量元素分析时常选它作为分析线(实际分析时使用的谱线)。原子吸收光谱法是基于待测元素原子蒸气对其特征谱线的吸收作用来进行定量分析。

分析试样经适当的化学处理后变为试液，把试液引入原子化器中进行蒸发和原子化，使被测元素变成基态原子蒸气，使该元素所对应的特征辐射通过原子蒸气，检测和记录某一波长特征辐射被吸收的程度，可进行该元素的定量分析。

二、光谱仪器

一般的原子吸收分光光度计主要由光源、原子化器、分光系统、检测系统和数据工作站组成，如图 11-1。光源提供待测元素的特征光谱线；原子化器将样品中的待测元素转化为自由原子；分光系统将待测元素的共振线分出；检测系统将光信号转换成电信号进而给出吸光度；数据工作站通过应用软件对光谱仪各系统进行控制、处理数据和给出结果。

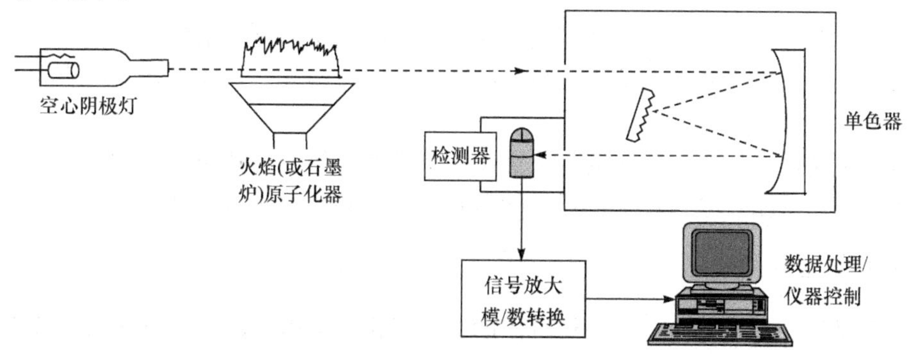

图 11-1　原子吸收分光光度计示意图

1. 光源

AAS 通常使用锐线光源(即半宽度很窄的特征谱线)，目前以空心阴极灯的应用较为普遍。空心阴极灯包括一个阳极(钨棒)和一个空心圆桶形阴极，其中阴极材料含发射所需谱线的待测元素金属或合金，空心阴极灯发射的主要是阴极元素的光谱，因此用不同的待测元素作阴极材料，即可制成各种待测元素的空心阴极灯，调节灯电流的大小可决定发射的谱线的强度。

2. 原子化器

原子化方法分火焰原子化法和非火焰原子化法两种。

1) 火焰原子化器

火焰原子化装置由雾化器和燃烧器两部分组成，在操作温度下将已雾化成很细的雾滴的试液，经蒸发、干燥、熔化、解离等步骤，使之变成气态的基态原子。火焰原子化法对火焰温度的基本要求是能使待测元素最大限度地解离成游离的基态原子，其特点是简单、快速，对大多数元素都有较高的灵敏度和较低的检测限，应用广泛。其缺点是原子化效率低(仅有 10%)，试样用量大。

2）石墨炉原子化器

石墨炉原子化器（GFA）是常用的高温非火焰原子化器，其主要优点是原子化效率和测定灵敏度高。石墨炉原子化器是一种电热原子化器，通电加热盛放试样的石墨管，使之升温，以实现试样的蒸发和原子化。其原子化过程一般需要经四步程序升温完成：

（1）干燥。在低温（溶剂沸点）下蒸发掉样品中溶剂。

（2）灰化。在较高温度下除去比待测元素容易挥发的低沸点无机物和有机物，减少基体干扰。

（3）原子化。高温下使以各种形式存在的分析物挥发并解离为中性气态基态原子。

（4）净化（除残）。升至更高的温度，除去石墨管中的残留分析物，以减少和避免记忆效应。

3. 分光系统

原子吸收分光光度计的光路系统分为外部光路系统和分光系统。外部光路系统使光源发射出来的共振线准确地透过被测试液的原子化蒸气，并投射到单色器的入射狭缝上。

分光系统由入射和出射狭缝、反射镜和色散元件组成，其作用是将所需要的分析线分离出来，并阻止来自原子化器内的所有不需要的辐射进入检测器。

4. 检测系统

检测系统的作用是将分光系统分出的光信号进行光电转换，由检测器、放大器、对数转换器及显示装置等组成。目前，大多配备计算机及相应的数据处理工作站，可实现整个测量过程的自动控制并直接给出测定结果。

三、定量分析方法

当光源发射某元素的特征谱线通过该元素的基态原子蒸气时，被蒸气中待测元素基态原子所吸收，使入射光强度减弱，其吸光度与原子蒸气的厚度b、单位体积蒸气中基态原子数N_0之间的关系，符合朗伯–比尔定律：

$$A = \lg\frac{I_0}{I_t} = KbN_0 \tag{11-1}$$

一般情况下，激发态原子数远小于基态原子数，因此可用基态原子数代替吸收辐射的总原子数，即蒸气中的基态原子数接近于被测元素的总原子数，与被测试样的浓度成正比，固定原子蒸气的厚度b，式（11-1）可简化为

$$A = \lg\frac{I_0}{I_t} = Kc \tag{11-2}$$

式（11-2）即为原子吸收分光光度分析的定量关系式。式中，c为被测试液的浓度；K为与实验条件有关的常数。

1. 标准曲线法

标准曲线法是仪器分析中最常用的定量方法。测定时，先配制一组浓度合适的标准溶液，然后在相同的实验条件下依次测出标准溶液和试液的吸光度。以标准溶液的吸光度 A 为纵坐标，相应的浓度 c 为横坐标作图，可得到 A-c 关系曲线(标准曲线)。由试液的吸光度 A_x 值，在 A-c 曲线上可查出其对应的浓度 c_x 值(通常是根据回归分析方程计算)。

标准曲线法仅适用于组成简单的样品的分析。

2. 标准加入法

当待测试样的组成复杂或不能确切知道时，很难配制组成上与样品溶液相似的标准溶液，而采取标准加入法可弥补标准曲线法在这方面的不足。

以标准加入法定量时，多采用作图法(即多点标准加入法)：取若干份(通常至少四份)同体积试液分别置于同规格的容量瓶中，并从第二份开始依次按比例加入待测元素的标准溶液，最后稀释到刻度，使加入标准溶液后试液的浓度增量依次为 0、c_0、$2c_0$、…，然后依次测出其吸光度 A_x、A_1、A_2、…，绘制吸光度对标准加入量(浓度增量)校准曲线(即 A-Δc 曲线)，再将曲线外延至与浓度轴相交。交点处对应的浓度(绝对值)即为待测组分经容量瓶稀释后的浓度 c_x，如图 11-2 所示。

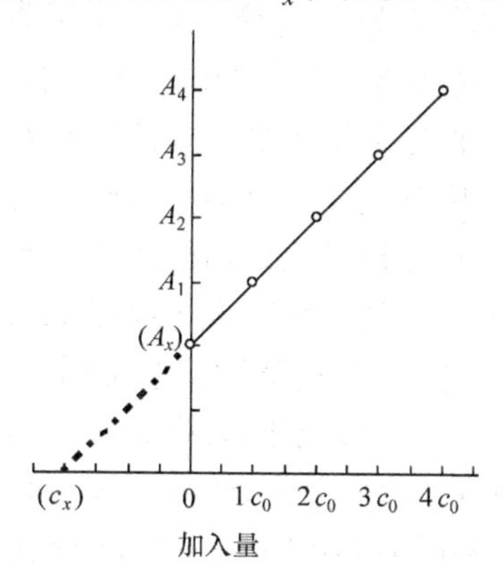

图 11-2　标准加入法校准曲线

四、应用示例

下面以“石墨炉原子吸收光谱法测定牛奶中微量铜”为例说明。

仪器及试剂：TAS-990 原子吸收分光光度计、铜空心阴极灯、氩气钢瓶、自动控制循环冷却水系统；铜标准溶液、基体改进剂 50%NH_4NO_3、1%$Ni(NO_3)_2$。

测定步骤：①取一定量的牛奶用纯水稀释为原体积的 5 倍；②向五个同规格的容量瓶各加入 20.00 mL 牛奶稀释液，然后依次加入铜标准溶液使其浓度增量分别为 0.00、50.00、100.0、150.0、200.0 ng · mL^{-1}；③打开仪器，连机正常后按要求进行调整，设置石墨炉原子吸收加温程序(表 11-1)；④依次进样(10 uL)并进行测量，保存结果。

表 11-1　石墨炉原子化升温程序

阶段	温度/℃	升温/s	保持时间/s
干燥	120	10	10
灰化	450	10	20
原子化	2000	0	3
清洗	2100	1	1

数据处理：以所测得的吸光度为纵坐标，相应的标准加入量为横坐标，绘制标准曲线；将绘制的标准曲线延长交于横坐标 c_x 处，c_x 即未加标牛奶经容量瓶稀释后的铜浓度。换算可得到牛奶样品的铜含量(浓度)。

第二节　原子发射光谱分析法

高温作用不仅能将试样转变成原子或简单的元素离子，也能将部分试样激发到较高的电子能级。被激发的这些物质是不稳定的，会释放(发射)特定波长的电磁波(光谱线)而迅速返回到基态(此过程称为“弛豫”)。原子发射光谱法(atomic emission spectrometry，AES)就是利用这些谱线具有的波长及其强度进行元素的定性和定量分析。过去，原子发射光谱法一直是采用火焰、电弧和电火花使试样原子化并激发，这些方法至今在分析金属元素中仍有重要的应用。随着等离子体光源的问世，特别是电感耦合等离子体光源的应用，其分析对象得到很大的扩展，定量分析可测的质量分数范围从万分之一至百分之几十，尤其适用于难溶难挥发元素的分析，如硼、磷、钨、铀、锆和镍氧化物等的分析。此外，它还能测定非金属元素，如测定氯、溴、碘和硫。

原子发射光谱法的优点是具有多元素同时检测能力，分析速度快(可在几分钟内同时对几十种元素进行定量分析)，检出限低(ICP-AES 的检出限可达 $ng \cdot mL^{-1}$ 级)，准确度较高(ICP-AES 的相对误差可为 1%以下)，试样消耗少等。

一、基本原理

基态原子在激发光作用下获得足够的能量后，其外层电子会由基态跃迁到较高的能级状态(即激发态)。处于激发态的原子是不稳定的(其寿命约 10^{-8}s)，外层电子会从高能级回落到较低的能级或基态，多余能量以电磁辐射的形式发射出去，从而产生发射光谱。产生的光谱是线状光谱，谱线波长与能量的关系为

$$\lambda = \frac{hc}{E_2 - E_1} \tag{11-3}$$

式中，E_2、E_1 分别为高能级与低能级的能量；λ 为波长；h 为普朗克常量；c 为光速。

处于高能级的电子经过几个中间能级跃迁回到原能级，可产生几种不同波长的光，在光谱中形成几条谱线。一种元素可以产生不同波长的谱线，它们组成该元素的原子光谱。不同元素的电子结构不同，其原子光谱也不同，具有明显的特征；由于待测元素原子的能级结构不同，因此发射谱线的特征不同，据此可对样品进行定性分析；而根据待测元素原子发射光谱的强度与其浓度的关系，可实现元素的定量测定。

二、光谱仪器

原子发射光谱分析过程包括激发、分光和检测，即激发光源将试样蒸发气化、解离或分解为气态原子，原子可能进一步电离成离子，原子及离子在光源中激发产生光辐射；分光系统将光辐射分解成按波长排列的光谱，检测系统检测光谱中谱线的波长和强度。最后按测定得到的光谱波长对试样进行定性分析，按发射光强度进行定量分析。

目前，以离子炬(ICP)为激发光源的原子发射光谱仪已成为主流，其基本结构包括激发光源、进样系统、分光系统和检测系统四个组成部分，如图 11-3 所示。

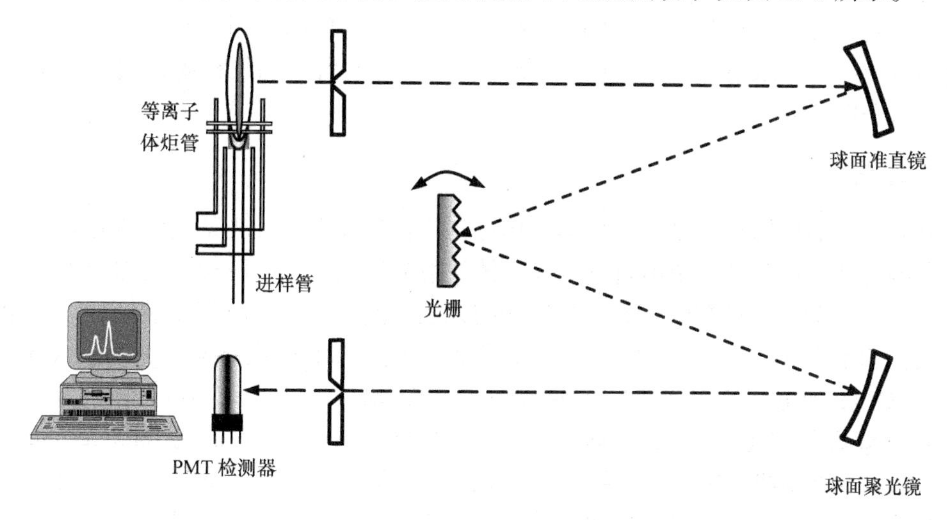

图 11-3　ICP-AES 结构原理示意图

1. 激发光源

激发光源的基本功能是提供使试样中被测元素原子化和原子激发所需要的能量。利用电感耦合高频等离子炬作为原子发射光谱的激发光源，自 20 世纪 70 年代起获得了迅速的发展和广泛的应用。

等离子体一般指电离度超过 0.1%的被电离的气体，这种气体不仅含有中性原子和分子，而且有大量的电子和离子，由于电子和正离子的浓度处于平衡状态，所以总体上是中性的。形成稳定的 ICP 焰炬，应有三个条件：高频电磁场、工作气体及能维持气体稳定放电的石英炬管。它由三个同心石英管组成，如图 11-4 所示。三股氩气流分

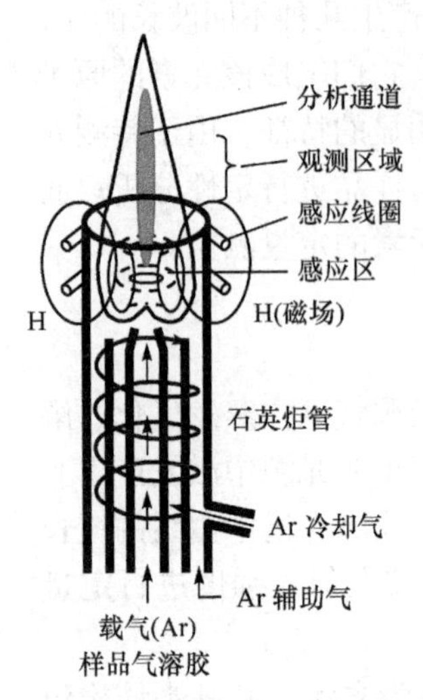

图 11-4　ICP 光源示意图

别进入炬管，外气流也称冷却气或等离子气，它的作用是稳定等离子炬以及冷却炬管以防石英炬管被烧融；中间管引入辅助气流的作用是点燃和维持等离子体，保护中心喷射管口不被烧融。内管的载气流，主要作用是在等离子体中打开一条通道，载带试样气溶胶进入等离子体。在炬管的上端环绕着一水冷感应线圈，当高频发生器给线圈供电时，线圈附近形成高频磁场。用高频火花使炬管中的工作气体少量电离后，电离产生的带电粒子被高频磁场感应产生感应电流。起初电流很小，但随着碰撞和电离的不断进行，电流雪崩式地迅速增大而形成涡流，产生高热(感应区的温度可达到 10 000 K)，又促使气体电离和维持气体高温，从而形成炬状的等离子体(炬)。

分析试液经过雾化形成的气溶胶，被载气带入等离子体环形外区(或称感应区)所包围的通道内预热、蒸发、原子化和激发，因为在感应线圈以上的观测区(一般在感应线圈以上 10 ~ 20 mm，通道内温度为 6000 ~ 7000 K)内，待测元素的辐射信号较强，背景辐射较弱，故采集光谱信号常在这个区域内进行。

2. 分光、检测系统

分光系统的作用是将复合光分解为单色光。色散元件是分光系统的核心元件，常用的有棱镜和光栅两种。全谱直读等离子体发射光谱仪采用中阶梯光栅加交叉色散分光系统，所谓全谱是指在检测器所能检测的光谱范围内，采集所有光谱信息，使光谱分析线全部色散在一个平面上，并经反射镜反射进入电荷耦合器件(charge-coupled device，CCD)或电荷注入器件(charge-injection device，CID)检测器进行检测。

电荷耦合器件(charge-coupled device，CCD)或电荷注入器件(charge-injection device，CID)检测器的实质是二维半导体光电转换器件，其主要优势在于能同时进行多谱线检测和能借助计算机系统快速读取、处理由其存储的光谱信息，可极大地提高发射光谱分析的速度。例如，采用配备这类检测器的全谱直读等离子体发射光谱仪，可在一分钟内完成样品中多达 70 种元素的测定。

三、定性、定量分析方法

要确认试样中存在某种元素，需要在试样光谱中找出三条或三条以上该元素的灵敏线，并且谱线之间的强度关系是合理的；只要某元素的最灵敏线不存在，就可以肯定试样中无该元素。

原子发射光谱定量分析是根据待测元素谱线强度 I 来确定元素含量的。一定条件下，谱线强度 I 与待测元素浓度 c 之间的关系为

$$I = Kc^b \tag{11-4}$$

式中，K 与光源参数、进样系统、试样的蒸发激发过程以及试样的组成等有关；b 为自吸系数，与试样的含量、谱线的自吸有关。在 ICP-AES 定量分析中，在一定的浓度范围内，待测元素谱线强度 I 与待测元素浓度 c 之间有很好的线性关系（$b=1$）。

1. 标准曲线法

配制一组有浓度梯度的标准溶液，依次测量其发射强度值，作出标准曲线。测量样品溶液中待测元素的谱线强度值，利用标准曲线，计算出样品溶液中待测元素的浓度。

2. 标准加入法

在标准样品与未知样品基体匹配有困难时，采用标准加入法进行定量分析，可以得到比标准曲线法更好的分析结果(参见原子吸收法)。

3. 内标法

在试样和标准样品中加入同浓度的某一元素(内标元素)，利用分析元素和内标元素的谱线强度比与待测元素浓度绘制工作曲线，并进行样品分析。

使用内标法，能够较好的消除溶液黏度、表面张力、样品的雾化率及光源放电不稳定等因素的影响，内标元素在基体内和光源中的物理性质、化学性质与待测元素要相近，而且试样中不应存在这种元素。

四、应用示例

下面以“ICP-AES 测定钢样中的 Mn、Ni、Cu、V、Ti”为例说明。

钢中各杂质元素的含量直接影响钢的质量，尤其各种工具钢。检测钢中各种杂质元素的含量是钢铁生产以及相关企业生产过程中的重要环节，一般有化学分析法、分光光度法、原子吸收法及原子发射法等方法，目前从测样速度、结果准确度来考虑最适合于生产过程中质量控制的是原子发射法。

仪器及试剂：VARIAN Vista MPX 型全谱直读光谱仪；等离子气流量为 15 $L \cdot min^{-1}$；辅助气流量为 1.5 $L \cdot min^{-1}$；雾化气压力为 200 kPa；用光谱纯或分析纯试剂配制的 Mn、Ni、Cu、V、Ti 标准溶液，浓度均为 10.00 $\mu g \cdot mL^{-1}$。

样品处理：准确称取钢样 0.1000~0.2000 g 于 100 mL 烧杯中，加入 5 mL 盐酸和 1.5 mL 硝酸，放在可调电热板上低温加热溶解至反应结束(注意不要蒸干)，用少量蒸馏水冲洗瓶壁，加热煮沸，冷却后将溶液过滤并转移至 100 mL 容量瓶中，少量的沉淀物(主要是氧化硅)用稀盐酸洗涤数次合并于容量瓶中，用纯水稀释至刻度、摇匀供测定。根据测定结果计算出钢样中 Mn、Ni、Cu、V、Cr、Ti 的质量分数。

分析操作：按仪器操作规程开机和运行控制软件，设定各参数，待仪器稳定待命后，根据软件提示，逐个导入所要求的标准、空白和样品溶液，直到分析结束打印分析结果。

第三节　色谱分析法

一、色谱分析概述

将色谱分离与适当的检测手段相结合的分析方法，称为色谱分析法。色谱分析法是一种非常有效的分离分析方法，也是分析化学领域中发展最迅速的一个分支，具有高效、灵敏、快速、应用范围广等特点。尤其是高效性，在对化学性质相似的同系物、同位素、异构体、手性分子及复杂的多组分混合物的分离中，十分突出。

在色谱法中，将填入玻璃管或不锈钢管内静止不动的物相(固体或液体)称为固定相；在其中流动的物相(气体或液体)称为流动相；装有固定相的管子(玻璃管或不锈钢管)称为色谱柱。当流动相中样品混合物经过固定相时，由于各组分在性质和结构上的差异，不同组分在固定相滞留时间长短不同，从而按先后不同的次序从固定相中流出，与适当的检测手段相结合，使分离和检测一体化，如果将这种一体化的分离检测技术应用于分析化学，就是色谱分析。

色谱法有多种类型，按流动相物态的不同可分为气相色谱法和液相色谱法；按采用的固定相使用形式可分为柱色谱法、毛细管色谱法、平板色谱法(纸色谱法、薄层色谱法、薄膜色谱法)；按分离过程的机理分为吸附色谱法(利用吸附剂表面对不同组分的物理吸附性能的差异进行分离)、分配色谱法(利用不同组分在两相中有不同的分配来进行分离)、离子交换色谱法(利用离子交换原理)、排阻色谱法(利用多孔性物质对不同大小分子的排阻作用进行分离)等。本节着重介绍气相色谱法和高效液相色谱法。

1. 色谱法的基本原理

无论是气相色谱、液相色谱，还是其他色谱法，虽各有特点，但其基本原理是相同的。假设有组分 A 和 B 的混合试液，刚注入色谱柱时，在色谱柱中为混合谱带。随着流动相连续不断地冲洗，A 和 B 组分顺着流动相方向移动。在流动过程中，各组分既可以进入流动相，也可以进入固定相。由于在性质或结构上的差异，它们在吸附能力或分配能力方面存在差异。这个差异会导致不同组分在移动速度上的不同，其结果是组分间逐渐分开。在色谱柱中，由于组分与固定相、流动相之间的相互作用，它们既可以进入固定相，也可以返回流动相，这个过程称为分配。一定温度下，组分在流动相和固定相之间达到的平衡称分配平衡。组分在两相间分配达到平衡时的浓度比称为分配系数，用 K 表示，即

$$K = \frac{c_s}{c_m} \tag{11-5}$$

式中，c_s 和 c_m 分别为组分在固定相和流动相中的浓度($g \cdot mL^{-1}$)。

不同组分分配系数的差异是实现色谱分离的基础。分配系数 K 的数值与温度、压力有关，还与组分、固定相和流动相的性质有关，其大小表明组分与固定相分子间作

用力的大小。K 值大，说明组分与固定相的亲和力大，即组分在柱中滞留的时间长，移动速度慢。组分在柱中移动的速度与其分配系数成反比。

色谱分离的基本原理是利用流动相将待分离的试样带进、通过色谱柱，使试样中各组分与柱内固定相之间发生相互作用。由于各组分在组成、结构、性质上的差异，即它们在两相中分配系数的差异，经过反复多次的分配平衡，使吸附能力和分配系数只有微小差异的物质，在移动速度上产生较大差别，各组分按先后次序从色谱柱内流出，从而得到分离。

2. 色谱流出曲线及有关术语

在色谱分析法中，将以组分浓度为纵坐标，流出时间为横坐标，绘得的组分及其浓度随时间变化的曲线称为色谱流出曲线，也称色谱图。根据流出曲线色谱峰的数目，可知该试样中至少含有多少组分；根据色谱峰的位置，即利用保留值可以进行定性分析；根据峰面积或峰高，可以进行定量分析；根据峰的保留值和峰宽，可对色谱柱的分离效能作出评价。下面以单组分的色谱流出曲线(图 11-5)为例说明色谱分析法中的有关术语。

1)基线

在操作条件下，只有流动相通过系统时信号随时间变化的曲线。正常情况下，稳定的基线应是一条直线。

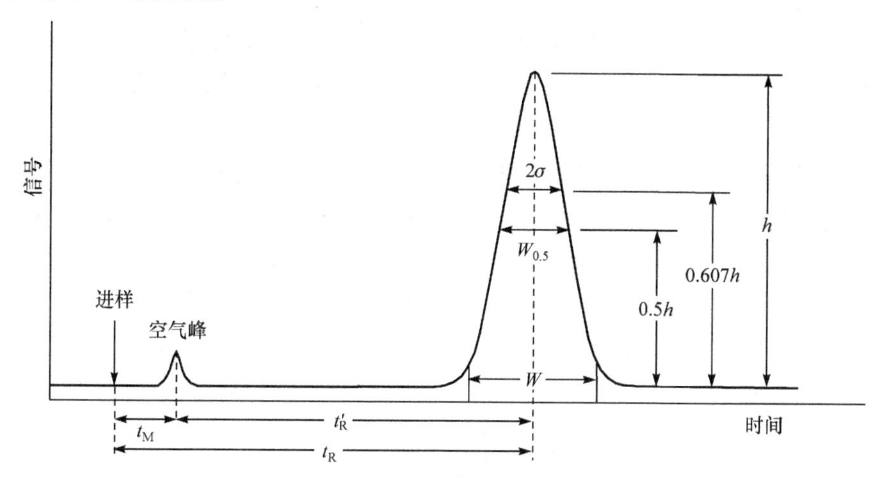

图 11-5　单组分色谱流出曲线

2)峰高 h

峰的最高点与基线的垂直距离。峰高可以作为定量指标，它与操作条件、样品浓度和进样量以及检测器的灵敏度有关。

3)峰宽

表征色谱过程峰展宽的程度，包括半峰宽、峰底宽和高斯峰宽。

(1)高斯峰宽 2σ，即 0.607 倍峰高处的色谱峰宽度(σ 为标准偏差)。

(2)半峰宽 $W_{1/2}$，指峰高一半处的宽度($W_{1/2} = 2.354\sigma$)。

(3)峰底宽 W，指色谱峰两边拐点的切线与基线交点间的距离($W = 4\sigma$)。

4)保留值

表示试样中各组分在色谱柱内停留的情况,通常用时间或相应的载气体积来表示。

(1)保留时间 t_R，指待测组分从进样到柱后出现浓度最大值时所需的时间。在确定的实验条件下，任何物质都有一定的保留时间，它是色谱分析法的基本参数。

(2)死时间 t_M，指不与固定相作用的惰性组分流过色谱柱的保留时间。

(3)调整保留时间 t'_R，指扣除死时间后的保留时间($t'_R = t_R - t_M$)，即待测组分在固定相中停留的时间。

(4)相对保留值 r_{AB}，两个组分 A、B 的调整保留值之比[$r_{AB} = t'_{R(A)} / t'_{R(B)}$]。相对保留值是一个无因次量，只与柱温及固定相性质有关，与其他色谱操作条件无关，它表示色谱柱对这两种组分的选择性。

3. 色谱定性和定量方法

1)定性分析方法

在一定的色谱条件下，某一组分在某一色谱柱中滞留的时间是一固定值。因此，通常是将各组分的保留时间与已知组分的标准物质进行比较对照，确定各被测组分。

2)定量分析方法

在一定的色谱条件下，待测组分 i 的质量(m_i)或其在流动相中的浓度与检测响应信号(峰面积 A_i 或峰高 h_i)成正比。实际工作中，常用峰面积进行定量分析：

$$m_i = f_i A_i \tag{11-6}$$

式中，f_i 为组分 i 的定量校正因子，其大小主要由仪器的灵敏度决定。

(1)外标法，又称标准曲线法。在一定的色谱条件下，测出用待测组分的标准物质配得标准溶液的响应信号值(峰面积)，绘制标准曲线。在相同的条件下，配制和测出样品溶液的响应信号值，再利用标准曲线求算样品中待测组分的含量。

(2)归一化法，如果试样中所有组分均能流出色谱柱并显示色谱峰，则可采用此法。

例如，用峰面积归一化法计算组分 i 的质量分数，计算式如下：

$$w_i = \frac{m_i}{\sum m_i} = \frac{f_i A_i}{\sum (f_i A_i)} \tag{11-7}$$

归一化法准确、简便，进样量不影响定量结果，操作条件变动对定量结果影响不大。

(3)内标法，如果试样中所有组分不能出峰，但对分析结果的准确度要求又很高时，则应采用内标法。此法必须使用一种合适的且在试样中不存在的高纯物质作为内标物，测出待测组分 i 的相对校正因子 f'_i。测定时，准确称取一定量(m_i)的被测组分标准物质和一定量试样，分别加入等量的适量(m_s)内标物，然后在同一色谱条件下测出所配溶液的响应信号值(如峰面积)，并根据下列关系式计算待测组分 i 的相对校正因子 f'_i 和质量分数：

$$f_i' = \frac{f_i}{f_s} = \left(\frac{m_i A_s}{m_s A_i}\right)_{ST} \tag{11-8}$$

$$w_i = \frac{m_i}{m_{样}} = f_i' \cdot \frac{m_s A_i}{m_{样} A_s} \tag{11-9}$$

式中，A_i、A_s分别为待测组分i和内标物的峰面积。

二、气相色谱法

用气体作为流动相的色谱法称为气相色谱法(gas chromatography，GC)。根据其所用固定相的状态不同，又可将其分为气固色谱和气液色谱。前者是用多孔性固体吸附剂为固定相，常用的有非极性的活性炭，弱极性的氧化铝，强极性的硅胶等，分离的主要对象是一些永久性的气体和低沸点的化合物。但由于气固色谱可供选择的固定相种类甚少，分离的对象不多，且色谱峰容易产生拖尾，实际应用不多。气液色谱多用高沸点的有机化合物涂渍在惰性载体上作为固定相，一般只要在450℃以下有1.5～10 kPa的蒸气压、热稳定性能好的有机及无机化合物都可用气相色谱法来分离分析。由于在气液色谱中可供选择的固定液种类很多，容易得到好的选择性，气液色谱很有实用价值。

1. 气相色谱仪的工作过程

气相色谱的分析流程如图11-6所示。载气由高压钢瓶中流出，经减压阀降压到所需压力后，通过净化干燥管使载气净化，再经稳压阀和转子流量计后，以稳定的压力、恒定的速度流经气化室与气化的样品混合，将样品气体带入色谱柱中进行分离。样品中各组分在固定相与载气间分配，由于各组分在两相中的分配系数不同，它们将按分配系数大小的顺序依次被载气带出色谱柱，流经检测器检测，然后放空。检测器将待测物质的浓度或质量转变为一定的电信号，经放大后在记录仪上记录下来，从而得到色谱流出曲线。

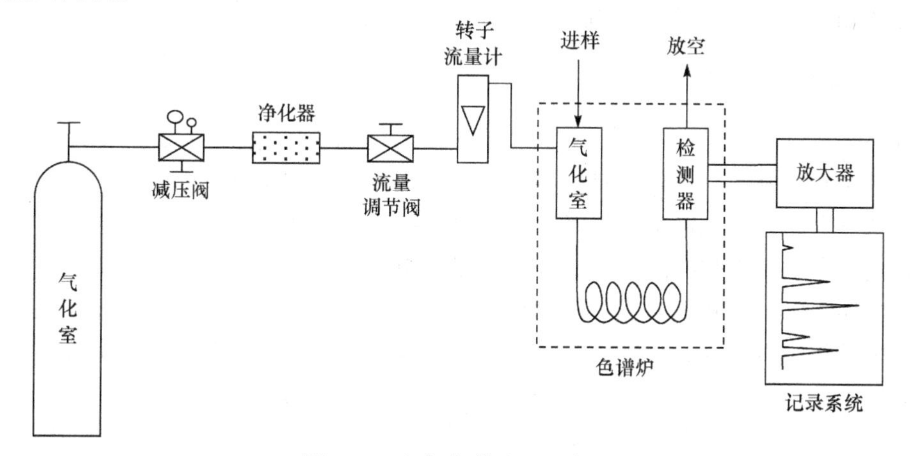

图11-6　气相色谱流程示意图

根据色谱流出曲线上每个峰的保留时间，可以进行定性分析，根据峰面积或峰高的大小，可以进行定量分析。

2. 气相色谱仪的组成

气相色谱仪一般由气路系统、进样系统、分离系统、检测系统及记录放大系统五大部分组成，如图 11-6 所示。

(1)载气系统。由压缩载气钢瓶、减压阀、净化器、流量调节器及流量计等组成，其作用是提供一定流量的载气(流动相)，载气携带试样通过色谱柱，使组分得到分离。

(2)进样系统。包括气化室和进样器，其作用是将试样以气态形式加到流动相中，与载气一同进入色谱柱，使试样中各组分在柱内实现分离；试样为液体时，采用不同规格的专用微量注射器进样；试样为气体时，则用专用注射器或六通阀进样。气化室是将液体试样瞬间气化的装置。

(3)分离系统。包括色谱柱、柱箱和温控系统。色谱柱是核心部件，用于分离试样中的各个组分，常用的有填充柱和毛细管柱。填充柱的柱管由不锈钢、玻璃或聚四氟乙烯等材料制成，柱内径 2～6 mm，柱长 1～5 m，柱内填充固定相。填充柱固定相种类多，柱容量大，分离效率高，应用广泛。毛细管柱为开管柱，用石英或不锈钢材料拉制而成，柱内径 0.1～0.5 mm，长度 30～300 m，柱内表面涂一层固定液。毛细管柱渗透性好，分离效率高，可分离复杂的混合物，但制备复杂，允许进样量小。

(4)检测器。将流出色谱柱的组分的量转变成电信号，最常用的有热导池检测器(TCD)和氢火焰离子化检测器(FID)。前者是根据待测组分和载气在导热能力上的差异设计成的一种通用型检测器。后者则根据有机化合物在氢火焰中燃烧时能产生少量的离子而设计成的一种离子化检测器，它的灵敏度较热导池检测器高，但只能响应有机化合物。

(5)记录系统。将检测器给出的电信号记录成流出曲线(色谱图)。目前，气相色谱仪均配置色谱处理机或色谱工作站，自动担负色谱图的记录和保留值、峰高、峰面积(乃至塔板数和分离度)的计算，并能直接报告分析结果。

3. 气相色谱分析的条件

气液色谱固定相是由一些高沸点有机化合物(固定液)涂渍在多孔的担体上所形成的液体固定相。其中担体作用是提供一个大的惰性表面，用以承担固定液，使固定液以薄膜状态分布在其表面上。最常用的担体是硅藻土担体。

目前，有至少 2000 种色谱固定液。根据“相似相溶”原理，如果被测组分与固定液分子性质(如极性)相似，固定液和被测组分两种分子间的作用力就强，被测组分在固定液中的溶解度就大，分配系数就大。也就是说，被测组分在固定液中溶解度或分配系数的大小与被测组分和固定液两种分子之间相互作用力的大小有关。

在固定相确定后，对一项分析任务而言，主要以在较短时间内，实现试样中难分离的相邻两组分的定量分离为目标来选择分离操作条件。主要是载气及其流速、气化室温度、柱温、进样量与进样时间等条件的选择或确定。

4. 应用示例“白酒中主要成分的色谱分析”

白酒的主要成分为醇、酯和羟基化合物，由于所含组分较多，且沸点范围较宽，适合用程序升温气相色谱法进行分离，并用氢火焰离子化检测器进行检测。为分离白酒中的主要成分可使用填充柱或毛细管柱，常用的填充柱固定相为 GDX-102 等，也可使用以聚乙二醇 20M 或 FFAP 交联制备的石英弹性毛细管柱。

仪器和试剂：气相色谱仪(带分流进样器和氢火焰离子化检测器)、皂膜流量计、微处理机。氮气、氢气、压缩空气，与白酒中主要成分对应的醛、醇、酯的色谱纯标样。

色谱分析条件：色谱柱为 $\varphi 0.25\ \text{mm} \times 30\ \text{m}$ 冠醚–FFAP 交联石英弹性毛细管柱，固定液液膜厚度 0.5 μm。程序升温设置为 50 ℃(6 min)，以 40 ℃ · min^{-1} 升温至 220 ℃(1 min)。载气为氮气，流量 1 mL · L^{-1}。燃气为氢气，流量 50 mL · min^{-1}。助燃气为压缩空气，流量 500 mL · min^{-1}。检测器为氢火焰离子化检测器，高阻 1010 Ω，衰减 1/4~1/16，检测室温度为 200 ℃。气化室温度为 250 ℃，分流进样分流比为 1∶100，进样量 0.2 μL。

定性分析：将各组分的保留时间等保留值与标准样品进行对照。

定量分析：以乙酸正丁酯作内标物，用内标法进行定量。

三、高效液相色谱法

以液体为流动相的色谱法称为液相色谱法。早先的液相色谱法采用常压自流系统的柱色谱，而现代液相色谱法则采用高压液体(可达到 40 MPa)为流动相，因其采用了极细的固定相(5~10 μm)，色谱柱的分离效率很高，又称为高效液相色谱法(high performance liquid chromatography，HPLC)。

高效液相色谱法具有分离效能高、选择性好、灵敏度高、分析速度快、适用范围广(样品不需气化，只需制成溶液即可)的特点，色谱柱可反复使用，可用于高沸点、离子型、热不稳定物质的分析。如前所述，沸点 < 500 ℃、热稳定性好、相对分子质量 $M_r < 400$ 的物质，原则上可用气相色谱分析，但这些物质只占有机物总数的 15%~20%，而其余的 80%以上，包括备受关注的生物活性物质的分析，原则上都可采用 HPLC 分析。

高效液相色谱法按固定相不同可分为液–液色谱法和液–固色谱法；按色谱原理不同可分为分配色谱法(液–液色谱)、吸附色谱法(液–固色谱)和离子色谱法等。不同的分离模式主要是固定相和流动相有所不同，而仪器及操作方法大同小异。

1. 高效液相色谱仪及其分析流程

高效液相色谱仪种类繁多，但不论何种类型的高效液相色谱仪，一般都分为四个部分：高压输液系统、进样系统、分离系统和检测系统，其中主要部件是高压泵、色谱柱(分离柱)和检测器。此外，还可以根据一些特殊的要求，配备一些附属装置，如梯度洗脱、自动进样、自动收集及数据处理装置等。图 11-7 是高效液相色谱仪的一般结构示意图，其工作过程如下：高压泵将储液罐的溶剂经进样器送入色谱柱中，然后从检测器的出口流出。当待测样品从进样器进入时，流经进样器的流动相将其带入色谱柱中进行组分分离，并先后进入检测池，检测器的信号经处理得到液相色谱图。

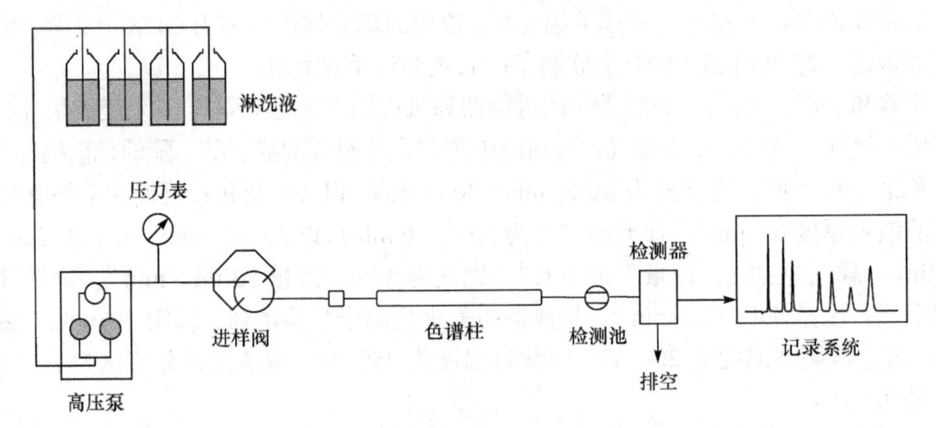

图 11-7　高效液相色谱仪的流程示意图

(1)高压输液系统。由储液罐、脱气装置、高压输液泵、过滤器、梯度洗脱装置等组成。高压输液泵是高效液相色谱仪的关键部件之一，用以完成流动相的输送任务。对泵的要求：耐腐蚀、耐高压、无脉冲、输出流量范围宽、流速恒定，且泵体易于清洗和维修。高压输液泵可分为恒压泵和恒流泵两类，常用的是恒流泵(其压力随系统阻力改变而流量不变)。

(2)进样系统。常用六通阀进样器进样，进样量由定量环确定。操作时先将进样器手柄置于采样位置(LOAD)，此时进样口只与定量环接通，处于常压状态，用微量注射器(体积应大于定量环体积)注入样品溶液，样品停留在定量环中；然后转动手柄至进样位置(INJECT)，使定量环接入输液管路，样品由高压流动相带入色谱柱中。

(3)色谱柱。色谱柱是分离系统核心部件，由柱管和填充剂组成，柱管多用不锈钢制成，柱内填充剂有硅胶和化学键合固定相。化学键合固定相有十八烷基硅烷键合硅胶(ODS 柱或 C_{18} 柱)、辛烷基硅烷键合硅胶(C_8 柱)、氨基或氰基键合硅胶等，其中 ODS 柱最为常用。由于 ODS 属于非极性固定相，在进行分离分析时一般使用极性流动相，即所谓的反相色谱法。常用的流动相有甲醇–水或乙腈–水等，洗脱时极性大的组分先出柱，极性小的组分后出柱。

(4)检测器。高效液相色谱法主要使用紫外检测器(UVD)，包括固定波长、可变波长和二极管阵列检测器三种类型，其中应用最广泛的是可变波长紫外检测器。检测器由光源、流通池和记录器组成，进入检测器的组分对特定波长的紫外光能产生选择性吸收，其吸收程度与组分浓度的关系符合光吸收定律。

2. 应用示例“HPLC 测定饮料中的添加剂苯甲酸钠和山梨酸钾”

仪器与试剂：Varian 210 高效液相色谱仪，紫外检测器；甲醇(重蒸馏，经 0.45 μm 滤膜过滤)，氨水(1+1)，乙酸铵溶液($0.02\ mol\cdot L^{-1}$，0.45 μm 滤膜过滤)，苯甲酸钠和山梨酸钾标准溶液。

色谱条件：色谱柱为 4.6 mm×150 mm 的 5 μm YWG-C_{18}不锈钢柱，流动相为甲醇：乙酸铵溶液等于 15：85(体积比)，进行抽滤、脱气，流速 $0.6\ mL\cdot min^{-1}$，检测器为紫外检测器，波长 230 nm。

样品处理：称取 5.00~10.0 g 汽水饮料样品于小烧杯中，微温下搅拌除去 CO_2，用氨水(1+1)调至 pH 约为 7。加水定容至10~20 mL，经 0.45 μm 滤膜过滤至 1 mL 的样品管中。

开机平衡：按仪器操作规程开机，运行色谱工作站，确认色谱条件后开泵，平衡色谱柱，直到基线基本走平为止。

样品测定：分别将配好的标准系列溶液和样品溶液进样注入色谱仪(样品浓度高时需要稀释，一般饮料样品需要稀释 10 倍)。根据苯甲酸钠、山梨酸钾标准溶液峰的保留时间为依据进行定性，根据峰面积进行定量，从工作曲线上查出或根据工作曲线回归方程计算组分的质量 m_i，再计算出样品中苯甲酸钠、山梨酸钾的含量($g\cdot kg^{-1}$)。

练 习 题

1. 原子吸收光谱法与原子发射光谱法有何区别？其定量分析依据是什么？
2. 原子吸收分光光度计主要由哪几部分组成？其各部分的作用是什么？
3. 原子吸收光谱法和分光光度法相比有何异同？
4. ICP 光源主要由哪几部分组成？这种光源有何优点？
5. 气相色谱法和高效液相色谱法有何区别？其定量分析依据是什么？
6. 用原子吸收法测定某溶液中 Cd^{2+}的浓度时，测得吸光度为 0.145。在 50.0 mL 此试液中加入 1.00 mL $1.00\times10^{-3}\ mol\cdot L^{-1}$ 的 Cd^{2+}标准溶液后，测得吸光度为 0.240，而在同样条件下，测得去离子水的吸光度为 0.010，计算未知液中 Cd^{2+}的浓度。

参 考 文 献

陈媛梅. 2012. 分析化学. 北京: 科学出版社
董元彦. 2006. 无机及分析化学. 2 版. 北京: 科学出版社
方晓明, 刘崇华, 周锦帆. 2010. 有害物质分析——仪器及应用. 北京: 化学工业出版社
华东理工大学分析化学教研组, 四川大学工科大学基础课程教学基地. 2009. 分析化学. 6 版. 北京: 高等教育出版社
揭念芹. 2000. 基础化学 I (无机及分析化学). 北京: 科学出版社
李克安. 2005. 分析化学教程. 北京: 北京大学出版社
林树昌, 胡乃非, 曾泳淮. 2004. 分析化学. 2 版. 北京: 高等教育出版社
孟凡昌, 潘祖亭. 2005. 分析化学核心教程. 北京: 科学出版社
潘祖亭, 李步海, 李春涯. 2010. 分析化学. 北京: 科学出版社
彭崇慧, 冯建章, 张锡瑜, 等. 1997. 定量化学分析简明教程. 2 版. 北京: 北京大学出版社
魏福祥. 2015. 现代仪器分析技术及应用. 2 版. 北京: 中国石化出版社
吴阿富. 2002. 化学定量分析. 上海: 华东理工大学出版社
武汉大学. 2016. 分析化学. 6 版. 北京: 高等教育出版社
谢天俊. 2003. 简明定量分析化学. 广州: 华南理工大学出版社
张明晓. 2008. 新分析化学. 北京: 科学出版社
张绍衡. 1994. 电化学分析法. 2 版. 重庆: 重庆大学出版社
朱明华, 胡坪. 2008. 仪器分析. 4 版. 北京: 高等教育出版社
Hage D S, Carr J D. 2012. Analytical Chemistry and Quantitative Analysis. 北京: 机械工业出版社

附　　录

附录 1　国际相对原子质量表(2003)

元素		相对原子质量	元素		相对原子质量	元素		相对原子质量	元素		相对原子质量
符号	名称		符号	名称		符号	名称		符号	名称	
Ac	锕	227.03	Eu	铕	151.964	N	氮	14.00672	Sc	钪	44.95591
Ag	银	107.8682	F	氟	18.99840	Na	钠	22.98977	Se	硒	78.96
Al	铝	26.98154	Fe	铁	55.845	Nb	铌	92.90638	Si	硅	28.0855
Ar	氩	39.948	Ga	镓	69.723	Nd	钕	144.24	Sm	钐	150.36
As	砷	74.92160	Gd	钆	157.25	Ne	氖	20.1797	Sn	锡	118.710
Au	金	196.96655	Ge	锗	72.64	Ni	镍	58.6934	Sr	锶	87.62
B	硼	10.811	H	氢	1.00794	Np	镎	237.05	Ta	钽	180.9479
Ba	钡	137.327	He	氦	4.00260	O	氧	15.9994	Tb	铽	158.92534
Be	铍	9.01218	Hf	铪	178.49	Os	锇	190.23	Te	碲	127.60
Bi	铋	208.98038	Hg	汞	200.59	P	磷	30.97376	Th	钍	232.0381
Br	溴	79.904	Ho	钬	164.93032	Pa	镤	231.03599	Ti	钛	47.867
C	碳	12.0107	I	碘	126.90447	Pb	铅	207.2	Tl	铊	204.3833
Ca	钙	40.078	In	铟	114.818	Pd	钯	106.42	Tm	铥	168.93421
Cd	镉	112.411	Ir	铱	192.217	Pr	镨	140.90765	U	铀	238.02891
Ce	铈	140.116	K	钾	39.0983	Pt	铂	195.078	V	钒	50.9415
Cl	氯	35.453	Kr	氪	83.798	Ra	镭	226.03	W	钨	183.84
Co	钴	58.93320	La	镧	138.9055	Rb	铷	85.4678	Xe	氙	131.293
Cr	铬	51.9961	Li	锂	6.941	Re	铼	186.207	Y	钇	88.90585
Cs	铯	132.90545	Lu	镥	174.967	Rh	铑	102.90550	Yb	镱	173.04
Cu	铜	63.546	Mg	镁	24.3050	Ru	钌	101.07	Zn	锌	65.409
Dy	镝	162.500	Mn	锰	54.93805	S	硫	32.065	Zr	锆	91.224
Er	铒	167.259	Mo	钼	95.94	Sb	锑	121.760			

附录2 一些化合物的相对分子质量

化合物	M_r	化合物	M_r	化合物	M_r
$AgBr$	187.78	$CaSO_4$	136.14	$FeCl_2$	126.75
$AgCl$	143.32	$Ce(SO_4)_2$	332.24	$FeCl_3$	162.21
$AgCN$	133.89	CH_3COOH(HAc)	60.05	$FeCl_3 \cdot 6H_2O$	270.30
$AgSCN$	165.95	CH_3COONa(NaAc)	82.03	$FeNH_4(SO_4)_2 \cdot 12H_2O$	482.18
Ag_2CrO_4	331.73	$CH_3COONa \cdot 3H_2O$	136.08	$Fe(NO_3)_3$	241.86
AgI	234.77	CH_3COONH_4(NH_4Ac)	77.08	$Fe(NO_3)_3 \cdot 9H_2O$	404.00
$AgNO_3$	169.87	$C_6H_8O_6$(抗坏血酸)	176.13	FeO	71.85
$AlCl_3$	133.34	$C_6H_{12}O_6 \cdot H_2O$(葡萄糖)	198.2	Fe_2O_3	159.69
$AlCl_3 \cdot 6H_2O$	241.43	CO_2	44.01	Fe_3O_4	231.54
$Al(NO_3)_3$	213.00	$CO(NH_2)_2$	60.06	$Fe(OH)_3$	106.87
$Al(NO_3)_3 \cdot 9H_2O$	375.13	$CoCl_2$	129.84	FeS	87.91
Al_2O_3	101.96	$CoCl_2 \cdot 6H_2O$	237.93	Fe_2S_3	207.87
$Al(OH)_3$	78.00	$Co(NO_3)_2$	182.94	$FeSO_4$	151.91
$Al_2(SO_4)_3$	342.14	$Co(NO_3)_2 \cdot 6H_2O$	291.03	$Fe_2(SO_4)_3$	399.88
$Al_2(SO_4)_3 \cdot 18H_2O$	666.41	$CoSO_4$	154.99	$FeSO_4 \cdot 7H_2O$	278.01
As_2O_3	197.84	$CoSO_4 \cdot 7H_2O$	281.10	$FeSO_4 \cdot (NH_4)_2SO_4 \cdot 6H_2O$	392.13
As_2O_5	229.84	$CrCl_3$	158.35	H_3AsO_3	125.94
As_2S_3	246.02	$CrCl_3 \cdot 6H_2O$	266.45	H_3AsO_4	141.94
$BaCO_3$	197.34	$Cr(NO_3)_3$	238.01	H_3BO_3	61.83
BaC_2O_4	225.35	Cr_2O_3	151.99	HBr	80.91
$BaCl_2$	208.24	$CuCl$	99.00	H_2CO_3	62.03
$BaCl_2 \cdot 2H_2O$	244.27	$CuCl_2$	134.45	$H_2C_2O_4$	90.04
$Ba(OH)_2$	171.34	$CuCl_2 \cdot 2H_2O$	170.48	$H_2C_2O_4 \cdot 2H_2O$	126.07
$BaSO_4$	233.39	CuI	190.45	HCl	36.46
$CaCO_3$	100.09	$Cu(NO_3)_2$	187.56	HF	20.01
CaC_2O_4	128.10	$Cu(NO_3)_2 \cdot 3H_2O$	241.60	HI	127.91
$CaCl_2$	110.99	CuO	79.54	HIO_3	175.91
$CaCl_2 \cdot 6H_2O$	219.08	Cu_2O	143.09	HNO_3	63.01
$Ca(NO_3)_2 \cdot 4H_2O$	236.15	CuS	95.61	HNO_2	47.01
CaO	56.08	$CuSCN$	121.62	H_2O	18.015
$Ca(OH)_2$	74.10	$CuSO_4$	159.60	H_2O_2	34.02
$Ca_3(PO_4)_2$	310.18	$CuSO_4 \cdot 5H_2O$	249.68	H_3PO_4	98.00

续表

化合物	M_r	化合物	M_r	化合物	M_r
H_2S	34.08	KI	166.00	NH_4HCO_3	79.06
H_2SO_3	82.07	KNO_3	101.10	$(NH_4)_2MoO_4$	196.01
H_2SO_4	98.07	KNO_2	85.10	$(NH_4)_2HPO_4$	132.06
$HgCl_2$	271.50	K_2O	94.20	$(NH_4)_2S$	68.14
Hg_2Cl_2	472.09	KOH	56.11	$(NH_4)_2SO_4$	132.13
HgI_2	454.40	K_2SO_4	174.25	NH_4SCN	76.12
$Hg_2(NO_3)_2$	525.19	$MgCO_3$	84.31	$NiCl_2 \cdot 6H_2O$	237.69
$Hg_2(NO_3)_2 \cdot 2H_2O$	561.22	$MgCl_2$	95.21	NiO	74.69
$Hg(NO_3)_2$	324.60	$MgCl_2 \cdot 6H_2O$	203.30	$Ni(NO_3)_2 \cdot 6H_2O$	290.79
HgO	216.59	MgC_2O_4	112.33	NiS	90.75
HgS	232.65	$Mg(NO_3)_2 \cdot 6H_2O$	256.41	$NiSO_4 \cdot 7H_2O$	280.85
$KAl(SO_4)_2 \cdot 12H_2O$	474.38	$MgNH_4PO_4$	137.32	$NaClO$	74.44
KBr	119.00	MgO	40.30	NaF	41.99
$KBrO_3$	167.00	$Mg(OH)_2$	58.32	$NaHCO_3$	84.01
KCl	74.55	$Mg_2P_2O_7$	222.55	$Na_2HPO_4 \cdot 12H_2O$	358.14
$KClO_3$	122.55	$MgSO_4 \cdot 7H_2O$	246.47	$Na_2H_2Y \cdot 2H_2O$	372.24
$KClO_4$	138.55	$MnCO_3$	114.95	$NaNO_2$	69.00
KCN	65.12	$MnCl_2 \cdot 4H_2O$	197.91	$NaNO_3$	85.00
$KSCN$	97.18	$Mn(NO_3)_2 \cdot 6H_2O$	287.04	Na_2O	61.98
K_2CO_3	138.21	MnO	70.94	Na_2O_2	77.98
K_2CrO_4	194.19	MnO_2	86.94	$NaOH$	40.00
$K_2Cr_2O_7$	294.18	MnS	87.00	Na_3PO_4	163.94
$K_3Fe(CN)_6$	329.25	$MnSO_4$	151.00	Na_2S	78.04
$K_4Fe(CN)_6$	368.35	$MnSO_4 \cdot 4H_2O$	223.06	$Na_2S \cdot 9H_2O$	240.18
$KFe(SO_4)_2 \cdot 12H_2O$	503.24	$Na_2B_4O_7$	201.22	Na_2SO_3	126.04
$KHC_2O_4 \cdot H_2O$	146.14	$Na_2B_4O_7 \cdot 10H_2O$	381.37	Na_2SO_4	142.04
KIO_3	214.00	$NaBiO_3$	279.97	$Na_2S_2O_3$	158.10
$KMnO_4$	158.03	$NaSCN$	81.07	$Na_2S_2O_3 \cdot 5H_2O$	248.17
$KNaC_4H_4O_6 \cdot 4H_2O$	282.22	Na_2CO_3	105.99	NO	30.01
$KHC_2O_4 \cdot H_2C_2O_4 \cdot 2H_2O$	254.19	$Na_2CO_3 \cdot 10H_2O$	286.14	NO_2	46.01
$KHC_4H_4O_6$ （酒石酸氢钾）	188.18	$Na_2C_2O_4$	134.00	NH_3	17.03
$KHC_8H_4O_4$ （苯二甲酸氢钾）	204.22	$NaCl$	58.44	$NH_2OH \cdot HCl$	69.49
$KHSO_4$	136.16	NH_4NO_3	80.04	NH_4Cl	53.49

续表

化合物	M_r	化合物	M_r	化合物	M_r
$(NH_4)_2CO_3$	96.09	$PbSO_4$	303.26	SrC_2O_4	175.64
$(NH_4)_2C_2O_4$	124.10	SO_2	64.06	$SrCrO_4$	203.61
$(NH_4)_2C_2O_4 \cdot H_2O$	142.11	SO_3	80.06	$Sr(NO_3)_2$	211.63
P_2O_5	141.95	$SbCl_3$	228.11	$SrSO_4$	183.68
$PbCO_3$	267.21	$SbCl_5$	299.02	$ZnCO_3$	125.39
PbC_2O_4	295.22	Sb_2O_3	291.50	ZnC_2O_4	153.40
$PbCl_2$	278.11	Sb_2S_3	339.68	$ZnCl_2$	136.29
$PbCrO_4$	323.19	SiF_4	104.08	$Zn(CH_3COO)_2$	183.47
$Pb(CH_3COO)_2$	325.29	SiO_2	60.08	$Zn(CH_3COO)_2 \cdot 2H_2O$	219.50
$Pb(CH_3COO)_2 \cdot 3H_2O$	379.34	$SnCl_2$	189.60	$Zn(NO_3)_2$	189.39
PbI_2	461.01	$SnCl_2 \cdot 2H_2O$	225.63	$Zn(NO_3)_2 \cdot 6H_2O$	297.48
$Pb(NO_3)_2$	331.21	$SnCl_4$	260.50	ZnO	81.38
PbO	223.20	$SnCl_4 \cdot 5H_2O$	350.58	$Zn_2P_2O_7$	304.72
PbO_2	239.20	SnO_2	150.69	ZnS	97.44
$Pb_3(PO_4)_2$	811.54	SnS_2	150.75	$ZnSO_4$	161.44
PbS	239.26	$SrCO_3$	147.63	$ZnSO_4 \cdot 7H_2O$	287.55

附录 3　实验室常用分析纯酸、碱试剂的密度和浓度

试剂名称	密度 /$(g \cdot mL^{-1})$	质量分数/%	物质的量浓度 /$(mol \cdot L^{-1})$	试剂名称	密度 /$(g \cdot mL^{-1})$	质量分数/%	物质的量浓度 /$(mol \cdot L^{-1})$
硫酸	1.84	95～98	18	氢溴酸	1.38	40	7
盐酸	1.19	36～38	12	氢碘酸	1.70	57	7.5
硝酸	1.4	65～68	14	冰醋酸	1.05	99	17
磷酸	1.7	85	15	氨水	0.90	28	15
氢氟酸	1.13	40	23				

附录 4　某些弱酸在水溶液中的解离常数

(25 ℃，$I = 0$)

弱酸	化学式	$K_{a(1\to n)}$	pK_a	共轭碱 $pK_{b(n\to 1)}$
砷酸	H_3AsO_4	6.5×10^{-3} 1.15×10^{-7} 3.2×10^{-12}	2.19 6.94 11.50	11.81 7.06 2.50

续表

弱酸	化学式	$K_{a(1\to n)}$	pK_a	共轭碱 $pK_{b(n\to 1)}$
亚砷酸	$HAsO_2$	6.0×10^{-10}	9.22	4.78
硼酸	H_3BO_3	5.8×10^{-10}	9.24	4.76
碳酸	H_2CO_3 (CO_2+H_2O)	4.2×10^{-7} 5.6×10^{-11}	6.38 10.25	7.62 3.75
铬酸	H_2CrO_4	1.8×10^{-1} 3.2×10^{-7}	0.74 6.50	13.26 7.50
氢氰酸	HCN	4.93×10^{-10}	9.31	4.69
氢氟酸	HF	6.8×10^{-4}	3.17	10.83
氢硫酸	H_2S	8.9×10^{-8} 1.2×10^{-13}	7.05 12.92	6.95 1.08
磷酸	H_3PO_4	6.9×10^{-3} 6.2×10^{-8} 4.8×10^{-13}	2.16 7.21 12.32	11.84 6.79 1.68
硅酸	H_2SiO_3	1.7×10^{-10} 1.6×10^{-12}	9.77 11.80	4.23 2.20
硫酸	H_2SO_4	1.2×10^{-2}	1.92	12.08
亚硫酸	H_2SO_3 (SO_2+H_2O)	1.29×10^{-2} 6.3×10^{-8}	1.89 7.20	12.11 6.80
亚硝酸	HNO_2	4.6×10^{-4}	3.37	10.63
甲酸	HCOOH	1.7×10^{-4}	3.77	10.23
乙酸	CH_3COOH(HAc)	1.8×10^{-5}	4.74	9.26
丙酸	CH_3CH_2COOH	1.35×10^{-5}	4.87	9.13
氯乙酸	$CH_2ClCOOH$	1.38×10^{-3}	2.86	11.14
二氯乙酸	$CHCl_2COOH$	5.5×10^{-2}	1.26	12.74
三氯乙酸	CCl_3COOH	0.23	0.64	13.36
氨基乙酸盐	$NH_3^+CH_2COOH$ $NH_3^+CH_2COO^-$	4.5×10^{-3} 1.7×10^{-10}	2.35 9.77	11.65 4.23
苯甲酸	C_6H_5COOH	6.2×10^{-5}	4.21	9.79
苯酚	C_6H_5OH	1.12×10^{-10}	9.95	4.05
酒石酸	CH(OH)COOH | CH(OH)COOH	9.1×10^{-4} 4.3×10^{-5}	3.04 4.37	10.96 9.63
邻苯二甲酸	$C_6H_4(COOH)_2$	1.12×10^{-3} 3.91×10^{-6}	2.95 5.41	11.05 8.59
乙二酸 (草酸)	HOOC—COOH	5.6×10^{-2} 5.1×10^{-5}	1.25 4.29	12.75 9.71
柠檬酸	$HOOCC(CH_2COOH)_2OH$	7.4×10^{-4} 1.7×10^{-5} 4.0×10^{-7}	3.13 4.77 6.40	10.87 9.23 7.60

续表

弱酸	化学式	$K_{a(1\to n)}$	pK_a	共轭碱 $pK_{b(n\to 1)}$
邻羟基苯甲酸（水杨酸）	$C_6H_4(OH)COOH$	1.1×10^{-3} 4.2×10^{-13}	2.96 12.38	11.04 1.62
琥珀酸	$HOOCCH_2CH_2COOH$	6.2×10^{-5} 2.3×10^{-6}	4.21 5.64	9.79 8.36
顺丁烯二酸	HOOCCH=CHCOOH	1.2×10^{-2} 6.0×10^{-7}	1.92 6.22	12.08 7.78
乙二胺四乙酸（H_6Y^{2+}）	$CH_2NH^+(CH_2COOH)_2$ | $CH_2NH^+(CH_2COOH)_2$	1.26×10^{-1} 2.5×10^{-2} 8.51×10^{-3} 1.73×10^{-3} 5.75×10^{-7} 4.57×10^{-11}	0.9 1.6 2.07 2.75 6.24 10.34	13.1 12.4 11.93 11.25 7.76 3.66

附录5　某些弱碱在水溶液中的解离常数

（25 ℃，$I=0$）

弱碱	化学式	$K_{b(1\to n)}$	pK_{bi}	共轭酸 $pK_{a(n\to 1)}$
氨	NH_3	1.8×10^{-5}	4.74	9.26
甲胺	CH_3NH_2	4.2×10^{-4}	3.38	10.62
乙胺	$CH_3CH_2NH_2$	4.3×10^{-4}	3.37	10.63
羟胺	NH_2OH	9.1×10^{-9}	8.04	5.96
联氨（肼）	NH_2NH_2	3.0×10^{-6} 7.6×10^{-15}	5.52 14.12	8.47 −0.88
苯胺	$C_6H_5NH_2$	4.2×10^{-10}	9.38	4.62
乙二胺	$H_2NCH_2CH_2NH_2$	8.5×10^{-5} 7.1×10^{-8}	4.07 7.15	9.93 6.85
三乙醇胺	$N(CH_2CH_2OH)_3$	5.8×10^{-7}	6.24	7.76
六亚甲基四胺	$(CH_2)_6N_4$	1.35×10^{-9}	8.87	5.13
吡啶	C_5H_5N	1.8×10^{-9}	8.74	5.26

附录6　难溶电解质的溶度积

（18～25 ℃，$I=0$）

化合物	化学式	K_{sp}	pK_{sp}	化合物	化学式	K_{sp}	pK_{sp}
乙酸银	AgAc	2×10^{-3}	2.7	草酸钡	BaC_2O_4	1.6×10^{-7}	6.79
溴化银	AgBr	5.0×10^{-13}	12.30	草酸钙	CaC_2O_4	2.3×10^{-9}	8.64
溴化铅	$PbBr_2$	4.0×10^{-5}	4.41	草酸镉	CdC_2O_4	1.5×10^{-8}	7.82

续表

化合物	化学式	K_{sp}	pK_{sp}	化合物	化学式	K_{sp}	pK_{sp}
氯化银	$AgCl$	1.8×10^{-10}	9.75	草酸镁	MgC_2O_4	8.5×10^{-5}	4.07
氯化亚汞	Hg_2Cl_2	1.3×10^{-18}	17.88	草酸锰	MnC_2O_4	1.1×10^{-15}	14.96
氯化铅	$PbCl_2$	1.6×10^{-5}	4.79	草酸铅	PbC_2O_4	2.74×10^{-11}	10.6
氟化钡	BaF_2	1.0×10^{-6}	6.00	草酸锶	SrC_2O_4	5.6×10^{-8}	7.25
氟化钙	CaF_2	3.4×10^{-11}	10.47	草酸钍	$Th(C_2O_4)_2$	1×10^{-22}	22
氟化镁	MgF_2	6.5×10^{-9}	8.19	硫化砷	As_2S_3	2.1×10^{-22}	21.68
氟化铅	PbF_2	2.7×10^{-8}	7.57	硫化铋	Bi_2S_3	1.0×10^{-97}	97.0
氟化锶	SrF_2	2.5×10^{-9}	8.61	硫化镉	CdS	8.0×10^{-27}	26.1
碘化银	AgI	8.3×10^{-17}	16.08	硫化钴	$CoS(\alpha)$	4.0×10^{-21}	20.4
碘化亚铜	CuI	1.1×10^{-12}	11.96	硫化铜	CuS	6×10^{-36}	35.2
碘化亚汞	Hg_2I_2	4.5×10^{-29}	28.35	硫化亚铁	FeS	6×10^{-18}	17.2
碘化铅	PbI_2	6.5×10^{-9}	8.19	硫化亚汞	Hg_2S	1.0×10^{-47}	47.0
硫化银	Ag_2S	6.3×10^{-50}	49.2	硫化汞	HgS(红)	4×10^{-53}	52.4
氢氧化铝	$Al(OH)_3$	1.3×10^{-33}	32.9	硫化汞	HgS(黑)	1.6×10^{-52}	51.8
氢氧化银	$AgOH$	1.9×10^{-8}	7.71	硫化锰	MnS(无)	3×10^{-10}	9.6
氢氧化铋	$Bi(OH)_3$	4×10^{-31}	30.4	硫化锰	MnS(晶)	3×10^{-13}	12.5
氢氧化钙	$Ca(OH)_2$	5.5×10^{-6}	5.26	硫化镍	$NiS(\alpha)$	3.2×10^{-19}	18.5
氢氧化镉	$Cd(OH)_2$	2.5×10^{-14}	13.6	硫化铅	PbS	1.3×10^{-28}	27.9
氢氧化铈	$Ce(OH)_3$	6×10^{-21}	20.2	硫化锡	SnS	1.0×10^{-25}	25.0
氢氧化钴	$Co(OH)_2$	1.6×10^{-15}	14.8	硫化锌	$ZnS(\beta)$	2.5×10^{-22}	21.6
氢氧化铬	$Cr(OH)_3$	5.4×10^{-31}	30.3	硫化锌	$ZnS(\alpha)$	1.6×10^{-24}	23.8
氢氧化铜	$Cu(OH)_2$	2.2×10^{-20}	19.7	氢氧化亚汞	$Hg_2(OH)_2$	2.0×10^{-24}	23.7
氢氧化亚铁	$Fe(OH)_2$	8.0×10^{-16}	15.1	氢氧化镧	$La(OH)_3$	1.6×10^{-19}	18.8
氢氧化铁	$Fe(OH)_3$	3.5×10^{-38}	37.5	氢氧化镁	$Mg(OH)_2$	1.8×10^{-11}	10.7
氢氧化汞	$Hg(OH)_2$	4×10^{-26}	25.4	氢氧化锰	$Mn(OH)_2$	1.9×10^{-13}	12.7
碳酸银	Ag_2CO_3	8.1×10^{-12}	11.1	氢氧化镍	$Ni(OH)_2$	2.0×10^{-15}	14.7
碳酸钡	$BaCO_3$	4.9×10^{-9}	8.31	氢氧化铅	$Pb(OH)_2$	8.1×10^{-17}	16.1
碳酸钙	$CaCO_3$	3.8×10^{-9}	8.4	氢氧化亚锡	$Sn(OH)_2$	8×10^{-29}	28.1
碳酸亚铁	$FeCO_3$	8.2×10^{-11}	10.5	氢氧化锡	$Sn(OH)_4$	1.0×10^{-56}	56.0
碳酸镁	$MgCO_3$	1×10^{-5}	5.0	氢氧化钍	$Th(OH)_4$	1.3×10^{-45}	44.9
碳酸锰	$MnCO_3$	5×10^{-10}	9.3	氢氧化钛	$TiO(OH)_2$	1×10^{-29}	29.0
碳酸铅	$PbCO_3$	8×10^{-14}	13.1	氢氧化锌	$Zn(OH)_2$	2.1×10^{-16}	15.7

续表

化合物	化学式	K_{sp}	pK_{sp}	化合物	化学式	K_{sp}	pK_{sp}
碳酸锶	$SrCO_3$	9.3×10^{-10}	9.0	氢氧化锆	$ZrO(OH)_2$	6×10^{-49}	48.2
碳酸锌	$ZnCO_3$	1.7×10^{-11}	10.78	硫酸银	Ag_2SO_4	1.6×10^{-5}	4.8
草酸银	$Ag_2C_2O_4$	1×10^{-11}	11.0	硫酸钡	$BaSO_4$	1.1×10^{-10}	10.0
硫酸锶	$SrSO_4$	3×10^{-7}	6.5	焦磷酸铜	$Cu_2P_2O_7$	8.3×10^{-16}	15.08
硫酸钙	$CaSO_4$	2.4×10^{-5}	4.6	磷酸铜	$Cu_3(PO_4)_2$	1.3×10^{-37}	36.9
硫酸铅	$PbSO_4$	1.7×10^{-8}	7.8	磷酸铵镁	$MgNH_4PO_4$	2×10^{-13}	12.7
硫氰化银	$AgSCN$	1.0×10^{-12}	12.0	八水磷酸镁	$Mg_3(PO_4)_2\cdot8H_2O$	6.3×10^{-26}	25.2
硫氰化亚铜	$CuSCN$	4.8×10^{-15}	14.32	磷酸氢铅	$PbHPO_4$	1.3×10^{-10}	9.90
氰化银	$AgCN$	1.2×10^{-16}	15.92	磷酸铅	$Pb_3(PO_4)_2$	8.0×10^{-43}	42.10
氰化亚铜	$CuCN$	3.2×10^{-20}	19.49	磷酸锶	$Sr_3(PO_4)_2$	4.0×10^{-28}	27.39
氰化亚汞	$Hg_2(CN)_2$	5×10^{-40}	39.3	磷酸锌	$Zn_3(PO_4)_2$	9.0×10^{-33}	32.04
铬酸银	Ag_2CrO_4	1.1×10^{-12}	11.9	磷酸铁	$FePO_4$	1.3×10^{-22}	21.89
铬酸钡	$BaCrO_4$	1.2×10^{-10}	9.93	砷酸银	Ag_3AsO_4	1.0×10^{-22}	22.0
铬酸钙	$CaCrO_4$	7.1×10^{-4}	3.15	砷酸钡	$Ba_3(AsO_4)_2$	8.0×10^{-51}	50.11
铬酸铅	$PbCrO_4$	1.8×10^{-14}	13.75	砷酸铜	$Cu_3(AsO_4)_2$	7.6×10^{-36}	35.12
铬酸锶	$SrCrO_4$	2.2×10^{-5}	4.65	砷酸铅	$Pb_3(AsO_4)_2$	4.0×10^{-36}	35.39
重铬酸银	$Ag_2Cr_2O_7$	2.0×10^{-7}	6.70	亚铁氰化银	$Ag_4[Fe(CN)_6]$	1.6×10^{-41}	40.81
氯铂酸钾	$K_2[PtCl_6]$	1.1×10^{-5}	4.96	亚铁氰化镉	$Cd_2[Fe(CN)_6]$	3.2×10^{-17}	16.49
氟硅酸钡	$Ba[SiF_6]$	1×10^{-6}	6.0	亚铁氰化亚钴	$Co_2[Fe(CN)_6]$	1.8×10^{-15}	14.74
磷酸银	Ag_3PO_4	1.4×10^{-16}	15.8	亚铁氰化铜	$Cu_2[Fe(CN)_6]$	1.3×10^{-16}	15.89
磷酸钡	$Ba_3(PO_4)_2$	3.4×10^{-23}	22.5	亚铁氰化铁	$Fe_4[Fe(CN)_6]_3$	3.3×10^{-41}	40.52
磷酸铋	$BiPO_4$	1.3×10^{-23}	22.9	亚铁氰化铅	$Pb_2[Fe(CN)_6]$	3.5×10^{-15}	14.46
磷酸钙	$Ca_3(PO_4)_2$	1×10^{-26}	26.0	亚铁氰化锌	$Zn_2[Fe(CN)_6]$	4.0×10^{-16}	15.39
磷酸氢钙	$CaHPO_4$	1×10^{-7}	7.0	硫氰汞酸亚钴	$Co[Hg(SCN)_4]$	1.5×10^{-6}	5.82
磷酸镉	$Cd_3(PO_4)_2$	2.5×10^{-33}	32.6	硫氰汞酸锌	$Zn[Hg(SCN)_4]$	2.2×10^{-7}	6.66
磷酸氢亚钴	$CoHPO_4$	2×10^{-7}	6.7	硝基钴酸银	$Ag_3[Co(NO_2)_6]$	8.5×10^{-21}	20.07
磷酸亚钴	$Co_3(PO_4)_2$	2×10^{-35}	34.7	硝基钴酸钾钠	$K_2Na[Co(NO_2)_6]$	2.2×10^{-11}	10.66
焦磷酸钡	$Ba_2P_2O_7$	3.2×10^{-11}	10.5	四苯硼酸钾	$K[B(C_6H_5)_4]$	2.2×10^{-8}	7.65

附录 7　某些配合物的稳定常数

配合物	$I/(mol \cdot L^{-1})$	i	$\lg K_{fi}$	$\lg\beta_i$
氨配合物				
Ag^+	0.1	1,2	3.40, 4.00	3.40, 7.40
Cd^{2+}	0.1	1,⋯,6	2.60,2.15,–0.51,0.88,–0.32, –1.7	2.60, 4.65, 6.04, 6.92, 6.6, 4.9
Co^{2+}	0.1	1,⋯,6	2.11,1.51,0.99,0.70, 0.12, –0.68	2.05,3.62,4.61,5.31,5.43, 4.75
Co^{3+}		1,⋯,6	6.7, 7.3, 6.1, 5.6, 5.1, 4.4	6.7,14.0,20.1,25.7,30.8,35.2
Cu^+		1,2	5.93, 4.93	5.93, 10.86
Cu^{2+}	2	1,⋯,4	4.13, 3.48, 2.87, 2.11	4.13, 7.61, 10.48, 12,59
Ni^{2+}	0.1	1,⋯,6	2.75, 2.20,1.69, 1.15,0.71,–0.01	2.75,4.95,6.64,7.79,8.50,8.49
Zn^{2+}	0.1	1,⋯,4	2.27,2.34,2.40,2.05	2.27, 4.61, 7.01,9.06
溴配合物				
Cd^{2+}		1,⋯,4	1.75, 0.59, 0.98, 0.38	1.75, 2.34, 3.32, 3.70
Cu^+		2		5.89
Hg^{2+}		1,⋯,4	9.05, 8.27, 2.42, 1.25	9.05, 17.32, 19.74, 21.00
Ag^+		1,2	4.38, 2.95	4.38, 7.33
氯配合物				
Hg^{2+}	0.5	1,⋯,4	6.7, 6.5, 0.9, 1.0	6.7, 13.2, 14.1, 15.1
Sn^{2+}		1,⋯,4	1.51, 0.73, –0.21, –0.55	1.51, 2.24, 2.03, 1.48
Sb^{3+}		1,⋯,6	2.26,1.23,0.69,0.54,0.00,–0.61	2.26,3.49,4.18,4.72,4.72,4.11
Ag^+	0.2	1,⋯,4	2.9, 1.8, 0.3, 0.9	2.9, 4.7, 5.0, 5.9
氟配合物				
Al^{3+}	0.53	1,⋯,6	6.1, 5.05,3.85, 2.7, 1.7, 0.3	6.1,11.15,15.0,17.7,19.4,19.7
Fe^{3+}	0.5	1,⋯,3	5.2, 4.0, 2.7	5.2, 9.2, 11.9
Th^{4+}	0.5	1,⋯,3	7.7, 5.8, 4.5	7.7, 13.5, 18.0
TiO^{2+}	3	1,⋯,4	5.4, 3.4, 3.9, 3.7	5.4, 9.8, 13.7, 17.4
Sn^{4+}		6		25
Zr^{4+}	2	1,⋯,3	8.8, 7.3, 5.8	8.8, 16.1, 21.9
碘配合物				
Cd^{2+}		1,⋯,4	2.4, 1.0, 1.6, 1.15	2.4, 3.4, 5.0, 6.15
Pb^{2+}		1,⋯,4	2.00, 1.15, 0.77, 0.55	2.00, 3.15, 3.92, 4.47

续表

配合物	$I/(mol \cdot L^{-1})$	i	$\lg K_{稳}$	$\lg\beta_i$
		碘配合物		
Hg^{2+}	0.5	1,…,4	12.9, 10.9, 3.8, 2.2	12.9, 23.8, 27.6, 29.8
Ag^{+}		1,…,3	6.58, 5.16,1.94	6.58, 11.74, 13.68
		氰配合物		
Ag^{+}	0～0.3	1,…,4	—, —, 0.7, −1.1	—, 21.1, 21.8, 20.7
Cd^{2+}	3	1,…,4	5.5, 5.1, 4.7, 3.6	5.5,10.6, 15.3, 18.9
Cu^{+}	0	1,…,4	—,—, 4.6, 1.7	—, 24.0, 28.6, 30.3
Fe^{2+}	0	6		35.4
Fe^{3+}	0	6		43.6
Hg^{2+}	0.1	1,…,4	18.0, 16.7, 3.8, 3.0	18.0, 34.7, 38.5, 41.5
Ni^{2+}	0.1	4		31.3
Zn^{2+}	0.1	4		16.7
		硫氰配合物		
Ag^{+}		2		8.6
Cu^{+}		2		11.0
Fe^{3+}		1,…,6	2.3, 1.9, 1.4, 0.8, 0.0,−0.3	2.3, 4.2, 5.6, 6.4, 6.4, 6.10
Hg^{2+}	1	1,…,4	—,—, 2.90,1.90	—, 16.1, 19.0, 20.9
		硫代硫酸配合物		
Ag^{+}	0	1,2	8.82, 4.58	8.82, 13.45
Cu^{+}		1,…,3	10.35, 1.92, 1.44	10.35, 12.27, 13.71
Hg^{2+}	0	1,2	29.86, 2.4	29.86, 32.26
		柠檬酸配合物		
Al^{3+}	0.5	1	20.0	20.0
Cu^{2+}	0.5	1	18	18
Fe^{3+}	0.5	1	25	25
Fe^{2+}		1	15.5	15.5
Ni^{2+}	0.5	1	14.3	14.3
Pb^{2+}	0.5	1	12.3	12.3
Zn^{2+}	0.5	1	11.4	11.4
		乙二胺配合物		
Ag^{+}	0.1	1,2	4.7, 3.0	4.7, 7.7
Cd^{2+}	0.1	1,2	5.47, 4.55	5.47, 10.02
Cu^{2+}	0.1	1,2	10.55, 9.05	10.55, 19.60
Cu^{+}		2	10.80	10.80

续表

配合物	$I/(mol\cdot L^{-1})$	i	$\lg K_{fi}$	$\lg\beta_i$
乙二胺配合物				
Co^{2+}	0.1	1,…,3	5.89, 4.83, 3.10	5.89, 10.72, 13.82
Co^{3+}		1,…,3	18.7, 16.2, 13.79	18.7, 34.9, 48.69
Fe^{2+}		1,…,3	4.34, 3.31, 2.05	4.34, 7.65, 9.70
Hg^{2+}	0.1	1, 2	14.3, 9.12	14.3, 23.42
Mn^{2+}		1,…,3	2.73, 2.06, 0.88	2.73, 4.79, 5.67
Ni^{2+}	0.1	1,…,3	7.66, 6.40, 4.53	7.66, 14.06, 18.59
Zn^{2+}	0.1	1,…,3	5.71, 4.66, 1.71	5.71, 10.37, 12.08
草酸配合物				
Al^{3+}		1,…,3	7.26, 5.74, 3.3	7.26, 13.0, 16.3
Co^{2+}		1,…,3	4.79, 1.91, 3.0	4.79, 6.7, 9.7
Fe^{2+}		1,…,3	2.9, 1.62, 0.7	2.9, 4.52, 5.22
Fe^{3+}		1,…,3	9.4, 6.8, 4.0	9.4, 16.2, 20.2
Mn^{3+}		1,…,3	9.98, 6.59, 2.85	9.98, 16.57, 19.42
Ni^{2+}		1,…,3	5.3, 2.34, 0.86	5.3, 7.64, 8.5
TiO^{2+}		1,2	6.60, 3.30	6.60, 9.90
Zn^{2+}		1,…,3	4.89, 2.71, 0.9	4.89, 7.60, 8.5
酒石酸配合物				
Bi^{3+}		3		8.30
Ca^{2+}		2		9.01
Cu^{2+}		1,…,4	3.2, 1.9, −0.3, 1.7	3.2, 5.1, 4.8, 6.5
Fe^{3+}		3		7.5
Pb^{2+}		3		4.7
Zn^{2+}		2		8.3
乙酰丙酮配合物				
Al^{3+}	0.1	1,…,3	8.1, 7.6, 5.5	8.1, 15.7, 21.2
Cu^{2+}	0.1	1, 2	7.8, 6.5	7.8, 14.3
Fe^{2+}		1, 2	5.07, 3.6	5.07, 8.67
Fe^{3+}	0,1	1,…,3	9.3, 8.6, 7.2	9.3, 17.9, 25.1
Ni^{2+}		1,…,3	6.064.71, 2.32	6.06, 10.77, 13.09
Zn^{2+}		1, 2	4.98, 3.83	4.98, 8.81
硫脲配合物				
Ag^{+}		1, 2	7.4, 5.7	7.4, 13.1
Bi^{3+}		6		11.9

续表

配合物	$I/(mol \cdot L^{-1})$	i	$\lg K_{稳}$	$\lg\beta_i$
硫脲配合物				
Cu^+		4		15.4
Hg^{2+}		1,…,4	—, —, 2.6, 1.1	—, 22.1, 24.7, 25.8
邻二氮菲配合物				
Ag^+	0.1	1, 2	5.02, 7.05	5.02, 12.07
Cd^{2+}	0.1	1,…,3	6.4, 5.2, 4.2	6.4, 11.6, 15.8
Co^{2+}	0.1	1,…,3	7.0, 6.7, 6.4	7.0, 13.7, 20.1
Cu^{2+}	0.1	1,…,3	9.1, 6.7, 5.2	9.1, 15.8, 21.0
Fe^{2+}	0.1	1,…,3	5.9, 5.2, 10.2	5.9, 11.1, 21.3
Hg^{2+}	0.1	1,…,3	—,—, 3.75	—, 19.6, 23.35
Ni^{2+}	0.1	1,…,3	8.8, 8.3, 7.7	8.8, 17.1, 24.8
Zn^{2+}	0.1	1,…,3	6.4, 5.75, 4.85	6.4, 12.15, 17.0
磺基水杨酸配合物				
Al^{3+}	0.1	1,…,3	12.9, 10.0, 6.1	12.9, 22.9, 29.0
Cd^{2+}		1, 2	16.68, 12.40	16.68, 29.08
Co^{2+}		1, 2	6.13, 3.7	6.13, 9.83
Cr^{3+}		1	9.56	9.56
Cu^{2+}		1, 2	9.52, 6.93	9.52, 16.45
Fe^{2+}		1, 2	5.90, 4.00	5.90, 9.90
Fe^{3+}	3	1,…,3	9.3, 8.6, 7.2	9.3, 17.9, 25.1
Mn^{3+}		1, 2	5.24, 3.00	5.24, 8.24
Ni^{2+}		1, 2	6.42, 3.82	6.42, 10.24
Zn^{2+}		1, 2	6.05, 4.10	6.05, 10.65
铬黑T配合物				
Ca^{2+}		1	5.4	5.4
Mg^{2+}		1	7.0	7.0
Zn^{2+}		1, 2	13.5, 7.1	13.5, 20.6
二甲酚橙配合物				
Bi^{3+}		1	5.52	5.52
Fe^{3+}		1	5.7	5.7
Hf(Ⅳ)		1	6.5	6.5
Ti^{3+}		1	4.9	4.9
Zn^{2+}		1	6.15	6.15
ZrO^{2+}		1	7.6	7.6

说明：K_{fi}、β_i 分别为配合物的逐级稳定常数和累积稳定常数（$\beta_i = K_1K_2\cdots K_{fi}$，$i=1,2,\cdots,n$），其中最大的 β_n 即为总稳定常数 K_f。

附录 8　标准电极电势(298 K)

1. 在酸性溶液中

电极反应（氧化态+ ne^- $\rightleftharpoons$ 还原态）	$\varphi^{\ominus}$/V	电极反应（氧化态+ ne^- $\rightleftharpoons$ 还原态）	$\varphi^{\ominus}$/V
$Li^+ + e^- \rightleftharpoons Li$	−3.04	$Ag(CN)_2^- + e^- \rightleftharpoons Ag + 2CN^-$	−0.310
$Rb^+ + e^- \rightleftharpoons Rb$	−2.925	$Co^{2+} + 2e^- \rightleftharpoons Co$	−0.28
$K^+ + e^- \rightleftharpoons K$	−2.924	$PbBr_2 + 2e^- \rightleftharpoons Pb + 2Br^-$	−0.275
$Cs^+ + e^- \rightleftharpoons Cs$	−2.923	$PbCl_2 + 2e^- \rightleftharpoons Pb + 2Cl^-$	−0.262
$Ba^{2+} + 2e^- \rightleftharpoons Ba$	−2.90	$Ni^{2+} + 2e^- \rightleftharpoons Ni$	−0.23
$Sr^{2+} + 2e^- \rightleftharpoons Sr$	−2.89	$2SO_4^{2-} + 4H^+ + 4e^- \rightleftharpoons S_2O_6^{2-} + 2H_2O$	−0.2
$Ca^{2+} + 2e^- \rightleftharpoons Ca$	−2.76	$AgI + e^- \rightleftharpoons Ag + I^-$	−0.1519
$Na^+ + e^- \rightleftharpoons Na$	−2.719	$Sn^{2+} + 2e^- \rightleftharpoons Sn$	−0.1364
$La^{3+} + 3e^- \rightleftharpoons La$	−2.37	$Pb^{2+} + 2e^- \rightleftharpoons Pb$	−0.1263
$Mg^{2+} + 2e^- \rightleftharpoons Mg$	−2.375	$P + 3H^+ + 3e^- \rightleftharpoons PH_3(g)$	−0.04
$Ce^{3+} + 3e^- \rightleftharpoons Ce$	−2.335	$Ag_2S + 2H^+ + 2e^- \rightleftharpoons 2Ag + H_2S$	−0.0366
$1/2H_2 + e^- \rightleftharpoons H^-$	−2.23	$Fe^{3+} + 3e^- \rightleftharpoons Fe$	−0.036
$Sc^{3+} + 3e^- \rightleftharpoons Sc$	−2.08	$2H^+ + 2e^- \rightleftharpoons H_2$	0.0000
$Al^{3+} + 3e^- \rightleftharpoons Al$	−1.706	$AgBr + e^- \rightleftharpoons Ag + Br^-$	0.0713
$Be^{2+} + 2e^- \rightleftharpoons Be$	−1.70	$S_4O_6^{2-} + 2e^- \rightleftharpoons 2S_2O_3^{2-}$	0.09
$Ti^{2+} + 2e^- \rightleftharpoons Ti$	−1.63	$S + 2H^+ + 2e^- \rightleftharpoons H_2S(aq)$	0.141
$V^{2+} + 2e^- \rightleftharpoons V$	−1.2	$Sb_2O_3 + 6H^+ + 6e^- \rightleftharpoons 2Sb + 3H_2O$	0.1445
$Mn^{2+} + 2e^- \rightleftharpoons Mn$	−1.029	$Sn^{4+} + 2e^- \rightleftharpoons Sn^{2+}$	0.15
$Te + 2e^- \rightleftharpoons Te^{2-}$	−0.92	$Cu^{2+} + e^- \rightleftharpoons Cu^+$	0.158
$TiO_2 + 4H^+ + 4e^- \rightleftharpoons Ti + 2H_2O$	−0.86	$BiOCl + 2H^+ + 3e^- \rightleftharpoons Bi + Cl^- + H_2O$	0.1583
$SiO_2(s) + 4H^+ + 4e^- \rightleftharpoons Si + 2H_2O$	−0.84	$SO_4^{2-} + 4H^+ + 2e^- \rightleftharpoons H_2SO_3 + H_2O$	0.20
$Se + 2e^- \rightleftharpoons Se^{2-}$	−0.78	$SbO^+ + 2H^+ + 3e^- \rightleftharpoons Sb + H_2O$	0.212
$Zn^{2+} + 2e^- \rightleftharpoons Zn$	−0.7628	$AgCl + e^- \rightleftharpoons Ag + Cl^-$	0.2223
$Cr^{2+} + 2e^- \rightleftharpoons Cr$	−0.74	$HAsO_2 + 3H^+ + 3e^- \rightleftharpoons As + 2H_2O$	0.2475
$H_3BO_3 + 3H^+ + 3e^- \rightleftharpoons B + 3H_2O$	−0.73	$Hg_2Cl_2(s) + 2e^- \rightleftharpoons 2Hg + 2Cl^-$	0.2682
$Ag_2S + 2e^- \rightleftharpoons 2Ag + S^{2-}$	−0.69	$HCNO + H^+ + e^- \rightleftharpoons 1/2(CN)_2 + H_2O$	0.33
$As + 3H^+ + 3e^- \rightleftharpoons AsH_3$	−0.54	$Cu^{2+} + 2e^- \rightleftharpoons Cu$	0.3402
$Sb + 3H^+ + 3e^- \rightleftharpoons SbH_3$	−0.51	$1/2(CN)_2 + H^+ + e^- \rightleftharpoons HCN$	0.37

续表

电极反应 (氧化态+ ne^- $\rightleftharpoons$ 还原态)	$\varphi^\ominus$/V	电极反应 (氧化态+ ne^- $\rightleftharpoons$ 还原态)	$\varphi^\ominus$/V
$S + 2e^- \rightleftharpoons S^{2-}$	−0.508	$Ag(NH_3)_2^+ + e^- \rightleftharpoons Ag + 2NH_3$	0.373
$H_3PO_3 + 2H^+ + 2e^- \rightleftharpoons H_3PO_2 + H_2O$	−0.50	$2SO_2(aq) + 2H^+ + 4e^- \rightleftharpoons S_2O_3^{2-} + H_2O$	0.400
$2CO_2 + 2H^+ + 2e^- \rightleftharpoons H_2C_2O_4$	−0.49	$Ag_2CrO_4 + 2e^- \rightleftharpoons 2Ag + CrO_4^{2-}$	0.4463
$H_3PO_3 + 3H^+ + 3e^- \rightleftharpoons P + 3H_2O$	−0.49	$H_2SO_3 + 4H^+ + 4e^- \rightleftharpoons S + 3H_2O$	0.45
$Cr^{3+} + e^- \rightleftharpoons Cr^{2+}$	−0.41	$Fe(CN)_6^{3-} + e^- \rightleftharpoons Fe(CN)_6^{4-}$	0.46
$Fe^{2+} + 2e^- \rightleftharpoons Fe$	−0.408	$4SO_2(aq) + 4H^+ + 6e^- \rightleftharpoons S_4O_6^{2-} + 2H_2O$	0.51
$Cd^{2+} + 2e^- \rightleftharpoons Cd$	−0.4026	$Cu^+ + e^- \rightleftharpoons Cu$	0.522
$Se + 2H^+ + 2e^- \rightleftharpoons H_2Se(aq)$	−0.36	$I_2(s) + 2e^- \rightleftharpoons 2I^-$	0.535
$PbSO_4 + 2e^- \rightleftharpoons Pb + SO_4^{2-}$	−0.356	$H_3AsO_4 + 2H^+ + 2e^- \rightleftharpoons HAsO_2 + 2H_2O$	0.58
$Cd^{2+} + 2e^- \rightleftharpoons Cd(Hg)$	−0.3521	$S_2O_6^{2-} + 4H^+ + 2e^- \rightleftharpoons 2H_2SO_3$	0.6
$2HgCl_2 + 2e^- \rightleftharpoons Hg_2Cl_2 + 2Cl^-$	0.63	$O_2 + 4H^+ + 4e^- \rightleftharpoons 2H_2O$	1.229
$AgAcO + e^- \rightleftharpoons Ag + AcO^-$	0.64	$Cr_2O_7^{2-} + 14H^+ + 6e^- \rightleftharpoons 2Cr^{3+} + 7H_2O$	1.33
$Ag_2SO_4 + 2e^- \rightleftharpoons 2Ag + SO_4^{2-}$	0.653	$ClO_4^- + 8H^+ + 7e^- \rightleftharpoons 1/2Cl_2 + 4H_2O$	1.34
$O_2 + 2H^+ + 2e^- \rightleftharpoons H_2O_2$	0.682	$Cl_2(g) + 2e^- \rightleftharpoons 2Cl^-$	1.3583
$Fe(CN)_6^{3-} + e^- \rightleftharpoons Fe(CN)_6^{4-}$	0.69	$BrO_3^- + 6H^+ + 6e^- \rightleftharpoons Br^- + 3H_2O$	1.44
$(SCN)_2 + 2e^- \rightleftharpoons 2SCN^-$	0.77	$Ce^{4+} + e^- \rightleftharpoons Ce^{3+}$	1.4587
$Fe^{3+} + e^- \rightleftharpoons Fe^{2+}$	0.770	$ClO_3^- + 6H^+ + 6e^- \rightleftharpoons Cl^- + 3H_2O$	1.45
$Ag^+ + e^- \rightleftharpoons Ag$	0.7996	$HIO + H^+ + e^- \rightleftharpoons 1/2I_2 + H_2O$	1.45
$NO_3^- + 2H^+ + e^- \rightleftharpoons NO_2 + H_2O$	0.80	$PbO_2 + 4H^+ + 2e^- \rightleftharpoons Pb^{2+} + 2H_2O$	1.46
$Hg^{2+} + 2e^- \rightleftharpoons Hg$	0.851	$ClO_3^- + 6H^+ + 5e^- \rightleftharpoons 1/2Cl_2 + 3H_2O$	1.47
$2Hg^{2+} + 2e^- \rightleftharpoons Hg_2^{2+}$	0.905	$HClO + H^+ + 2e^- \rightleftharpoons Cl^- + H_2O$	1.49
$NO_3^- + 3H^+ + 2e^- \rightleftharpoons HNO_2 + H_2O$	0.94	$MnO_4^- + 8H^+ + 5e^- \rightleftharpoons Mn^{2+} + 4H_2O$	1.491
$NO_3^- + 4H^+ + 3e^- \rightleftharpoons NO + 2H_2O$	0.96	$BrO_3^- + 6H^+ + 5e^- \rightleftharpoons 1/2Br_2 + 3H_2O$	1.52
$HIO + H^+ + 2e^- \rightleftharpoons I^- + H_2O$	0.99	$HClO_2 + 3H^+ + 4e^- \rightleftharpoons Cl^- + 2H_2O$	1.56
$HNO_2 + H^+ + e^- \rightleftharpoons NO + H_2O$	0.99	$HBrO + H^+ + e^- \rightleftharpoons 1/2Br_2 + H_2O$	1.59
$NO_2 + 2H^+ + 2e^- \rightleftharpoons NO + H_2O$	1.030	$HClO_2 + 3H^+ + 3e^- \rightleftharpoons 1/2Cl_2 + 2H_2O$	1.63
$Br_2(l) + 2e^- \rightleftharpoons 2Br^-$	1.065	$HClO_2 + 2H^+ + 2e^- \rightleftharpoons HClO + H_2O$	1.64
$NO_2 + H^+ + e^- \rightleftharpoons HNO_2$	1.070	$MnO_4^- + 4H^+ + 3e^- \rightleftharpoons MnO_2 + 2H_2O$	1.695
$Br_2(aq) + 2e^- \rightleftharpoons 2Br^-$	1.087	$PbO_2 + SO_4^{2-} + 4H^+ + 2e^- \rightleftharpoons PbSO_4 + 2H_2O$	1.685
$IO_3^- + 5H^+ + 4e^- \rightleftharpoons HIO + 2H_2O$	1.140	$H_2O_2 + 2H^+ + 2e^- \rightleftharpoons 2H_2O$	1.776
$SeO_4 + 4H^+ + 4e^- \rightleftharpoons H_2SeO_3 + H_2O$	1.15	$Co^{3+} + e^- \rightleftharpoons Co^{2+}$	1.842

续表

电极反应 (氧化态+ ne^- ⇌ 还原态)	$\varphi^\ominus$/V	电极反应 (氧化态+ ne^- ⇌ 还原态)	$\varphi^\ominus$/V
$ClO_3^- + 2H^+ + e^- \rightleftharpoons ClO_2 + H_2O$	1.15	$S_2O_8^{2-} + 2e^- \rightleftharpoons 2SO_4^{2-}$	2.0
$ClO_4^- + 2H^+ + 2e^- \rightleftharpoons ClO_3^- + H_2O$	1.19	$O_3 + 2H^+ + 2e^- \rightleftharpoons O_2 + H_2O$	2.07
$IO_3^- + 6H^+ + 5e^- \rightleftharpoons 1/2I_2 + 3H_2O$	1.19	$F_2 + 2e^- \rightleftharpoons 2F^-$	2.87
$MnO_2 + 4H^+ + 2e^- \rightleftharpoons Mn^{2+} + 2H_2O$	1.208	$1/2F_2 + H^+ + e^- \rightleftharpoons HF$	3.03
$ClO_3^- + 3H^+ + 2e^- \rightleftharpoons HClO_2 + H_2O$	1.21		

2. 在碱性溶液中

电极反应 (氧化态+ ne^- ⇌ 还原态)	$\varphi^\ominus$/V	电极反应 (氧化态+ ne^- ⇌ 还原态)	$\varphi^\ominus$/V
$Ca(OH)_2 + 2e^- \rightleftharpoons Ca + 2OH^-$	−3.02	$2SO_3^{2-} + 3H_2O + 4e^- \rightleftharpoons S_2O_3^{2-} + 6OH^-$	−0.58
$Sr(OH)_2 + 2e^- \rightleftharpoons Sr + 2OH^-$	−2.99	$Fe(OH)_3 + e^- \rightleftharpoons Fe(OH)_2 + OH^-$	−0.56
$Ba(OH)_2 + 2e^- \rightleftharpoons Ba + 2OH^-$	−2.97	$S + 2e^- \rightleftharpoons S^{2-}$	−0.58
$La(OH)_3 + 3e^- \rightleftharpoons La + 3OH^-$	−2.76	$NO_2^- + H_2O + e^- \rightleftharpoons NO + 2OH^-$	−0.46
$Mg(OH)_2 + 2e^- \rightleftharpoons Mg + 2OH^-$	−2.67	$Cu_2O + H_2O + 2e^- \rightleftharpoons 2Cu + 2OH^-$	−0.361
$H_2AlO_3^- + H_2O + 3e^- \rightleftharpoons Al + 4OH^-$	−2.35	$Cu(OH)_2 + 2e^- \rightleftharpoons Cu + 2OH^-$	−0.224
$SiO_3^{2-} + 3H_2O + 4e^- \rightleftharpoons Si + 6OH^-$	−1.73	$CrO_4^{2-} + 4H_2O + 3e^- \rightleftharpoons Cr(OH)_3 + 5OH^-$	−0.12
$HPO_3^{2-} + 2H_2O + 2e^- \rightleftharpoons H_2PO_2^- + 3OH^-$	−1.65	$2Cu(OH)_2 + 2e^- \rightleftharpoons Cu_2O + 2OH^- + H_2O$	−0.09
$Mn(OH)_2 + 2e^- \rightleftharpoons Mn + 2OH^-$	−1.47	$NO_3^- + H_2O + 2e^- \rightleftharpoons NO_2^- + 2OH^-$	−0.01
$Cr(OH)_3 + 3e^- \rightleftharpoons Cr + 3OH^-$	−1.3	$HgO + H_2O + 2e^- \rightleftharpoons Hg + 2OH^-$	0.0984
$Zn(CN)_4^{2-} + 2e^- \rightleftharpoons Zn + 4CN^-$	−1.26	$Co(NH_3)_6^{3+} + e^- \rightleftharpoons Co(NH_3)_6^{2+}$	0.1
$ZnO_2^{2-} + H_2O + 2e^- \rightleftharpoons Zn + 4OH^-$	−1.216	$ClO_4^- + H_2O + 2e^- \rightleftharpoons ClO_3^- + 2OH^-$	0.17
$As + 3H_2O + 3e^- \rightleftharpoons AsH_3 + 3OH^-$	−1.210	$Co(OH)_3 + e^- \rightleftharpoons Co(OH)_2 + OH^-$	0.2
$CrO_2^- + 2H_2O + 3e^- \rightleftharpoons Cr + 4OH^-$	−1.2	$IO_3^- + 3H_2O + 6e^- \rightleftharpoons I^- + 6OH^-$	0.26
$2SO_3^{2-} + 2H_2O + 2e^- \rightleftharpoons S_2O_4^{2-} + 4OH^-$	−1.12	$PbO_2 + H_2O + 2e^- \rightleftharpoons PbO + 2OH^-$	0.28
$PO_4^{3-} + 2H_2O + 2e^- \rightleftharpoons HPO_3^{2-} + 3OH^-$	−1.05	$ClO_3^- + H_2O + 2e^- \rightleftharpoons ClO_2^- + 2OH^-$	0.35
$Sn(OH)_6^{2-} + 2e^- \rightleftharpoons HSnO_2^- + 3OH^- + H_2O$	−0.96	$O_2 + 2H_2O + 4e^- \rightleftharpoons 4OH^-$	0.401
$SO_4^{2-} + H_2O + 2e^- \rightleftharpoons SO_3^{2-} + 2OH^-$	−0.92	$IO^- + H_2O + 2e^- \rightleftharpoons I^- + 2OH^-$	0.49
$P + 3H_2O + 3e^- \rightleftharpoons PH_3(g) + 3OH^-$	−0.87	$IO_3^- + 2H_2O + 4e^- \rightleftharpoons IO^- + 4OH^-$	0.56
$2H_2O + 2e^- \rightleftharpoons H_2 + 2OH^-$	−0.8277	$MnO_4^- + e^- \rightleftharpoons MnO_4^{2-}$	0.564
$HSnO_2^- + H_2O + 2e^- \rightleftharpoons Sn + 3OH^-$	−0.79	$MnO_4^- + 2H_2O + 3e^- \rightleftharpoons MnO_2 + 4OH^-$	0.58
$Se + 2e^- \rightleftharpoons Se^{2-}$	−0.78	$ClO_2^- + H_2O + 2e^- \rightleftharpoons ClO^- + 2OH^-$	0.59

续表

电极反应（氧化态+ ne^- $\rightleftharpoons$ 还原态）	$\varphi^\ominus$/V	电极反应（氧化态+ ne^- $\rightleftharpoons$ 还原态）	$\varphi^\ominus$/V
$Cd(OH)_2 + 2e^- \rightleftharpoons Cd(Hg) + 2OH^-$	−0.761	$BrO_3^- + 3H_2O + 6e^- \rightleftharpoons Br^- + 6OH^-$	0.61
$Co(OH)_2 + 2e^- \rightleftharpoons Co + 2OH^-$	−0.73	$ClO_3^- + 3H_2O + 6e^- \rightleftharpoons Cl^- + 6OH^-$	0.62
$AsO_4^{3-} + 2H_2O + 2e^- \rightleftharpoons AsO_2^- + 4OH^-$	−0.71	$BrO^- + H_2O + 2e^- \rightleftharpoons Br^- + 2OH^-$	0.70
$AsO_2^- + 2H_2O + 3e^- \rightleftharpoons As + 4OH^-$	−0.68	$ClO^- + H_2O + 2e^- \rightleftharpoons Cl^- + 2OH^-$	0.90
$SO_3^{2-} + 3H_2O + 4e^- \rightleftharpoons S + 6OH^-$	−0.66	$O_3 + H_2O + 2e^- \rightleftharpoons O_2 + 2OH^-$	1.24

附录 9　部分氧化还原电对的条件电位值

电极反应	$\varphi^{\ominus\prime}$/V	介质
$Ag^+ + e^- \rightleftharpoons Ag$	0.792	$1\ mol \cdot L^{-1}\ HClO_4$
	0.228	$1\ mol \cdot L^{-1}\ HCl$
	0.59	$1\ mol \cdot L^{-1}\ NaOH$
$H_3AsO_4 + 2H^+ + 2e^- \rightleftharpoons H_3AsO_3 + H_2O$	0.577	$1\ mol \cdot L^{-1}\ HCl, HClO_4$
	0.07	$1\ mol \cdot L^{-1}\ NaOH$
	−0.16	$5\ mol \cdot L^{-1}\ NaOH$
$Au^{3+} + 2e^- \rightleftharpoons Au^+$	1.27	$0.5\ mol \cdot L^{-1}\ H_2SO_4$（氧化金饱和）
	0.93	$1\ mol \cdot L^{-1}\ HCl$
$Au^{3+} + 3e^- \rightleftharpoons Au$	0.30	$7 \sim 8\ mol \cdot L^{-1}\ NaOH$
$Bi^{3+} + 3e^- \rightleftharpoons Bi$	−0.05	$5\ mol \cdot L^{-1}\ HCl$
	0.0	$1\ mol \cdot L^{-1}\ HCl$
$Cd^{2+} + 2e^- \rightleftharpoons Cd$	−0.8	$8\ mol \cdot L^{-1}\ KOH$
$Ce^{4+} + e^- \rightleftharpoons Ce^{3+}$	1.70	$1\ mol \cdot L^{-1}\ HClO_4$
	1.71	$2\ mol \cdot L^{-1}\ HClO_4$
	1.61	$1\ mol \cdot L^{-1}\ HNO_3$
	1.44	$0.5\ mol \cdot L^{-1}\ H_2SO_4$
	1.44	$1\ mol \cdot L^{-1}\ H_2SO_4$
	1.28	$1\ mol \cdot L^{-1}\ HCl$
$Co^{3+} + e^- \rightleftharpoons Co^{2+}$	1.84	$3\ mol \cdot L^{-1}\ HNO_3$
$Co(乙二胺)_3^{3+} + e^- \rightleftharpoons Co(乙二胺)_3^{2+}$	−0.2	$0.1\ mol \cdot L^{-1} KNO_3 + 0.1\ mol \cdot L^{-1}$ 乙二胺
$Cr^{3+} + e^- \rightleftharpoons Cr^{2+}$	−0.40	$5\ mol \cdot L^{-1}\ HCl$
$Cr_2O_7^{2-} + 14H^+ + 6e^- \rightleftharpoons 2Cr^{3+} + 7H_2O$	0.93	$0.1\ mol \cdot L^{-1}\ HCl$
	1.00	$1\ mol \cdot L^{-1}\ HCl$

续表

电极反应	$\varphi^{\ominus\prime}$/V	介质
$Cr_2O_7^{2-} + 14H^+ + 6e^- \rightleftharpoons 2Cr^{3+} + 7H_2O$	1.05	$2\ mol \cdot L^{-1}\ HCl$
	1.08	$3\ mol \cdot L^{-1}\ HCl$
	1.15	$4\ mol \cdot L^{-1}\ HCl$
	1.08	$1\ mol \cdot L^{-1}\ H_2SO_4$
	1.10	$2\ mol \cdot L^{-1}\ H_2SO_4$
	1.025	$1\ mol \cdot L^{-1}\ HClO_4$
	1.27	$1\ mol \cdot L^{-1}\ HNO_3$
$CrO_4^{2-} + 2H_2O + 3e^- \rightleftharpoons CrO_2^- + 4OH^-$	−0.12	$1\ mol \cdot L^{-1}\ NaOH$
$Cu^{2+} + e^- \rightleftharpoons Cu^+$	−0.09	pH = 14
$Fe^{3+} + e^- \rightleftharpoons Fe^{2+}$	0.73	$0.1\ mol \cdot L^{-1}\ HCl$
	0.68	$1\ mol \cdot L^{-1}\ HCl$
	0.68	$0.5\ mol \cdot L^{-1}\ H_2SO_4$
	0.68	$4\ mol \cdot L^{-1}\ H_2SO_4$
	0.735	$0.1\ mol \cdot L^{-1}\ HClO_4$
	0.732	$1\ mol \cdot L^{-1}\ HClO_4$
	0.46	$2\ mol \cdot L^{-1}\ H_3PO_4$
	0.70	$1\ mol \cdot L^{-1}\ HNO_3$
	−0.7	pH = 14
	0.51	$1\ mol \cdot L^{-1}\ HCl + 0.25\ mol \cdot L^{-1}\ H_3PO_4$
$Fe(EDTA)^- + e^- \rightleftharpoons Fe(EDTA)^{2-}$	0.12	$0.1\ mol \cdot L^{-1}$ EDTA, pH = 4～6
$Fe(CN)_6^{3-} + e^- \rightleftharpoons Fe(CN)_6^{4-}$	0.56	$0.1\ mol \cdot L^{-1}\ HCl$
	0.41	pH = 4~13
	0.70	$1\ mol \cdot L^{-1}\ HCl$
	0.72	$0.5\ mol \cdot L^{-1}\ H_2SO_4$
	0.52	$5\ mol \cdot L^{-1}\ NaOH$
$I_2 \cdot I^- + 2e^- \rightleftharpoons 3I^-$	0.5446	$0.5\ mol \cdot L^{-1}\ H_2SO_4$
$Hg_2^{2+} + 2e^- \rightleftharpoons 2Hg$	0.33	$0.1\ mol \cdot L^{-1}\ KCl$
	0.28	$1\ mol \cdot L^{-1}\ KCl$
	0.25	饱和 KCl
	0.274	$1\ mol \cdot L^{-1}\ HCl$
$2Hg^{2+} + 2e^- \rightleftharpoons Hg_2^{2+}$	0.28	$1\ mol \cdot L^{-1}\ HCl$
$In^{3+} + 3e^- \rightleftharpoons In$	−0.3	$1\ mol \cdot L^{-1}\ HCl$
$MnO_4^- + 8H^+ + 5e^- \rightleftharpoons Mn^{2+} + 4H_2O$	1.45	$1\ mol \cdot L^{-1}\ HClO_4$

续表

电极反应	$\varphi^{\ominus\prime}$/V	介质
$SnCl_6^{2-} + 2e^- \rightleftharpoons SnCl_4^{2-} + 2Cl^-$	0.14	1 mol · L^{-1} HCl
$Sn^{2+} + 2e^- \rightleftharpoons Sn$	−0.20	1 mol · L^{-1} HCl, H_2SO_4
	−0.16	1 mol · L^{-1} $HClO_4$
$Sb(V) + 2e^- \rightleftharpoons Sb(III)$	0.75	3.5 mol · L^{-1} HCl
$Mo^{4+} + e^- \rightleftharpoons Mo^{3+}$	0.1	2 mol · L^{-1} H_2SO_4
$Mo^{6+} + e^- \rightleftharpoons Mo^{5+}$	0.53	2 mol · L^{-1} HCl
$Tl^+ + e^- \rightleftharpoons Tl$	−0.551	1 mol · L^{-1} HCl
$VO_2^+ + 2H^+ + e^- \rightleftharpoons VO^{2+} + H_2O$	1.30	9 mol · L^{-1} $HClO_4$, 4 mol · L^{-1} H_2SO_4
	−0.74	pH = 14
$Zn^{2+} + 2e^- \rightleftharpoons Zn$	−1.36	CN^- 配合物